《建筑给水排水与节水通用规范》GB 55020
实 施 指 南

《建筑给水排水与节水通用规范》GB 55020
实施指南编写组　编著

中 国 建 筑 工 业 出 版 社

图书在版编目(CIP)数据

《建筑给水排水与节水通用规范》GB 55020 实施指南/《建筑给水排水与节水通用规范》GB 55020 实施指南编写组编著. — 北京：中国建筑工业出版社，2022.10

ISBN 978-7-112-28146-6

Ⅰ.①建… Ⅱ.①建… Ⅲ.①建筑工程－给水工程－国家标准－中国－指南②建筑工程－排水工程－国家标准－中国－指南 Ⅳ.①TU82-65

中国版本图书馆 CIP 数据核字(2022)第 209588 号

责任编辑：田立平　石枫华　刘诗楠
责任校对：姜小莲

《建筑给水排水与节水通用规范》GB 55020
实 施 指 南

《建筑给水排水与节水通用规范》GB 55020
实施指南编写组　编著

﹡

中国建筑工业出版社出版、发行（北京海淀三里河路 9 号）
各地新华书店、建筑书店经销
北京红光制版公司制版
北京市密东印刷有限公司印刷

﹡

开本：850 毫米×1168 毫米　1/32　印张：12¾　字数：341 千字
2023 年 1 月第一版　　2023 年 1 月第一次印刷
定价：66.00 元
ISBN 978-7-112-28146-6
(40012)

《建筑给水排水与节水通用规范》GB 55020 实施指南

编写委员会

主任委员：赵　锂

编写人员：刘振印　杨世兴　赵世明　郭汝艳

徐　凤　朱建荣　徐　扬　王　珏

王冠军　曾　捷　师前进　王　睿

赵　伊

编写单位

中国建筑设计研究院有限公司

上海建筑设计研究院有限公司

华东建筑设计研究总院

中国人民解放军军事科学研究院国防工程研究院

中国建筑科学研究院有限公司

中国建筑标准设计研究院有限公司

序

按照国务院《深化标准化工作改革方案》（国发〔2015〕13号）要求，住房和城乡建设部印发了《深化工程建设标准化工作改革的意见》（建标发〔2016〕166号），明确提出构建以全文强制性工程建设规范（以下简称"工程规范"）为核心，推荐性标准和团体标准为配套的新型工程建设标准体系。通过制定工程规范，筑牢工程建设技术"底线"，按照工程规范规定完善推荐性工程技术标准和团体标准，细化技术要求，提高技术水平，形成政府与市场共同供给标准的新局面，逐步实现与"技术法规与技术标准相结合"的国际通行做法接轨。

工程规范作为工程建设的"技术法规"，是勘察、设计、施工、验收、维护等建设项目全生命周期必须严格执行的技术准则。在编制方面，与现行工程建设标准规定建设项目技术要求和方法不同，工程规范突出强调对建设项目的规模、布局、功能、性能及关键技术措施的要求。在实施方面，工程规范突出强调以建设目标和结果为导向，在满足性能化要求前提下，技术人员可以结合工程实际合理选择技术方法，创新技术实现路径。

《建筑给水排水与节水通用规范》GB 55020发布后，我部标准定额研究所组织规范编制单位，在条文说明的基础上编制了本工程规范实施指南，供相关工程建设技术和管理人员在工作中研究参考，希望能为上述人员准确把握、正确执行工程规范提供帮助。

住房和城乡建设部标准定额司

2022年1月

前　言

习近平总书记在党的十九大报告中指出：必须树立和践行绿水青山就是金山银山的理念，坚持节约资源和保护环境的基本国策，像对待生命一样对待生态环境，统筹山水林田湖草系统治理，实行最严格的生态环境保护制度，形成绿色发展方式和生活方式，坚定走生产发展、生活富裕、生态良好的文明发展道路，建设美丽中国，为人民创造良好生产生活环境，为全球生态安全作出贡献。关于节水工作，近年来也发表了一系列重要讲话并作出指示批示，提出"节水优先、空间均衡、系统治理、两手发力"的新时期治水思路，强调从观念、意识、措施等各方面都要把节水放在优先位置。提出要"坚持以水定城、以水定地、以水定人、以水定产，把水资源作为最大的刚性约束"。重新定义了"水—人—城"和谐发展理念，为城市发展指明方向。

建筑给水排水是城镇给水系统的末端、城镇排水系统的起端，对合理利用各种水资源，减少对环境污染方面是最终的用户与起始的控制单元，是城镇节水的关键组成环节。建筑给水排水系统是保障城镇居民生活的重要系统，是保障公众身体健康、水环境质量的必需设施。近十年来，建筑给水排水行业技术发展迅速，设计方法、施工方法、处理工艺、检测方法、新材料及新设备等方面的研发与应用，都取得了突出成绩，支撑了海绵城市建设、黑臭水体治理、节水城市建设、装配式建筑推广等国家战略发展需求。

2021年9月，住房和城乡建设部发布了国家标准《建筑给水排水与节水通用规范》（以下简称《规范》）的公告，编号为GB 55020—2021，自2022年4月1日起实施。广受行业关注的标准化改革的举措终于有了实质上的落实。《规范》的实施对建筑给水排水系统充分发挥其功能及性能具有重要意义。

建筑给水排水标准体系是城镇给水排水标准体系的重要组成部分，完善建筑给水排水标准体系是城镇给水排水高质量发展的内在要求；制定强制性标准是保障给水排水系统安全、保护环境、促进节水技术与碳减排的有力手段。为推进我国工程建设标准化改革，2012 年 5 月住房和城乡建设部制定并发布了全文强制标准《城镇给水排水技术规范》GB 50788—2012；2017 年起，为进一步适应新时代发展需要，在该规范基础上立项了给水排水行业的项目及通用规范三项。《规范》为通用类标准，完整系统规定了建筑给水排水行业监管和工程建设的安全、环境保护、节能减碳的"底线"和"红线"要求。

为配合《规范》的实施，住房和城乡建设部组织编写了《〈建筑给水排水与节水通用规范〉GB 55020 实施指南》。本书包括《规范》正文、《规范》编制概述、《规范》实施指南和附录四个部分。其中，《规范》实施指南部分对条文规定的编制目的、术语定义、条文释义、编制依据和背景与条文的实施与检查进行了详细说明；附录部分收录了涉及《规范》的部分行政文件。本书作为《规范》的释义性资料，力求为《规范》的准确理解和有效实施提供帮助。由于部分内容编制与相关标准引用存在时间性差异，同时限于编写成员水平，书中不免有疏漏和不足之处，敬请读者批评指正。

本书撰写情况如下：第一部分　全体编委
　　　　　　　　　　第二部分　赵　锂
　　　　　　　　　　第三部分　赵　锂　徐　扬　王　珏
　　　　　　　　　　　　　　　曾　捷　徐　凤　朱建荣
　　　　　　　　　　　　　　　赵世明　刘振印　杨世兴
　　　　　　　　　　　　　　　王冠军　师前进　郭汝艳
　　　　　　　　　　　　　　　王　睿（按章节排序）
　　　　　　　　　　第四部分　赵　锂　赵　伊

《建筑给水排水与节水通用规范》GB 55020 实施指南编写组
2022 年 3 月

目　　录

第一部分

《建筑给水排水与节水通用规范》

1 总　　则

1.0.1　为在建筑给水排水与节水工程建设中保障人身健康和生命财产安全、水资源与生态环境安全，满足经济社会管理基本需要，依据有关法律、法规，制定本规范。

1.0.2　建筑给水排水与节水工程的设计、施工、验收、运行和维护必须执行本规范。

1.0.3　工程中所采用的技术方法和措施是否符合本规范的要求，由相关责任主体判定。其中，创新性技术方法和措施，应进行论证并符合本规范中有关性能的要求。

2 基 本 规 定

2.0.1 建筑给水排水与节水工程应具有应对自然灾害、事故灾难、公共卫生事件和社会安全事件等突发事件的能力，设施运行管理单位应制定有关应急预案。

2.0.2 建筑给水排水与节水工程的防洪、防涝标准不应低于所在区域城镇设防的相应要求。

2.0.3 建筑给水排水与节水工程选用的材料、产品与设备必须质量合格，涉及生活给水的材料与设备还必须满足卫生安全的要求。

2.0.4 建筑给水排水与节水工程选用的工艺、设备、器具和产品应为节水和节能型。

2.0.5 建筑给水排水与节水工程中有关生产安全、环境保护和节水设施的建设，应与主体工程同时设计、同时施工、同时投入使用。

2.0.6 建筑给水排水与节水工程的运行、维护、管理应制定相应的操作标准并严格执行。

2.0.7 建筑给水排水与节水工程建设和运行过程中产生的噪声、废水、废气和固体废弃物不应对建筑环境和人身健康造成危害。

2.0.8 建筑给水排水设施运行过程中使用和产生的易燃、易爆及有毒化学危险品应实施严格管理，防止人身伤害和灾害性事故的发生。

2.0.9 对处于公共场所的给水排水管道、设备和构筑物应采取不影响公众安全的防护措施。

2.0.10 设备与管道应方便安装、调试、检修和维护。

2.0.11 管道、设备和构筑物应根据其贮存或传输介质的腐蚀性质及环境条件，确定应采取的防腐蚀及防冻措施。

2.0.12 湿陷性黄土地区布置在防护距离范围内的地下给水排水管道，应按湿陷性等级采取相应的防护措施。

2.0.13 室外检查井井盖应有防盗、防坠落措施，检查井、阀门井井盖上应具有属性标识。位于车行道的检查井、阀门井，应采用具有足够承载力和稳定性良好的井盖与井座。

2.0.14 穿越人民防空地下室围护结构的给水排水管道应采取防护密闭措施。

2.0.15 生活热水、游泳池和公共热水按摩池的原水水质应符合现行国家标准《生活饮用水卫生标准》GB 5749 的有关规定。

3 给水系统设计

3.1 一般规定

3.1.1 给水系统应具有保障不间断向建筑或小区供水的能力，供水水质、水量和水压应满足用户的正常用水需求。

3.1.2 生活饮用水的水质应符合现行国家标准《生活饮用水卫生标准》GB 5749 的规定。

3.1.3 二次加压与调蓄设施不得影响城镇给水管网正常供水。

3.1.4 自建供水设施的供水管道严禁与城镇供水管道直接连接。生活饮用水管道严禁与建筑中水、回用雨水等非生活饮用水管道连接。

3.1.5 生活饮用水给水系统不得因管道、设施产生回流而受污染，应根据回流性质、回流污染危害程度，采取可靠的防回流措施。

3.2 给水管网

3.2.1 给水系统应充分利用室外管网压力直接供水，系统供水方式及供水分区应根据建筑用途、建筑高度、使用要求、材料设备性能、维护管理、运营能耗等因素合理确定。

3.2.2 给水系统采用的管材、管件及连接方式的工作压力不得大于国家现行标准中公称压力或标称的允许工作压力；采用的阀件的公称压力不得小于管材及管件的公称压力。

3.2.3 室外给水管网干管应成环状布置。

3.2.4 室外埋地给水管道不得影响建筑物基础，与建筑物及其他管线、构筑物的距离、位置应保证供水安全。

3.2.5 给水管道严禁穿过毒物污染区。通过腐蚀区域的给水管道应采取安全保护措施。

3.2.6 建筑室内生活饮用水管道的布置应符合下列规定：

1 不应布置在遇水会引起燃烧、爆炸的原料、产品和设备的上面；

2 管道的布置不得受到污染，不得影响结构安全和建筑物的正常使用。

3.2.7 生活饮用水管道配水至卫生器具、用水设备等应符合下列规定：

1 配水件出水口不得被任何液体或杂质淹没；

2 配水件出水口高出承接用水容器溢流边缘的最小空气间隙，不得小于出水口直径的 2.5 倍；

3 严禁采用非专用冲洗阀与大便器（槽）、小便斗（槽）直接连接。

3.2.8 从生活饮用水管网向消防、中水和雨水回用等其他非生活饮用水贮水池（箱）充水或补水时，补水管应从水池（箱）上部或顶部接入，其出水口最低点高出溢流边缘的空气间隙不应小于 150mm，中水和雨水回用水池且不得小于进水管管径的 2.5 倍，补水管严禁采用淹没式浮球阀补水。

3.2.9 生活饮用水给水系统应在用水管道和设备的下列部位设置倒流防止器：

1 从城镇给水管网不同管段接出两路及两路以上至小区或建筑物，且与城镇给水管网形成连通管网的引入管上；

2 从城镇给水管网直接抽水的生活供水加压设备进水管上；

3 利用城镇给水管网水压直接供水且小区引入管无防倒流设施时，向热水锅炉、热水机组、水加热器、气压水罐等有压容器或密闭容器注水的进水管上；

4 从小区或建筑物内生活饮用水管道系统上单独接出消防用水管道（不含接驳室外消火栓的给水短支管）时，在消防用水管道的起端；

5 从生活饮用水与消防用水合用贮水池（箱）中抽水的消防水泵出水管上。

3.2.10 生活饮用水管道供水至下列含有对健康有危害物质等有害有毒场所或设备时，应设置防止回流设施：

    1 接贮存池（罐）、装置、设备等设施的连接管上；

    2 化工剂罐区、化工车间、三级及三级以上的生物安全实验室除按本条第 1 款设置外，还应在引入管上设置有空气间隙的水箱，设置位置应在防护区外。

3.2.11 生活饮用水管道直接接至下列用水管道或设施时，应在用水管道上如下位置设置真空破坏器等防止回流污染措施：

    1 当游泳池、水上游乐池、按摩池、水景池、循环冷却水集水池等的充水或补水管道出口与溢流水位之间设有空气间隙但空气间隙小于出口管径 2.5 倍时，在充（补）水管上；

    2 不含有化学药剂的绿地喷灌系统，当喷头采用地下式或自动升降式时，在管道起端；

    3 消防（软管）卷盘、轻便消防水龙给水管道的连接处；

    4 出口接软管的冲洗水嘴（阀）、补水水嘴与给水管道的连接处。

3.3 储水和增压设施

3.3.1 生活饮用水水池（箱）、水塔的设置应防止污废水、雨水等非饮用水渗入和污染，应采取保证储水不变质、不冻结的措施，且应符合下列规定：

    1 建筑物内的生活饮用水水池（箱）、水塔应采用独立结构形式，不得利用建筑物本体结构作为水池（箱）的壁板、底板及顶盖。与消防用水水池（箱）并列设置时，应有各自独立的池（箱）壁。

    2 埋地式生活饮用水贮水池周围 10m 内，不得有化粪池、污水处理构筑物、渗水井、垃圾堆放点等污染源。生活饮用水水池（箱）周围 2m 内不得有污水管和污染物。

    3 排水管道不得布置在生活饮用水池（箱）的上方。

    4 生活饮用水池（箱）、水塔人孔应密闭并设锁具，通气管、溢流管应有防止生物进入水池（箱）的措施。

    5 生活饮用水水池（箱）、水塔应设置消毒设施。

3.3.2 生活给水系统水泵机组应设备用泵，备用泵供水能力不应小于最大一台运行水泵的供水能力。

3.3.3 对可能发生水锤的给水泵房管路应采取消除水锤危害的措施。

3.3.4 设置储水或增压设施的水箱间、给水泵房应满足设备安装、运行、维护和检修要求，应具备可靠的防淹和排水设施。

3.3.5 生活饮用水水箱间、给水泵房应设置入侵报警系统等技防、物防安全防范和监控措施。

3.3.6 给水加压、循环冷却等设备不得设置在卧室、客房及病房的上层、下层或毗邻上述用房，不得影响居住环境。

3.4 节 水 措 施

3.4.1 供水、用水应按照使用用途、付费或管理单元，分项、分级安装满足使用需求和经计量检定合格的计量装置。

3.4.2 给水系统应使用耐腐蚀、耐久性能好的管材、管件和阀门等，减少管道系统的漏损。

3.4.3 非亲水性的室外景观水体用水水源不得采用市政自来水和地下井水。

3.4.4 用水点处水压大于 0.2MPa 的配水支管应采取减压措施，并应满足用水器具工作压力的要求。

3.4.5 公共场所的洗手盆水嘴应采用非接触式或延时自闭式水嘴。

3.4.6 生活给水水池（箱）应设置水位控制和溢流报警装置。

3.4.7 集中空调冷却水、游泳池水、洗车场洗车用水、水源热泵用水应循环使用。

3.4.8 绿化浇洒应采用高效节水灌溉方式。

4 排水系统设计

4.1 一 般 规 定

4.1.1 排水管道及管件的材质应耐腐蚀，应具有承受不低于40℃排水温度且连续排水的耐温能力。接口安装连接应可靠、安全。

4.1.2 生活排水应排入市政污水管网或处理后达标排放。

4.1.3 生活饮用水箱（池）、中水箱（池）、雨水清水池的泄水管道、溢流管道应采用间接排水，严禁与污水管道直接连接。

4.2 卫生器具与水封

4.2.1 当构造内无存水弯的卫生器具、无水封地漏、设备或排水沟的排水口与生活排水管道连接时，必须在排水口以下设存水弯。

4.2.2 水封装置的水封深度不得小于50mm，卫生器具排水管段上不得重复设置水封。

4.2.3 严禁采用钟罩式结构地漏及采用活动机械活瓣替代水封。

4.2.4 室内生活废水排水沟与室外生活污水管道连接处应设水封装置。

4.3 生活排水管道

4.3.1 下列建筑排水应单独设置排水系统：

　　1 职工食堂、营业餐厅的厨房含油脂废水；

　　2 含有致病菌、放射性元素超过排放标准的医疗、科研机构的污废水；

　　3 实验室有毒有害废水；

　　4 应急防疫隔离区及医疗保健站的排水。

4.3.2 室内生活排水系统不得向室内散发浊气或臭气等有害气体。

4.3.3 生活排水系统应具有足够的排水能力，并应迅速及时地排除各卫生器具及地漏的污水和废水。

4.3.4 通气管道不得接纳器具污水、废水，不得与风道和烟道连接。

4.3.5 设有淋浴器和洗衣机的部位应设置地面排水设施。

4.3.6 排水管道不得穿越下列场所：

1 卧室、客房、病房和宿舍等人员居住的房间；

2 生活饮用水池（箱）上方；

3 食堂厨房和饮食业厨房的主副食操作、烹调、备餐、主副食库房的上方；

4 遇水会引起燃烧、爆炸的原料、产品和设备的上方。

4.3.7 地下室、半地下室中的卫生器具和地漏不得与上部排水管道连接，应采用压力流排水系统，并应保证污水、废水安全可靠的排出。

4.4 生活排水设备与构筑物

4.4.1 当建筑物室内地面低于室外地面时，应设置排水集水池、排水泵或成品排水提升装置排除生活排水，应保证污水、废水安全可靠的排出。

4.4.2 当生活污水集水池设置在室内地下室时，池盖应密封，且应设通气管。

4.4.3 化粪池应设通气管，通气管排出口设置位置应满足安全、环保要求。

4.4.4 下列构筑物和设备的排水管与生活排水管道系统应采取间接排水的方式：

1 生活饮用水贮水箱（池）的泄水管和溢流管；

2 开水器、热水器排水；

3 非传染病医疗灭菌消毒设备的排水；

4 传染病医疗消毒设备的排水应单独收集、处理；

5 蒸发式冷却器、空调设备冷凝水的排水；

6 贮存食品或饮料的冷藏库房的地面排水和冷风机溶霜水盘的排水。

4.4.5 生活排水泵应设置备用泵，每台水泵出水管道上应采取防倒流措施。

4.4.6 公共餐饮厨房含有油脂的废水应单独排至隔油设施，室内的隔油设施应设置通气管道。

4.4.7 化粪池与地下取水构筑物的净距不得小于30m。

4.5 雨 水 系 统

4.5.1 屋面雨水应有组织排放。

4.5.2 屋面雨水排除、溢流设施的设置和排水能力不得影响屋面结构、墙体及人员安全，且应符合下列规定：

1 屋面雨水排水系统应保证及时排除设计重现期的雨水量，且在超过设计重现期雨水状况时溢流设施应能安全可靠运行；

2 屋面雨水排水系统的设计重现期应根据建筑物的重要程度、系统要求以及出现水患可能造成的财产损失或建筑损害的严重级别来确定。

4.5.3 屋面雨水收集或排水系统应独立设置，严禁与建筑生活污水、废水排水连接。严禁在民用建筑室内设置敞开式检查口或检查井。

4.5.4 阳台雨水不应与屋面雨水共用排水立管。当阳台雨水和阳台生活排水设施共用排水立管时，不得排入室外雨水管道。

4.5.5 雨水斗与天沟、檐沟连接处应采取防水措施。

4.5.6 屋面雨水排水系统的管道、附配件以及连接接口应能耐受屋面灌水高度产生的正压。雨水斗标高高于250m的屋面雨水系统，管道、附配件以及连接接口承压能力不应小于2.5MPa。

4.5.7 建筑高度超过100m的建筑的屋面雨水管道接入室外检查井时，检查井壁应有足够强度耐受雨水冲刷，井盖应能溢流雨水。

4.5.8 虹吸式雨水斗屋面雨水系统、87型雨水斗屋面雨水系统和有超标雨水汇入的屋面雨水系统，其管道、附配件以及连接接口应能耐受系统在运行期间产生的负压。

4.5.9 塑料雨水排水管道不得布置在工业厂房的高温作业区。

4.5.10 室外雨水口应设置在雨水控制利用设施末端，以溢流形式排放；超过雨水径流控制要求的降雨溢流排入市政雨水管渠。

4.5.11 建筑与小区应遵循源头减排原则，建设雨水控制与利用设施，减少对水生态环境的影响。降雨的年径流总量和外排径流峰值的控制应符合下列要求：

    1 新建的建筑与小区应达到建设开发前的水平；

    2 改建的建筑与小区应符合当地海绵城市建设专项规划要求。

4.5.12 大于 $10hm^2$ 的场地应进行雨水控制及利用专项设计，雨水控制及利用应采用土壤入渗系统、收集回用系统、调蓄排放系统。

4.5.13 常年降雨条件下，屋面、硬化地面径流应进行控制与利用。

4.5.14 雨水控制利用设施的建设应充分利用周边区域的天然湖塘洼地、沼泽地、湿地等自然水体。

4.5.15 雨水入渗不应引起地质灾害及损害建筑物和道路基础。下列场所不得采用雨水入渗系统：

    1 可能造成坍塌、滑坡灾害的场所；

    2 对居住环境以及自然环境造成危害的场所；

    3 自重湿陷性黄土、膨胀土、高含盐土和黏土等特殊土壤地质场所。

4.5.16 连接建筑出入口的下沉地面、下沉广场、下沉庭院及地下车库出入口坡道雨水排放，应设置水泵提升装置排水。

4.5.17 连接建筑出入口的下沉地面、下沉广场、下沉庭院及地下车库出入口坡道，整体下沉的建筑小区，应采取土建措施禁止防洪水位以下的客水进入这些下沉区域。

5 热水系统设计

5.1 一 般 规 定

5.1.1 热源应可靠，并应根据当地可再生能源、热资源条件，结合用户使用要求确定。

5.1.2 老年照料设施、安定医院、幼儿园、监狱等建筑中的沐浴设施的热水供应应有防烫伤措施。

5.1.3 集中热水供应系统应设热水循环系统，居住建筑热水配水点出水温度达到最低出水温度的出水时间不应大于15s，公共建筑配水点出水温度不应大于10s。

5.2 水量、水质、水温

5.2.1 热水用水定额的确定应与建筑给水定额匹配，应根据当地水资源条件、使用要求等因素确定。

5.2.2 生活热水水质应符合表5.2.2-1、表5.2.2-2的规定。

表5.2.2-1　生活热水水质常规指标及限值

项 目		限 值	备 注
常规指标	总硬度（以$CaCO_3$计）（mg/L）	300	—
	浑浊度（NTU）	2	—
	耗氧量（COD_{Mn}）（mg/L）	3	—
	溶解氧（DO）（mg/L）	8	—
	总有机碳（TOC）（mg/L）	4	—
	氯化物（mg/L）	200	—
微生物指标	菌落总数（CFU/mL）	100	—
	异养菌数（HPC）（CFU/mL）	500	—
	总大肠菌群（MPN/100mL或CFU/100mL）	不得检出	—
	嗜肺军团菌	不得检出	采样量500mL

表 5.2.2-2　消毒剂指标及余量

消毒剂指标	管网末梢水中余量
游离余氯（采用氯消毒时）（mg/L）	≥0.05
二氧化氯（采用二氧化氯消毒时）（mg/L）	≥0.02
银离子（采用银离子消毒时）（mg/L）	≤0.05

5.2.3　集中热水供应系统应采取灭菌措施。

5.2.4　集中热水供应系统的水加热设备，其出水温度不应高于70℃，配水点热水出水温度不应低于46℃。

5.3　设备与管道

5.3.1　水加热器必须运行安全、保证水质，产品的构造及热工性能应符合安全及节能的要求。

5.3.2　严禁浴室内安装燃气热水器。

5.3.3　热水系统和热媒系统采用的管材、管件、阀件、附件等均应能承受相应系统的工作压力和工作温度。

5.3.4　热水管道系统应有补偿管道热胀冷缩的措施；热水系统应设置防止热水系统超温、超压的安全装置，保证系统功能的阀件应灵敏可靠。

5.3.5　膨胀管上严禁设置阀门。

6 游泳池及娱乐休闲设施水系统设计

6.1 水 质

6.1.1 人工游泳池的池水水质卫生标准应符合表 6.1.1-1、表 6.1.1-2 的规定。

表 6.1.1-1 人工游泳池池水水质常规检验项目及限值

序号	项 目	限 值
1	浑浊度（散射浊度计单位）（NTU）	≤0.5
2	pH	7.2～7.8
3	尿素（mg/L）	≤3.5
4	菌落总数（CFU/mL）	≤100
5	总大肠菌群（MPN/100mL 或 CFU/100mL）	不得检出
6	水温（℃）	23～30
7	游离性余氯（mg/L）	0.3～1.0
8	化合性余氯（mg/L）	<0.4
9	氰尿酸（$C_3H_3O_3$）（mg/L）（使用含氰尿酸的氯化合物消毒剂时）	<30（室内池） <100（室外池和紫外消毒）
10	臭氧（mg/m^3）	<0.2（水面上 20cm 空气中）， <0.05（池水中）
11	过氧化氢（mg/L）	60～100
12	氧化还原电位（mV）	≥700（采用氯和臭氧消毒时） 200～300（采用过氧化氢消毒时）

注：第 7 项～第 12 项为根据所使用的消毒剂确定的检测项目及限值。

表 6.1.1-2　人工游泳池池水水质非常规检验项目及限值

序号	项　目	限　值
1	三氯甲烷（μg/L）	≤100
2	贾第鞭毛虫（个/10L）	不应检出
3	隐孢子虫（个/10L）	不应检出
4	三氯化氮（采用氯消毒时）（mg/m³）	<0.5（水面上 30cm 空气中）
5	异养菌（CFU/mL）	≤200
6	嗜肺军团菌（CFU/200mL）	不应检出
7	总碱度（以 CaCO₃ 计）（mg/L）	60～180
8	钙硬度（以 CaCO₃ 计）（mg/L）	<450
9	溶解性总固体（mg/L）	与原水相比，增量不大于 1000

6.1.2　公共热水按摩池的池水卫生标准应符合表 6.1.2 的规定。

表 6.1.2　公共热水按摩池池水水质检验项目及限值

序号	项　目	限　值
1	浑浊度（NTU）	≤1
2	pH	6.8～8.0
3	总碱度（mg/L）	80～120
4	钙硬度（以 CaCO₃计）（mg/L）	150～250
5	溶解性总固体（TDS）（mg/L）	≤原水 TDS+1500
6	氧化还原电位（OPR，mV）	≥650
7	游离性余氯（使用氯类消毒剂时测定）（mg/L）	0.4～1.0
8	化合性余氯（使用氯类消毒剂时测定）（mg/L）	≤0.5
9	总溴（使用溴类消毒剂时测定）（mg/L）	1.0～3.0
10	氰尿酸（使用二氯或三氯消毒时测定）（mg/L）	≤100
11	二甲基海因（使用溴氯海因消毒时测定）（mg/L）	≤200
12	臭氧（使用臭氧消毒时测定）（O₃，池水中，mg/L）	≤0.05
	（O₃，水面上 20cm 空气中，mg/m³）	≤0.2
13	菌落总数（36℃±1℃，48h）（CFU/mL）	≤100

续表 6.1.2

序号	项 目	限 值
14	总大肠菌群（36℃±1℃，24h）（MPN/100mL 或 CFU/100mL）	不得检出
15	嗜肺军团菌（CFU/200mL）	不得检出
16	铜绿假单胞菌（MPN/100mL 或 CFU/100mL）	不得检出

6.1.3 温泉水浴池的池水卫生标准应符合表 6.1.3 的规定。

表 6.1.3 温泉水浴池池水水质检验项目和限值

序号	项 目	限 值
1	浑浊度（NTU）	≤1，原水与处理条件限值时为 5
2	耗氧量（以高锰酸钾计）（mg/L）	≤25
3	总大肠菌群（36℃±1℃，24h，MPN/100mL 或 CFU/100mL）	不得检出
4	铜绿假单胞菌（MPN/100mL 或 CFU/100mL）	不得检出
5	嗜肺军团菌（CFU/200mL）	不得检出

6.1.4 与人体直接接触的喷泉水景水质应符合现行国家标准《生活饮用水卫生标准》GB 5749 的要求。

6.2 系 统 设 置

6.2.1 不同用途的游泳池、公共按摩池、温泉泡池应采用独立循环给水的供水方式，同一池内的池水循环净化处理系统应与功能循环给水系统分开设置。

6.2.2 池水循环的水流组织应确保净化后的池水有序交换，不得出现短流、涡流或死水区。

6.2.3 水上游乐池滑道润滑水系统的循环水泵，应设置备用泵。

6.3 池 水 处 理

6.3.1 游泳池的池水循环净化处理系统应设置池水过滤净化工

艺工序和消毒设施。

6.3.2 游泳池、公共按摩池不应采用氯气（液氯）、二氧化氯和液态溴对池水进行消毒。

6.3.3 臭氧消毒应采用负压方式将臭氧投加在水过滤器后的循环水中；应采用全自动控制投加系统，并应与循环水泵联锁。严禁将消毒剂直接注入游泳池、公共浴池。

6.3.4 游泳池、公共按摩池应采取水质平衡措施。

6.4 安 全 防 护

6.4.1 公共热水浴池的补充水水温不应超过池水使用温度，进水口必须位于浴池水面以下，其补水管道上应采取有效防污染措施。

6.4.2 游泳池、公共按摩池和温泉泡池等循环水系统应采取防止负压抽吸对人员造成伤害的措施。

6.4.3 跳水池应设置池底喷气水面起波和池岸喷水水面制波装置。

6.4.4 公共按摩浴池在池岸上的按摩设施电动启动按钮应设置有明显识别标志、有延时设定功能、电压不应高于12V、防护等级不应低于IP68的触摸开关。

6.4.5 顺流式循环供水方式的游泳池和公共按摩池，应在位于池岸安全救护员座位及公共按摩池附近的墙壁上安装带有玻璃保护罩的紧急停止循环水泵运行的按钮，且供电电压不应高于36V。

6.4.6 旱喷泉、水旱喷泉的构造及喷射水流不应危及人身安全，天然水体中的喷泉不应影响原水体防洪及航运通行。

6.4.7 臭氧发生器间、次氯酸钠发生器和盐氯发生器间应设置检测臭氧、氯泄漏的安全报警装置及尾气处理装置。

7 非传统水源利用设计

7.1 一 般 规 定

7.1.1 民用建筑采用非传统水源时，处理系统出水必须保障用水终端的日常供水水质安全可靠，严禁对人体健康和室内卫生环境产生负面影响。

7.1.2 非传统水源供水系统必须独立设置。

7.1.3 非传统水源管道应采取下列防止误接、误用、误饮的措施：

    1 管网中所有组件和附属设施的显著位置应设置非传统水源的耐久标识，埋地、暗敷管道应设置连续耐久标识；

    2 管道取水接口处应设置"禁止饮用"的耐久标识；

    3 公共场所及绿化用水的取水口应设置采用专用工具才能打开的装置。

7.2 建筑中水利用

7.2.1 建筑中水水质应根据其用途确定，当分别用于多种用途时，应按不同用途水质标准进行分质处理；当同一供水设备及管道系统同时用于多种用途时，其水质应按最高水质标准确定。

7.2.2 建筑中水不得用作生活饮用水水源。

7.2.3 医疗污水、放射性废水、生物污染废水、重金属及其他有毒有害物质超标的排水，不得作为建筑中水原水。

7.2.4 建筑中水处理工艺流程应根据中水原水的水质、水量和中水用水的水质、水量、使用要求及场地条件等因素，经技术经济比较后确定。

7.2.5 建筑中水处理系统应设有消毒设施。

7.2.6 采用电解法现场制备二氧化氯，或处理工艺可能产生有害气体的中水处理站，应设置事故通风系统。事故通风量应根据扩散物的种类、安全及卫生浓度要求，按全面排风计算确定。

7.3 雨 水 回 用

7.3.1 传染病医院的雨水、含有重金属污染和化学污染等地表污染严重的场地雨水不得回用。

7.3.2 根据雨水收集回用的用途，当有细菌学指标要求时，必须消毒后再利用。

7.3.3 当采用生活饮用水向室外雨水蓄水池补水时，补水管口在室外地面暴雨积水条件下不得被淹没。

8 施工及验收

8.1 一 般 规 定

8.1.1 建筑给水排水与节水工程与相关工种、工序之间应进行工序交接，并形成记录。

8.1.2 建筑给水排水节水工程所使用的主要材料和设备应具有中文质量证明文件、性能检测报告，进场时应做检查验收。

8.1.3 生活饮用水系统的涉水产品应满足卫生安全的要求。

8.1.4 用水器具和设备应满足节水产品的要求。

8.1.5 设备和器具在施工现场运输、保管和施工过程中，应采取防止损坏的措施。

8.1.6 隐蔽工程在隐蔽前应经各方验收合格并形成记录。

8.1.7 阀门安装前，应检查阀门的每批抽样强度和严密性试验报告。

8.1.8 地下室或地下构筑物外墙有管道穿过时，应采取防水措施。对有严格防水要求的建筑物，应采用柔性防水套管。

8.1.9 给水、排水、中水、雨水回用及海水利用管道应有不同的标识，并应符合下列规定：

    1 给水管道应为蓝色环；

    2 热水供水管道应为黄色环、热水回水管道应为棕色环；

    3 中水管道、雨水回用和海水利用管道应为淡绿色环；

    4 排水管道应为黄棕色环。

8.2 施工与安装

8.2.1 给水排水设施应与建筑主体结构或其基础、支架牢靠固定。

8.2.2 重力排水管道的敷设坡度必须符合设计要求，严禁无坡或倒坡。

8.2.3 管道安装时管道内外和接口处应清洁无污物，安装过程中应严防施工碎屑落入管中，管道接口不得设置在套管内，施工中断和结束后应对敞口部位采取临时封堵措施。

8.2.4 建筑中水、雨水回用、海水利用管道严禁与生活饮用水管道系统连接。

8.2.5 地下构筑物（罐）的室外人孔应采取防止人员坠落的措施。

8.2.6 水处理构筑物的施工作业面上应设置安全防护栏杆。

8.2.7 施工完毕后的贮水调蓄、水处理等构筑物必须进行满水试验，静置 24h 观察，应不渗不漏。

8.3 调试与验收

8.3.1 给水排水与节水工程调试应在系统施工完成后进行，并应符合下列规定：

   1 水池（箱）应按设计要求储存水量；

   2 系统供电正常；

   3 水泵等设备单机及并联试运行应符合设计要求；

   4 阀门启闭应灵活；

   5 管道系统工作应正常。

8.3.2 给水管道应经水压试验合格后方可投入运行。水压试验应包括水压强度试验和严密性试验。

8.3.3 污水管道及湿陷土、膨胀土、流砂地区等的雨水管道，必须经严密性试验合格后方可投入运行。

8.3.4 建筑中水、雨水回用、海水利用等非传统水源管道验收时，应逐段检查是否与生活饮用水管道混接。

8.3.5 经返修或加固处理仍不能满足安全或使用要求的分部工程及单位工程，严禁验收。

8.3.6 预制直埋保温管接头安装完成后，必须全部进行气密性检验。

8.3.7 生活给水、热水系统及游泳池循环给水系统的管道和设备在交付使用前必须冲洗和消毒，生活饮用水系统的水质应进行见证取样检验，水质应符合现行国家标准《生活饮用水卫生标准》GB 5749 的规定。

9 运行维护

9.1 一般规定

9.1.1 建筑给水排水与节水工程投入使用后，应进行维护管理。

9.1.2 建筑给水排水与节水设施应进行日常巡检，并应定期实施保养与维修，保证系统正常运行。

9.1.3 供水设施因检修停运，应提前 24h 发出通告。

9.2 水质检测

9.2.1 生活饮用水、集中生活热水系统及游泳池正常运行后应建立完整、准确的水质检测档案。

9.2.2 当对游泳池及休闲设施的池水进行余氯检测时，不得使用致癌物试剂。

9.2.3 非传统水源用于冲厕用水、冷却补水、娱乐性景观用水时，应对非传统水源的水质进行检测。

9.3 管道及附配件

9.3.1 应定期全面检查金属管道腐蚀情况，发现锈蚀应及时做修复和防腐处理。

9.3.2 应定期检查并确保所有管道阀件正常工作。当不能满足功能要求时，应及时更换。

9.3.3 每年在雨季前应对屋面雨水斗和排水管道做全面检查。

9.3.4 应对用于结算的计量水表在使用中进行强制检定并定期更换。

9.3.5 应定期向不经常排水的设有水封的排水附件补水。

9.4 设备运行维护

9.4.1 生活饮用水供水设备检修完成后，应放水试运行，直至放水口的水质符合现行国家标准《生活饮用水卫生标准》GB 5749 的要求后，才能向管道系统供水。

9.4.2 维修给水排水设备时，应采取断电、警示等安全措施。

9.4.3 每年雨季前应对雨水提升泵进行检查，并应保证设备正常工作。

9.5 储水设施、设备间和构筑物

9.5.1 生活用水贮水箱（池）应定期进行清洗消毒，且生活饮用水箱（池）每半年清洗消毒不应少于 1 次。

9.5.2 生活饮用水供水泵房、水箱间和水质净化设备间应有专人管理和监控。

9.5.3 突发事件造成生活饮用水水质污染的，应经清洗、消毒，重新注水后，对水质进行检测，水质达到现行国家标准《生活饮用水卫生标准》GB 5749 的要求后方可投入使用。

9.5.4 给水排水设备间严禁存放易燃、易爆物品。生活饮用水供水泵房、水箱间和管道直饮水设备间内应保持整洁，严禁堆放杂物。

9.5.5 水处理设备加药间、药剂贮存间应设专人管理，对接触和使用化学品的人员应进行专业培训。

9.5.6 化粪池（生化池）应进行维护管理，定期清淤，保证安全运行。维护管理时应采取保证人员安全的措施。

9.5.7 应加强对雨水调蓄池等设施的日常检查和维护保养。严禁向雨水收集口及周边倾倒垃圾和生活污、废水。

9.5.8 游泳池及休闲设施的池水发生严重异常情况时，应关闭设施停止运行，并应采取相关处理措施。

第二部分

《建筑给水排水与节水通用规范》
编 制 概 述

一、编制背景

我国工程建设标准（以下简称"标准"）经过 60 余年发展，国家标准、行业标准和地方标准已达 10000 余项，形成了覆盖经济社会各领域、工程建设各环节的标准体系，在保障工程质量安全、促进产业转型升级、强化生态环境保护、推动经济提质增效、提升国际竞争力等方面发挥了重要作用。但与技术更新变化和经济社会发展需求相比，仍存在着"标准"供给不足、缺失滞后，部分"标准"老化陈旧、水平不高等问题，"标准"交叉重复矛盾，特别是涉及健康、安全、卫生及环保的强制性条文矛盾重复，"标准"体系不够合理，不完全适应社会主义市场经济发展的要求。国家标准、行业标准、地方标准均由政府主导制定，这些标准中许多应由市场主体遵循市场规律制定，而国际上通行的团体标准在我国没有法律地位，市场自主制定、快速反映需求的标准不能有效供给。为落实《国务院关于印发深化标准化工作改革方案的通知》（国发〔2015〕13 号），进一步改革"标准"体制，健全"标准"体系，完善工作机制，住房和城乡建设部于 2016 年 8 月发布了《关于深化工程建设标准化工作改革的意见》（建标〔2016〕166 号），提出要改革强制性标准：加快制定全文强制性标准，逐步用全文强制性标准取代现行标准中分散的强制性条文；构建强制性标准体系：应覆盖各类工程项目和建设环节，实行动态更新维护。2016 年，住房和城乡建设部启动强制性工程建设规范制定工作。

1 工程建设标准强制性条文

1.1 强制性条文的产生

1978 年改革开放以来，我国工程建设发展迅猛，基本建设投资规模加大。到 2000 年，我国固定资产投资总额达到 32619 亿元，到 2016 年我国固定资产投资总额达到 596501 亿元，建筑业完成的总产值和增加值持续增长，城市建设、住宅建设形势喜人，人民住房条件、居住环境得到明显改善。但与此同时，有些地方建设市场秩序混乱，有法不依、有章不循的现象突出，严重危及工程质量和安全生产，给国家财产和人民群众的生命财产安全带来巨大威胁。一些血的教训警示我们，一定要加强工程建设全过程的管理，一定要把工程建设和使用过程中的质量、安全隐患消灭在萌芽状态。2000年1月30日，朱镕基总理签署国务院第279号令，发布《建设工程质量管理条例》（以下简称《条例》）。这是国务院对如何在市场经济条件下，建立新的建设工程质量管理制度和运行机制作出的重大决定。《条例》第一次对执行工程建设强制性标准作出了严格的规定。不执行工程建设强制性技术标准就是违法，就要受到相应的处罚。该《条例》的发布实施，为加强标准实施监督、保障工程质量，提供了法律依据。

从1988年我国《标准化法》颁布后的十年间，批准发布的"标准"（国家＋行业＋地方）中强制性标准有2700多项，占整个"标准"数量的75%（相应条文15万多条）。如果按照这样数量庞大的条文去监督处罚，一是工作量太大，执行不便；二是突出不了重点。在此背景下，就需要寻找以较少的条文作为政府重点监管和处罚的依据，带动标准的贯彻执行。建设部通过征求专家意见并经反复研究，采取从已批准的国家、行业标准中带有"必须"和"应"规定的条文中摘录直接涉及人民生命财产安全、人身健康、环境保护和其他公众利益的条文的方式，形成《工程建设标准强制性条文》（以下简称"强制性条文"）。房屋建筑标准强制性条文2000年版摘录强制性条文共1554条，仅占相应标准条文总数的5%。2000年以来陆续发布、更新包括城乡规划、城市建设、房屋建筑、工业建筑、水利工程、电力工程、信息工程、水运工程、公路工程、铁道工程、石油和化工建设工程、矿山工程、人防工程、广播电影电视工程和民航机场工程的15部分强制性条文，覆盖了工程建设的各主要领域。2000年8月建设部发布《实施工程建设强制性标准监督规定》（81号部令），明确了工程建设强制性标准是指直接涉及工程质量、安全、卫生及环境保护等方面的工程建设标准强制性条文，从而确立了"强制性条文"的法律地位。

1.2 "强制性条文"的作用

1.2.1 实施"强制性条文"是贯彻《条例》的重大举措

《条例》是国务院对如何在市场经济条件下，建立新的建设工程质量管理制度和运行机制作出的重大决定，是国家对不执行强制性标准作出的最为严厉的行政规定，同时也为强制性标准的全面贯彻实施创造了极为有利的条件。《条例》对强制性标准实施监督的严格规定，打破了传统的单纯依靠行政管理保障建设工程质量的概念，开始走上了行政管理和技术规范并重的保障建设工程质量的道路。

1.2.2 编制"强制性条文"是推进工程建设标准体制改革迈出的关键性一步

我国现行的工程建设标准体制是由《标准化法》规定的强制性标准与推荐性标准相结合的体制，在建立和完善社会主义市场经济体制和当时应对加入世界贸易组织的新形势下，需要进行改革和完善，需要与时俱进。

世界上发达国家大多数采取的是技术法规与技术标准相结合的管理体制。技术法规数量少、重点突出，执行起来比较明确和方便。为向技术法规过渡而编制的"强制性条文"，标志着启动了工程建设标准体制的改革，并且迈出了关键性的一步。

1.2.3 "强制性条文"对保障工程质量、安全，规范建筑市场具有重要的作用

我国建筑工程行业从 1999 年开始的建设执法大检查，将是否执行"强制性条文"作为一项重要内容。从检查情况看，工程质量问题不容乐观。不论对人为原因造成的，还是对在自然灾害中垮塌的建设工程都要审查有关单位贯彻执行"强制性条文"的情况，对违规者要追究法律责任。只有严格贯彻执行"强制性条文"，才能保证建筑的使用寿命，才能使建筑经得起自然灾害的

检验，才能确保人民的生命财产安全，才能使投资发挥最好的效益。

1.2.4 制定和严格执行"强制性条文"是我国应对加入世界贸易组织的重要举措

技术贸易壁垒协定（WTO/TBT）作为非关税协定的重要组成部分，将技术标准、技术法规和合格评定作为三大技术贸易壁垒。其中，技术法规是政府颁布的强制性文件，是国家主权体现；技术标准是竞争的手段。我国的"强制性条文"与WTO/TBT的技术法规等同，必须执行；我国的推荐性标准与WTO/TBT的技术标准等同，自愿采用。执行"强制性条文"既能保障工程质量安全、规范建筑市场，又能切实保护我国民族工业应对加入WTO之后的挑战，维护国家和人民的根本利益。

1.3 "强制性条文"的完善

1.3.1 "强制性条文"存在的问题

强制性条文散布于各专业技术标准中，系统性不够，且可能存在重复、交叉甚至矛盾。各标准强制性条文的产生是由标准编制组提出，经审查会专家审查通过后，再由住房和城乡建设部强制性条文咨询委员会审查。审查会专家可较好地把握技术成熟性和可操作性，但编制组和审查会专家可能对强制性条文的确定原则理解不深，或对有关标准的规定（特别是强制性条文）不熟悉，造成提交的强制性条文质量不佳，或者与相关标准强制性条文重复、交叉甚至矛盾。强制性条文之间有些重复问题不大，但内容交叉甚至矛盾则势必造成实施者无所适从，不利于发挥标准的作用，更不利于保证质量和责任划分。

1.3.2 "强制性条文"形成机制不能完全适应发展的需要

"强制性条文"在不断充实的过程中，也存在"强制性条文"确定原则和方式、审查规则等方面不够完善的问题，造成强制性条文之间重复、交叉、矛盾，以及强制性条文与非强制性条文界限不清等现象。同时，由于标准制修订不同步和审查时限要求等因素，住房和城乡建设部强制性条文咨询委员会有时也无法从总体上平衡，只能"被动"接受。这些都不能完全适应当前工程建设标准和经济社会发展的需求。

2　国外建筑技术法规

2.1　国外建筑技术法规的组成

经济发达国家和地区的建筑标准体制一般是由建筑技术法规和建筑技术标准组成。技术法规是法定的依据，技术标准是技术的基础。建筑技术法规是为确保建筑在设计、施工阶段能达到最低要求和执法措施，通过立法强制执行建筑法规（包括引用的标准），使建筑在整个生命周期内都满足最低性能要求。建筑法规是一系列法律文件，包括建筑设计、施工和运营不同阶段。主要由三个层次组成：法律、技术法规、技术标准。

英国体系由建筑法、建筑条例、建筑技术准则组成。建筑条例包括两部分：建筑行政管理规定和技术规定。建筑行政管理规定是对建筑全过程的规定，从工程准备、规划申请、规划审查、开工许可、施工监理、隐蔽工程和专业工程如给水工程检查、工程竣工验收等各个阶段的建筑工程质量管理的要求。技术规定涉及建筑工程与人民生命财产安全、健康、卫生、环保和其他公众利益等方面而达到的建筑的主要功能标准和质量要求。技术准则是由英国皇家建筑师学会旗下的国家建筑规程研究所发布，是技术法规要求的延伸与扩充，是实施导则；是技术解决途径，是在广泛使用的建筑方法和细节上给出的工作导则；是各种措施，解决方法中引用的材料以英国标准（BS）为主。技术准则提供典型的建筑方案，当有其他可选择方式时，没有义务强制采纳技术准则的方案。

2.2　启示

世界上主要发达国家和地区，均建立了与其政治体制、法律体系配套的、完整的建筑技术制约体系，也都编制了独立的"建筑技术法规"。建筑技术法规是以功能性、目标性、性能化为目的，性能化法规规定的是建筑最后应达到什么样的政策目标、社会预期功能要求、运行要求和性能水平。而我国建筑标准大多是指令性、措施性的,我国也应建立起与国际接轨的以功能性、性能化为目标的,与我国体制、法律相配套的技术法规体系。

3 全文强制性工程建设标准体系

国务院《深化标准化工作改革方案》(国发〔2015〕13 号)、《贯彻实施〈深化标准化工作改革方案〉行动计划(2015—2016年)》(国办发〔2015〕67 号)、《强制性标准整合精简工作方案》(国办发〔2016〕3 号)等文件,明确了标准化工作改革目标、任务、职责分工及保障措施等;住房和城乡建设部《关于深化工程建设标准化工作改革的意见》(建标〔2016〕166 号)等文件,提出了改革的总体要求、具体任务和保障措施,其中明确提出了建立强制性标准体系,逐步以全文强制性标准替代目前散落在各本标准中的强制性条文。

3.1 全文强制性工程建设标准定位

全文强制性标准具有强制约束力,是保障人民生命财产安全、人身健康、工程安全、生态环境安全、公众权益,以及促进能源资源节约利用、满足社会经济管理等方面的控制性底线要求。强制性标准项目名称统称为技术规范,相当于技术法规,分为建设项目类规范及通用技术类规范。建设项目类规范是以工程项目为对象,以总量规模、规划布局,以及项目功能、性能和关键技术措施为主要内容的强制性标准。从工程项目整体上进行约束,明确工程项目立项、建设、运行、拆除各阶段的约束要求,保障国家方针政策有效落实,功能性能完善程度,质量水平满足需求。通用技术类规范是以技术专业为对象,以规划、勘察、测量、设计、施工等通用技术要求为主要内容的强制性标准,从具体专业技术上进行约束,避免通用技术要求在工程项目类规范的重复,同时满足政府实施监管的需求。

3.2 强制性标准体系构建原则

工程建设强制性标准体系要涵盖政府强制控制的所有工程项目。每一项标准的内容，要"从生到死"，涵盖工程项目的规划、设计、施工、验收、运行维护、鉴定加固、改造修缮、拆除、废旧利用等全过程。每一项标准的内容，要涵盖该项目在整个国家工程建设中应具备的规模，以及布局、功能、技术措施等要求，要强化工程项目规模、布局、功能、性能要求。以工程建设项目为对象的各项标准之间，内容不能重复，有共性要求和规定的，可编制通用技术规范。通用技术规范的内容，既要适应新建建筑和设施的需要，又要适用既有建筑和设施改造的需要，并尽可能适用各领域的各类工程项目。通用技术规范原则上按专业划分，但各专业的标准之间，内容不能重复。

4 《建筑给水排水与节水通用规范》编制的总体思路

国家工程建设强制性标准体系中，城乡建设部分设工程建设强制性标准 38 项，以代替目前散落在各标准中的强制性条文。其中建设项目类规范与给水排水专业相关的有：《城市给水工程项目规范》《城乡排水工程项目规范》《住宅建筑项目规范》《宿舍、旅馆建筑项目规范》《特殊建筑工程项目规范》《特殊设施工程项目规范》等；通用技术类规范与给水排水专业相关的有：《建筑给水排水与节水通用规范》《建筑防火通用规范》《消防设施通用规范》《建筑与市政工程抗震通用规范》《建筑节能与可再生能源利用通用规范》《建筑与市政工程施工质量控制通用规范》等。

4.1 总体要求

（1）研究国际以及国外发达国家（以欧洲标准——英国为重点）建筑技术法则、强制性标准的编制模式、技术内容和条文表现形式、实施方法等，制定《建筑给水排水与节水通用规范》（以下简称《规范》）总体构架，确定《规范》主要内容、主要依据和逻辑结构。

（2）分析研究国家相关法律法规、部门规章、规范性文件等对建筑给水排水与节水在安全、环保、节能、节地、绿色等方面的要求，并研究将其纳入《规范》的可行性和必要性。

（3）分析我国现行工程建设标准中有关建筑给水排水与节水的强制性技术规定（强制性条文），不能有遗漏；梳理、甄别并确定可以纳入《规范》的技术条款以及需要补充完善的技术内容，达到逻辑性、系统性、完整性要求。

（4）《规范》技术内容严格限制在保障人身健康和生命财产安全、国家安全、生态环境安全及社会经济可持续发展的基本管理要求的范围内，包括但不限于建筑给水排水与节水强制性基本条款、基本技术参数和技术指标、基本技术措施等。

4.2 基本原则

（1）将建筑给水排水与节水工程作为一个完整的对象，应系统完整、可操作性强，并体现综合性，为政府部门转变职能、提升市场监管和公共服务水平提供技术支撑。

（2）明确对使用安全、卫生健康与环境、节能节水及其他公共利益的规定，并考虑地方差异。

（3）借鉴国外经验，注重中国特色。

4.3 技术内容要求

《规范》编制目标是解决强制性标准体系中"项目建设类"标准里重复出现的、强制性的建筑给水排水与节水的技术要求。因此，研究提出工程建设中符合强制性要求的建筑给水排水与节水基本技术内容至关重要，包括但不限于下列内容：

（1）目标要求：为保障工程质量、工程安全、人身安全、保护环境和其他公共利益等做出的预期要达到的目的要求。

（2）功能陈述：根据目标要求而应具备的条件（状况）或应达到的结果的定性描述，一个目标要求可以与几个功能陈述相关，任何一个功能陈述也可以与多个目标要求相关，功能陈述只规定必须达到的结果，而不规定如何达到此结果。

（3）可接受方案：能够满足目标要求和功能陈述（要求）的具体技术方法或措施。

二、编制概述

1　强制性工程建设规范实施原则

工程建设项目的勘察、设计、施工、验收、维修、养护、拆除等建设活动全过程中必须严格执行强制性工程建设规范。对于既有建筑改造项目（指不改变现有使用功能），当条件不具备、执行现行强制性规范确有困难时，应不低于原建造时的标准。对于推荐性工程建设标准，由于其是为强制性工程建设规范配套的，是经过实践检验的、保障达到强制性规范要求的成熟技术措施，一般情况下也应当执行。在满足强制性工程建设规范规定的项目功能、性能要求和关键技术措施的前提下，可合理选用相关团体标准、企业标准，使项目功能、性能更加优化或达到更高水平。推荐性工程建设标准、团体标准、企业标准要与强制性工程建设规范协调配套，各项技术要求不得低于强制性工程建设规范的相关技术水平。

强制性工程建设规范实施后，现行相关工程建设国家标准、行业标准中的强制性条文同时废止。现行工程建设地方标准中的强制性条文应及时修订，且不得低于强制性工程建设规范的规定。现行工程建设标准（包括强制性标准和推荐性标准）中有关规定与强制性工程建设规范的规定不一致的，以强制性工程建设规范的规定为准。

2　《规范》编制过程

《规范》按照"综合化、性能化、全覆盖、可操作"的原则，制定建筑给水排水系统的基本功能和技术性能的相关要求。有效发挥建筑给水排水系统的基本功能和性能，是制定《规范》的重要目的。

2.1 国家现行标准及强制性条文梳理

梳理、分析现行工程建设标准及强制性条文，重点研究现行强制性条文的覆盖范围、可行性、可操作性等，《规范》中原则上应涵盖所有现行强制性条文。强制性条文在不断发展与充实过程中，存在强制性条文确定原则和方式、审查规则等方面不够完善的问题，造成强制性条文之间重复、交叉、矛盾，以及强制性条文与非强制性条文界限不清等现象。《规范》在研编阶段，重点对于一些条文在执行过程中存在内涵不清晰、容易引起不同理解或在不同标准中相互矛盾的条文加以梳理，并在《规范》编制中给予明确。与建筑给水排水与节水方面的现行标准及强制性条文见表 2-1。

建筑给水排水与节水有关的现行标准及强制性条文　　表 2-1

序号	标准名称	强制性条文数量
1	《建筑给水排水设计标准》GB 50015—2019	30
2	《建筑给水排水及采暖工程施工质量验收规范》GB 50242—2002	20（给水排水 7 条）
3	《民用建筑节水设计标准》GB 50555—2010	3
4	《建筑与小区雨水控制及利用工程技术规范》GB 50400—2016	7
5	《建筑中水设计标准》GB 50336—2018	10
6	《游泳池给水排水工程技术规程》CJJ 122—2017	8
7	《建筑屋面雨水排水系统技术规程》CJJ 142—2014	3
8	《建筑同层排水工程技术规程》CJJ 232—2016	2
9	《二次供水工程技术规程》CJJ 140—2010	6
10	《公共浴场给水排水工程技术规程》CJJ 160—2011	6
11	《住宅设计规范》GB 50096—2011	65（给水排水 6 条）
12	《住宅建筑规范》GB 50368—2005	全文强制
13	《城镇给水排水技术规范》GB 50788—2012	全文强制

《规范》实施后，表 2-1 中序号前 9 项的国家现行工程建设标准中相关强制性条文同时废止，即这些条文（共计 76 条）不再是有效的标准条文，在工程建设中不需要执行。行业标准《公共浴场给水排水工程技术规程》CJJ 160—2011 目前正在修订中，再发布时其强制性条文也将废止。

2.2 国家相关政府制度梳理

研究并分析国家相关政府部门规章、规范性文件等在建筑给水排水与节水方面关于安全、环保、节能、节地、绿色等方面的要求，并考虑将其纳入《规范》的可行性和必要性。编制过程中重点关注《关于进一步加强城市节水工作的通知》（建城〔2014〕114 号）、《海绵城市建设技术指南——低影响开发雨水系统构建（试行）》（建城〔2014〕275 号）、《关于推进海绵城市建设的指导意见》（国办发〔2015〕75 号）、《城镇节水工作指南》（建城函〔2016〕251 号）、《全民节水行动计划》（发改环资〔2016〕2259号）等政府发文。

2.3 发达国家技术标准分析借鉴

研究并借鉴国际上发达国家的建筑工程技术标准，主要以欧洲技术标准为对象，以英国技术标准为重点，特别是技术法规的编制模式、技术标准的内容和条文表现形式、实施方法等。如《英国建筑条例》（2010 年版）中的卫生工程、热水安全及用水效率，排水与污水处理等章节；《澳大利亚建筑技术法规》（2015年版）中性能要求部分；《美国国际建筑规范》（2015 年版）等，以提升工程建设标准国际化程度，但要考虑中国的实际国情。

2.4 与国家发展战略需求对接

为实现国家碳达峰碳中和的目标，住建部在《"十四五"建筑节能与绿色建筑发展规划》（建标〔2022〕24 号）中提出，到2025 年，城镇新建建筑全面建成绿色建筑。在《规范》报批过程中政府主管部门提出，按照国家城乡建设工程强制性标准体系中规范完成的工程项目，应达到现行国家标准《绿色建筑评价标准》GB/T 50378 中绿色建筑的基本级，即要满足《绿色建筑评价标准》中全部控制项条文的要求。与给水排水专业相关的控制项共有 3 条，全部在《规范》中予以体现。

2.5 系统性与完整性综合体现

将建筑给水排水与节水工程作为一个完整的对象，应系统完整、可操作性强，并体现综合性，为政府部门转变职能、提升市场监管和公共服务水平提供技术支撑。现行国家强制性条文散布于各技术标准中，系统性不强的问题突出，需要补充完善一定的技术内容，以达到《规范》在逻辑性、系统性、完整性上的要求。《规范》编制过程中考虑了各章节的系统性，解决了现行强制性条文是各现行标准中特定条文的汇编，不具有系统性与完整性的问题。

3 《规范》编制内容

3.1 《规范》总体架构

《规范》共计 9 章、27 节，条文 173 条，其中来自国家现行强制性条文 97 条，通过与国外法规标准对比后确定的有 18 条，通过研究分析国家政府发文及市场监管需求后确定的有 58 条。《规范》与现行的全文强制性规范在编写体例上的区别是目次中无术语一章，而是将术语放到了起草说明部分。在国家工程建设标准体系中，各专业还需要制定相应的术语标准，建筑给水排水的术语标准为《建筑设备术语标准》，目前已完成报批稿。《规范》条文中未采用现行强制性条文为 2 条，均来自国家标准《城镇给水排水技术规范》GB 50788—2012。

3.2 《规范》条文

3.2.1 《规范》条文来源示例

（1）来自现行工程建设标准强制性条文，如《规范》第 3.3.3 条：对可能发生水锤的给水泵房应采取消除水锤危害的措施。来自国家标准《城镇给水排水技术规范》GB 50788—2012 第 3.3.5 条。

（2）政府发文、监管及公共安全要求，如《规范》第 3.4.5

条：公共场所的洗手盆应采用非接触式或延时自闭式水嘴。

（3）借鉴国外规范、标准的条文，如《规范》第 4.3.2 条：室内生活排水管道系统不得向室内散发臭气或有害气体。来自《澳大利亚建筑技术法规》（2015 年版）第三卷性能要求中生活排水系统性能要求：应防止排水系统中的污水、浊气及臭气泄漏至建筑内。

（4）绿色建筑基本级的要求，如《规范》第 4.5.12 条：大于 10hm² 的场地应进行雨水控制及利用专项设计，雨水控制及利用应采用土壤入渗系统、收集回用系统、调蓄排放系统。

（5）系统性与完整性要求，如《规范》第 4.4.3 条：化粪池应设通气管，通气管排出口设置位置应满足安全、环保要求。

3.2.2 《规范》未采用的现行强制性条文

国家标准《城镇给水排水技术规范》GB 50788—2012 第 3.6.1 条：民用建筑与小区应根据节约用水的原则，结合当地气候和水资源条件、建设标准、卫生器具完善程度等因素合理确定生活用水定额。本条是合理确定用水定额应综合考虑的因素，因生活用水定额基本上是一些取值范围，需根据工程所在地的具体水资源条件、政策要求等因素因地制宜地选择，故不再强制；第 3.7.6 条：管道直饮水系统用户端的水质应符合现行行业标准《饮用净水水质标准》CJ 94 的规定，且应采取严格的保障措施。本条在《规范》报批稿中有"管道直饮水"一节，共 3 条，在住房和城乡建设部业务司审查《规范》报批稿时取消。

3.2.3 《规范》条文解读

（1）在术语部分，本次明确了建筑给水排水系统的定义为建筑给水排水管道系统、给水排水设备及设施的总称，即系统的概念最宽。

（2）为防止室外检查井井盖损坏或缺失时发生行人不慎跌落造成伤亡事故，对室外检查井井盖提出应有防盗、防坠落措施，如设置防坠落网等，且检查井、阀门井井盖上应具有属性标识。

（3）为保证给水系统具有不间断向建筑或小区供水的能力，

《规范》中明确室外给水管网干管应成环状布置；生活给水系统水泵机组应设备用泵，备用泵供水能力不应小于最大一台运行水泵供水能力的要求。在执行时，除要求由城镇管网直接供水管道成环布置或与城镇给水管连接成环状网外，对于区域加压的小区室外给水管网也应布置成环状网。有些建筑或小区的地下室外轮廓线与建筑红线间的距离较小，给水加压干管布置在地下室内，此种情况下，供水干管也应成环布置。建筑与小区室外给水管网干管要求布置成环状布置除为提高供水安全性外，还有是为减少支状管道，减少死水区，缩短水龄，保障供水水质。

（4）对于配水支管用水点处水压大于 0.2MPa 时，应采取减压措施，如设置支管减压阀，并应满足用水器具工作压力的要求。五星级酒店等高标准建筑中一般都设有总统套房、行政楼层，卫生间设备中配置一些水力按摩龙头，工作压力要求在 0.35MPa～0.50MPa，对于这些特殊功能要求的设备，进水管压力不需要再设减压阀等设施减压。

（5）我国水资源严重匮乏，用水形势极为严峻，为贯彻国家节水政策，避免大量采用自来水对人工水景补水的浪费行为，规定非亲水性的室外景观水体用水水源不得采用市政自来水和地下井水。对于建筑内部为营造环境设置的一些景观水景，如镜池、叠流、溪流、涌泉等，可以采用自来水作为水源。为改善环境在室外设置的水雾射流造型，旱地喷泉等，因与人体接触，是不允许采用中水作为水源的，应采用自来水。

（6）屋面雨水应有组织排放，可采用管道系统加溢流设施或管道系统无溢流设施排放，低层建筑可采取承雨斗排水或檐沟（推荐采用成品檐沟）外排水，将屋面雨水迅速、及时地排至室外地面或雨水控制利用设施和管道系统，不允许低层建筑屋面雨水散排。对于无法设置溢流口的建筑，屋面雨水全面由雨水斗排水系统排除，应优先采用雨水排水管道系统加溢流管道系统的排水方式。工程中有采用加大雨水排水系统的设计重现期，雨水全部由雨水排水管道系统排除，在低重现期，对于虹吸雨水系统会发生不能正常工作的情况，不建议采用。

（7）由于生活热水在加热制备、贮存、输、配水过程中有可能滋生致病细菌，如嗜肺军团菌在实际热水系统中的检出，因此集中热水供应系统应采取消灭致病菌的有效措施，使其水质标准符合现行行业标准《生活热水水质标准》CJ/T 521 的水质要求。采取的措施有在热水供水管道或回水管道上设置紫外光催化二氧化钛（AOT）消毒装置或银离子消毒器等，也可采取系统定时升温灭菌措施，即将水加热器的出水温度定期升高到60℃～70℃，热水系统高温运行一段时间后水加热器再恢复正常出水温度。

（8）为保证游泳池、公共按摩池的池水始终处于既不形成水垢，也不具有腐蚀性的中性状态，以提高池水的舒适度，节约各种化学品使用量，规定游泳池、公共按摩池应采取水质平衡措施，即控制 pH、总碱度、钙硬度、溶解性总固体和水温在最佳的范围。pH 应控制在 7.2～7.8，总碱度应控制在 60mg/L～200mg/L，钙硬度应控制在 200 mg/L～450mg/L，溶解性总固体不应超过原水的溶解性总固体＋1000mg/L。

（9）为解决建筑物内设有中水系统或雨水回用系统时，由于管道没有做区分标识，当给水系统与中水系统的管道采用同一种管材时，外观上不能将两个完全不同水质标准的系统区分，在建筑维修或改造时，造成给水管道与中水管道的错接，发生饮用中水的问题，影响使用者的身体健康，《规范》对管道提出要有不同标识的要求，并对常用的管道系统给出具体的规定：给水管道应为蓝色环；热水供水管道应为黄色环、热水回水管道应为棕色环；中水管道、雨水回用和海水利用管道应为淡绿色环；排水管道应为黄棕色环。

（10）对于采用非传统水源作为冲厕用水、冷却补水、娱乐性景观用水时，规定应对非传统水源的水质进行检测。一些城市设有市政再生水管道，在其供水范围内，建筑物的冲厕采用市政再生水作为水源，应按现行国家标准《城市污水再生利用 城市杂用水水质》GB/T 18920 中冲厕的水质指标进行检测。市政再生水的水质标准分为一级 A 和一级 B，一级 A 的水质指标高于一级 B，其水质项目中对嗅、浊度、总溶解固体、溶解氧、总余氯等无要求，达不到冲厕的水质标准，当采用市政再生水冲厕时，应设置水处理设备对市政再生水进行处理，达标后方可用于冲厕。

4 意义

国家标准化改革工作已全面开展并实施，特别是工程建设标准化工作的推进，已初步形成由政府主导制定的标准与市场自主制定的标准协同发展、协调配套的新型标准体系，政府主导制定的全文强制性标准即技术法规的实施，将使标准真正成为对质量的"硬约束"，推动国家建设工程的高质量发展。

建筑给水排水是城镇给水系统的末端、城镇排水系统的起端，在合理利用各种水资源、减少对环境污染方面是最终的用户与起始的控制单元，是城镇节水的关键组成环节。建筑给水排水系统是保障城镇居民生活的重要系统，是保障公众身体健康、水环境质量的必需设施，《规范》的实施对建筑给水排水系统充分发挥其功能及性能具有重要意义。《规范》适用于建筑给水排水系统的设计、施工、验收、运行、维护，对于全文强制性规范，在实施后需强化规范的宣贯工作，让政府监督部门的执法者、广大工程技术人员真正理解条文的含义，要加强规范的实施和监督管理，才能实现规范的控制性底线要求。

第三部分

《建筑给水排水与节水通用规范》
实 施 指 南

1 总　　则

1.0.1　为在建筑给水排水与节水工程建设中保障人身健康和生命财产安全、水资源与生态环境安全，满足经济社会管理基本需要，依据有关法律、法规，制定本规范。

【编制说明】

建筑给水排水系统是保障城镇居民生活的重要系统，是保障公众身体健康、水环境质量的必需设施，是绿色可持续性发展的重要组成部分；建筑给水与排水是城镇给水排水系统的末端及起端，在合理利用各种水资源、减少对环境的污染方面是最终的用户与起始的控制单元，是城镇节水的关键组成环节，因此，有效发挥建筑给水排水系统和设施的基本功能和性能，也是制定《规范》的重要目的。《规范》按照"综合化、性能化、全覆盖、可操作"的原则，制定了建筑给水排水系统和设施基本功能和技术性能的相关要求。《中华人民共和国水法》《中华人民共和国水污染防治法》《中华人民共和国城乡规划法》和《中华人民共和国建筑法》等国家相关法律、部门规章和技术经济政策对有关城镇给水排水设施（含建筑给水排水）提出了诸多严格的规定和要求，是编制《规范》的基本依据。

【现行规范（标准）的相关规定】

国家标准《城镇给水排水技术规范》GB 50788—2012

1.0.1　为保障城镇用水安全和城镇水环境质量，维护水的健康循环，规范城镇给水排水系统和设施的基本功能和技术性能，制定本规范。

【《规范》编制时的修改】

本条规定了《规范》制定的目的和意义，提出了建筑给水排水与节水工程作为城乡基础设施所应实现的基本功能目标，是我国城乡建筑给水排水与节水工程建设监管、保证建筑给水排水与节水工程"本质安全"的底线要求，为我国建筑给水排水与节水工程建设提出了根本的目标性要求。

【实施与检查控制】

给水排水系统和设施是保障城镇居民生活和社会经济发展的生命线，是保障公众身体健康、水环境质量的重要基础设施，建筑给水与排水是城镇给水排水系统的末端及起端，在合理利用各种水资源、减少对环境的污染方面是最终的用户与起始的控制单元，是城镇节水的关键组成环节。要坚持系统性，避免将整体目标单一化、碎片化。《规范》是对建筑给水排水与节水工程安全保证的一个有机整体，执行过程中，不可忽略系统的完整性。

建筑给水排水与节水工程在设计、施工、验收、运行和维护各阶段必须执行所有功能及性能要求。

1.0.2 建筑给水排水与节水工程的设计、施工、验收、运行和维护必须执行本规范。

【编制说明】

本条规定了《规范》的适用范围，明确适用于建筑给水排水与节水工程的设计、施工、验收、运行和维护。

【现行规范（标准）的相关规定】

国家标准《城镇给水排水技术规范》GB 50788—2012

1.0.2 本规范适用于城镇给水、城镇排水、污水再生利用和雨水利用相关系统和设施的规划、勘察、设计、施工、验收、运行、维护和管理等。

【《规范》编制时的修改】

《规范》将范围聚焦在建筑给水排水与节水工程中的设计、施工、验收、运行和维护。

【实施与检查控制】

建筑给水排水与节水工程应从全过程规范其功能和性能，才能保障建筑给水排水与节水工程的安全，满足使用者的需求。

建筑给水排水与节水工程在设计、施工、验收、运行和维护各阶段均应满足要求。

1.0.3 工程中所采用的技术方法和措施是否符合本规范的要求，由相关责任主体判定。其中，创新性技术方法和措施，应进行论证并符合本规范中有关性能的要求。

【编制说明】

近年来，我国建筑给水排水行业发展迅速，包括施工方法、处理工艺、设计方法、检测方法、新材料及新设备等的应用，为鼓励创新同时也要保障工程的安全，对于相关规范中没有规定的技术，必须由建设、勘察、设计、施工、监理等责任单位及有关专家依据研究成果、验证数据和国内外实践经验等，对所采用的技术措施进行充分论证评估，证明其安全可靠、节约环保，并对论证评估结果负责。论证评估结果实施前，建设单位应报工程项目所在地行业行政主管部门备案。经论证评估满足要求后，应允许使用。

本条规定了建筑给水排水工程采用新技术、新工艺和新材料的许可原则。建筑给水排水设施在规划建设中应积极采用高效的新技术、新工艺和新材料，以保障设施功效，提高设施安全可靠性和服务质量。当采用无现行相关标准予以规范的新技术、新工艺和新材料时，必须根据国务院《建设工程勘察设计管理条例》和原建设部《实施工程建设强制性标准监督规定》的要求，由拟采用单位提请建设单位组织专题技术论证，报建设行政主管部门或者国务院有关主管部门审定。其相关核准程序已在原建设部《采用不符合工程建设强制性标准的新技术、新工艺、新材料核准行政许可实施细则》的通知中作出了详细规定。

【现行规范（标准）的相关规定】

国家标准《城镇给水排水技术规范》GB 50788—2012

2.0.14 当采用的新技术、新工艺和新材料无现行标准予以规范或不符合工程建设强制性标准时，应按相应程序和规定予以核准。

【《规范》编制时的修改】

本条为国家全文强制性规范的通用条文，要求工程中所采用的技术方法和措施是否符合规范的要求，由相关责任主体判定。

【实施与检查控制】

《规范》中关键技术措施不能涵盖工程建设管理采用的全部技术方法和措施，仅仅是保障工程性能的"关键点"，很多关键技术措施具有"指令性"特点，即要求工程技术人员去"做什么"，《规范》要求的结果是要保障建设工程的性能，因此，能否达到《规范》中性能的要求，以及工程技术人员所采用的技术方法和措施是否按照《规范》的要求去执行，需要进行全面的判定，其中，重点是看能否保障工程性能符合《规范》的规定。进行这种判定的主体应为工程建设的相关责任主体，这是我国现行法律法规的要求。《中华人民共和国建筑法》《建设工程质量管理条例》《建筑节能条例》等以及相关的法律法规，突出强调了工程监管、建设、规划、勘察、设计、施工、监理、检测、造价、咨询等各方主体的法律责任，既规定了首要责任，也确定了主体责任。在工程建设过程中，执行强制性工程建设规范是各方主体落实责任的必要条件，是基本的、底线的条件，各方相关主体有义务对工程建设采用的技术方法和措施是否符合《规范》规定进行判定。

为了支持创新，鼓励创新成果在建设工程中应用，当拟采用的新技术在工程建设强制性规范或推荐性标准中没有相关规定时，各方相关主体应对拟采用的工程技术或措施进行论证，确保建设工程达到工程建设强制性规范规定的工程性能要求，确保建设工程质量和安全，并应满足国家对建设工程环境保护、卫生健康、能源资源节约与合理利用等相关基本要求。

2 基 本 规 定

2.0.1 建筑给水排水与节水工程应具有应对自然灾害、事故灾难、公共卫生事件和社会安全事件等突发事件的能力，设施运行管理单位应制定有关应急预案。

【编制说明】

本条规定了建筑给水排水设施必须具备应对突发事件的安全保障能力。建筑给水排水设施应具有预防多种突发事件影响的能力；在得到相关突发事件将影响设施功能信息时，应能采取应急准备措施，最大限度地避免或减轻对设施功能带来的损害；应设置相应监测和预警系统，能及时、准确识别突发事件对建筑给水排水设施带来的影响，并采取有效措施抵御突发事件带来的灾害，采取相关补救、替代措施保障设施基本功能。如中水处理站应对公共卫生突发事件或其他特殊情况时，要求调节池污水应具备直接进行消毒和应急检测的条件，对中水调节池内的污水直接进行消毒，并为相关工作人员做好安全防范措施等。

【现行规范（标准）的相关规定】

国家标准《城镇给水排水技术规范》GB 50788—2012

1.0.2 城镇给水包括取水、输水、净水、配水和建筑给水等系统和设施；城镇排水包括建筑排水，雨水和污水的收集、输送、处理和处置等系统和设施；污水再生利用和雨水利用包括城镇污水再生利用和雨水利用系统及局部区域、住区、建筑中水和雨水利用等设施。

2.0.3 城镇给水排水设施应具备应对自然灾害、事故灾难、公共卫生事件和社会安全事件等突发事件的能力。

【《规范》编制时的修改】

现行国家标准《城镇给水排水技术规范》GB 50788 明确建

筑给水排水是城镇给水排水的组成，本次增加设施运行管理单位应制定有关应急预案的要求。

【实施与检查控制】

建筑给水排水与节水工程中相关设施，应具有应对自然灾害、事故灾难、公共卫生事件和社会安全事件等突发事件的能力。设计时，主要建筑给水排水设施如二次加压与调蓄设施、污水处理设施、中水处理设施、雨水处理设施、游泳池水处理设施等应设置相应监测和预警系统，能及时、准确识别突发事件对建筑给水排水设施带来的影响，并要有措施能抵御突发事件带来的灾害，采取相关补救、替代措施保障设施基本功能。建筑给水排水设施运行管理单位应根据不同设施的功能及作用，按照相关标准制定设施能发挥正常功能的应急预案。

核查设计文件、设施使用说明等相关技术资料，并检查设施运行管理单位是否制定相关应急预案。

2.0.2 建筑给水排水与节水工程的防洪、防涝标准不应低于所在区域城镇设防的相应要求。

【编制说明】

本条规定了建筑给水排水设施防洪防涝的要求。国家标准《防洪标准》GB 50201—2014 第 3.0.8 条 第 1 款规定：遭受洪灾或失事后损失巨大、影响十分严重的防护对象，可提高防洪标准；《城镇内涝防治技术规范》GB 51222—2017 第 3.1.3 条中规定：除应满足规划确定的内涝防治设计重现期外，尚应考虑超过该重现期时的应对措施。建筑给水排水设施属于"影响十分严重的防护对象"，因此，要求建筑给水排水设施应在满足所服务城镇防洪防涝设防相应等级要求的同时，还应根据建筑给水排水重要设施和构筑物具体情况，适度加强设置必要的防止洪灾及防内涝的设施。

国家标准《城镇给水排水技术规范》GB 50788—2012

2.0.4 城镇给水排水设施的防洪标准不得低于所服务城镇设防的相应要求，并应留有适当的安全裕度。

【《规范》编制时的修改】

根据现行国家标准《城镇内涝防治技术规范》GB 51222 要求，增加防涝要求。

【实施与检查控制】

建筑给水排水与节水工程的防洪、防涝设防标准不应小于所服务区域的城镇防洪防涝设防的相应等级，对于单独设置的二次加压与调蓄设施，还应适度加强，设置必要的防止洪灾、防内涝的设施。

核查建筑给水排水与节水工程的防洪与防涝标准。

2.0.3 建筑给水排水与节水工程选用的材料、产品与设备必须质量合格，涉及生活给水的材料与设备还必须满足卫生安全的要求。

【编制说明】

本条规定了建筑给水排水设施选用的材料和设备执行的质量和卫生许可的原则。建筑给水排水设施选用材料和设备的质量状况直接涉及设施的运行安全、基本功能和技术性能，必须予以许可控制。建筑给水排水相关材料和设备选用必须执行国务院颁发的《建设工程勘察设计管理条例》中"设计文件中选用的材料、构配件、设备，应当注明其规格、型号、性能等技术指标，其质量要求必须符合国家规定的标准"的规定。建筑生活给水还应保障其卫生安全，必须按现行国家标准《生活饮用水输配水设备及防护材料的安全性评价标准》GB/T 17219 的要求执行，如生活水箱、供水泵、管道、阀门等；处理生活饮用水采用的混凝、絮凝、助凝、消毒、氧化、pH 调节、软化、灭藻、除垢、除氟、除砷、氟化、矿化等化学处理剂还应符合国家相关标准的规定。

【现行规范（标准）的相关规定】

国家标准《城镇给水排水技术规范》GB 50788—2012

2.0.5 城镇给水排水设施必须采用质量合格的材料与设备。城镇给水设施的材料与设备还必须满足卫生安全要求。

【《规范》编制时的修改】

与国家标准《城镇给水排水技术规范》GB 50788—2012 第2.0.5 条基本保持一致。

【实施与检查控制】

建筑给水排水与节水工程采用的相关材料和设备的选用，必须执行国务院颁发的《建设工程勘察设计管理条例》中的要求，设计文件中选用的材料、构配件、设备，应当注明其规格、型号、性能等技术指标，其质量要求必须符合国家标准的规定。

设计说明中应明确生活给水的涉水材料与设备应满足现行国家标准《生活饮用水输配水设备及防护材料卫生安全性评价规范》GB 17219 有关卫生安全的要求。

核查设计说明、设备材料表等设计文件是否给出规格、型号、性能等技术指标。项目的招标文件中还应给出材料、产品及设备生产所遵循的相关标准。

工程监理应检查生活给水系统中涉水材料与设备的检验报告和地方卫生行政主管部门颁发的涉水产品许可批件等。

2.0.4 建筑给水排水与节水工程选用的工艺、设备、器具和产品应为节水和节能型

【编制说明】

本条规定了建筑给水排水系统建设时就应选取节水和节能型工艺、设备、器具和产品。即规定了建筑给水排水、建筑中水和雨水系统和设施的运行过程以及相关生活用水、生产用水、公共服务用水和其他用水的用水过程，所采用的工艺、设备、器具和产品都应该具有节水和节能的功能，以保证系统运行过程中发挥

节水和节能的效益。《中华人民共和国水法》和《中华人民共和国节约能源法》分别对相关节能和节水要求作出了原则性的规定；国家发展和改革委员会等五部委颁发的《中国节水技术政策大纲》及住房和城乡建设部、国家发展和改革委员会发布的《城镇节水工作指南》中对各类用水推广采用具有节水功能的工艺技术、节水重大装备、设施和器具等都提出了明确要求。

【现行规范（标准）的相关规定】

国家标准《城镇给水排水技术规范》GB 50788—2012

2.0.6 城镇给水排水系统应采用节水和节能型工艺、设备、器具和产品。

【《规范》编制时的修改】

与国家标准《城镇给水排水技术规范》GB 50788—2012 第2.0.6条基本保持一致。

【实施与检查控制】

建筑给水排水系统设计所采用的工艺、设备、器具和产品应有节水和节能的要求，在设计说明、设备材料表或大样详图中给出具体处理设施的工艺要求和设备、器具的参数要求。

核查建筑给水排水系统所采用的工艺、设备、器具和产品是否符合设计要求及国家相关标准的规定。

2.0.5 建筑给水排水与节水工程中有关生产安全、环境保护和节水设施的建设，应与主体工程同时设计、同时施工、同时投入使用。

【编制说明】

本条规定了建筑给水排水系统建设的有关"三同时"的建设原则。《中华人民共和国安全生产法》第二十四条，《中华人民共和国环境保护法》第二十六条和《中华人民共和国水法》第五十三条都分别规定了有关安全生产、环保和节水设施建设应"与主体工程同时设计、同时施工、同时投产和使用"的要求。建筑给水排水系统建设应认真贯彻执行这些规定。

【现行规范（标准）的相关规定】

国家标准《城镇给水排水技术规范》GB 50788—2012

2.0.7 城镇给水排水系统中有关生产安全、环境保护和节水设施的建设，应与主体工程同时设计、同时施工、同时投产使用。

【《规范》编制时的修改】

与国家标准《城镇给水排水技术规范》GB 50788—2012 第2.0.7 条保持一致。

【实施与检查控制】

建筑给水排水与节水工程中有关生产安全、环境保护和节水设施的建设，如二次加压与调蓄设施、污水处理设施、中水处理设施、雨水处理设施、海绵城市建设中的低影响开发生态滞留设施、游泳池水处理设施等应与主体工程同时设计、同时施工、同时投入使用。

核查设计文件上是否有与生产安全、环境保护和节水相关的设施图纸，竣工验收时核查是否按设计要求施工，并检查是否具备运行的条件。

2.0.6 建筑给水排水与节水工程的运行、维护、管理应制定相应的操作标准并严格执行。

【编制说明】

本条规定了建筑给水排水系统中设施的日常运行和维护必须遵照相应技术标准进行的基本原则。为保障城镇给水排水系统的运行安全和服务质量，必须对相关系统和设施制定科学合理的日常运行和维护技术规程，并按规程进行经常性维护、保养，定期检测、更新，做好记录，并由相关人员签字，以保证系统和设施正常安全运转和服务质量。

【现行规范（标准）的相关规定】

国家标准《城镇给水排水技术规范》GB 50788—2012

2.0.8 城镇给水排水系统和设施的运行、维护、管理应制定相应的操作标准，并严格执行。

【《规范》编制时的修改】

与国家标准《城镇给水排水技术规范》GB 50788—2012 第2.0.8 条保持一致。

【实施与检查控制】

建筑给水排水系统中设施、设备的日常运行和维护应执行相应技术标准，如果某类设施或设备无相应的运行及维护标准，相关责任主体应牵头制定并发布。

核查建筑给水排水系统中设施、设备的日常运行和维护是否执行相关的标准，检查日常维护、保养的记录。

2.0.7 建筑给水排水与节水工程建设和运行过程中产生的噪声、废水、废气和固体废弃物不应对建筑环境和人身健康造成危害。

【编制说明】

本条对建筑给水排水设施工程建设和生产运行时防止对周边环境和人身健康产生危害作出了规定。建筑给水排水设施在建设和运行时产生的噪声、废水、废气和固体废弃物，污水的处理和输送过程产生的有毒有害气体和污泥，建筑排水系统在室内产生的臭气必须进行有效的处理和处置，避免对环境和人身健康带来危害。1996 年颁发的《中华人民共和国环境噪声污染防治法》，2008 年发布的国家标准《社会生活环境噪声排放标准》GB 22337，对社会生活中的环境噪声提出了更高的要求，作出了新的规定。2002 年国家还特别对城镇污水处理厂排放的水和污泥制定了国家标准《城镇污水处理厂污染物排放标准》GB 18918，2015 年，《国务院关于印发水污染防治行动计划的通知》（国发〔2015〕17 号）还对固体废弃物、水污染物、有害气体和温室气体的排放制定了相关标准，建筑给水排水设施建设和运行过程中都必须采取严格措施厉行这些标准。

建筑给水排水设施建设和运行过程温室气体的排放主要是能源消耗间接产生的 CO_2，建筑给水排水设施建设和运行过程要采取综合措施减少温室气体排放，为适应和减缓气候变化承担相应的责任。

【现行规范（标准）的相关规定】

国家标准《城镇给水排水技术规范》GB 50788—2012

2.0.10 城镇给水排水工程建设和运行过程产生的噪声、废水、废气和固体废弃物不应对周边环境和人身健康造成危害，并应采取措施减少温室气体的排放。

【《规范》编制时的修改】

与国家标准《城镇给水排水技术规范》GB 50788—2012 第2.0.10 条基本保持一致。

【实施与检查控制】

建筑给水排水与节水工程在建设施工阶段产生的噪声、废水、废气和固体废弃物等应按照相应的国家标准要求采取有效的消声、隔声措施，设置污废水处理设施等，施工中产生的固体废弃物，应统一收集、集中处置，有条件的情况下，进行循环再生利用。在运行阶段，对水处理设施产生的有毒有害气体要经处理设施处理后才能排放，如采用臭氧消毒时，应设置尾气排气管及尾气消除或回收装置；采用次氯酸钠发生器时，对于发生器产生的氢气应设置独立的管道引至室外排入大气，并采取防止气压倒灌室内的措施。

核查施工现场的噪声、废水及固体废弃物是否采取相应的处置措施，是否对周边环境产生影响、达标排放。对运行中的设施、设备应核查噪声值、废气排放量。

2.0.8 建筑给水排水设施运行过程中使用和产生的易燃、易爆及有毒化学危险品应实施严格管理，防止人身伤害和灾害性事故的发生。

【编制说明】

本条规定了易燃、易爆及有毒化学危险品等的防护要求。建筑给水排水设施运行过程中使用的各种消毒剂、氧化剂，污水和污泥处理过程产生的有毒有害气体都必须予以严格管理，污水管网和泵站的维护管理以及加氯消毒设施的运行和管理等都是建筑给水排水设施运行中经常发生人身伤害和事故灾害的主要部位，要重点完善相关防护设施的建设和监督管理。《易燃易爆化学物品消防安全监督管理办法》和《危险化学品安全管理条例》等相关法规，对化学危险品的分类、生产、储存、运输和使用都作出了详细规定。建筑给水排水设施建设和运行过程中要对其涉及的多种危险化学品和易燃易爆化学物品予以严格管理。

【现行规范（标准）的相关规定】

国家标准《城镇给水排水技术规范》GB 50788—2012

2.0.11 城镇给水排水设施运行过程中使用和产生的易燃、易爆及有毒化学危险品应实施严格管理，防止人身伤害和灾害性事故发生。

【《规范》编制时的修改】

与国家标准《城镇给水排水技术规范》GB 50788—2012 第2.0.11 条保持一致。

【实施与检查控制】

建筑给水排水设施运行过程中使用和产生的易燃、易爆及有毒化学危险品应按照相关要求采取严格管理措施。建筑给水排水设施使用的各种消毒剂如氯气、次氯酸钠、过氧化氢等须遵守《易燃易爆化学物品消防安全监督管理办法》《危险化学品安全管理条例》等相关法规，以及现行国家标准《职业性接触毒物危害程度分级》GBZ 230 的规定。

核查设施使用的各类易燃、易爆及有毒化学危险品是否采取了相应的安全措施，措施是否符合国家及相关政府部门的要求。

2.0.9 对处于公共场所的给水排水管道、设备和构筑物应采取不影响公众安全的防护措施。

【编制说明】

建筑给水排水系统在公共场所建有的相关设施，如某些加压、蓄水、消防设施和检查井、闸门井、化粪池及隔油池等，要设置在方便其日常维护和设施安全运行的位置，还要避免对车辆和行人正常活动的安全构成威胁。

【现行规范（标准）的相关规定】

国家标准《城镇给水排水技术规范》GB 50788—2012

2.0.12 设置于公共场所的城镇给水排水设施应采取安全防护措施，便于维护，且不应影响公众安全。

【《规范》编制时的修改】

与国家标准《城镇给水排水技术规范》GB 50788—2012 第2.0.12 条基本保持一致。

【实施与检查控制】

公共场所的给水排水管道及其阀门，设置的位置不得影响建筑功能的正常使用，如设置在楼梯间的给水排水立管上的检修阀门，应靠近顶部设置；设置在公共场所的化粪池、隔油池等处理构筑物，应方便清掏，化粪池的排气管道不得对公众产生健康危害；设置在公共场所的地上式消火栓、水泵结合器等，应视情况设置围挡等。

核查设置在公共场所的给水排水管道、设备和构筑物等是否影响公众安全，对于可能产生影响的设备、设施采取适当的防护措施。

2.0.10 设备与管道应方便安装、调试、检修和维护。

【编制说明】

设计、施工安装时应考虑设备的测试维护方便，管道应有安装、检修和维护的操作空间。

【现行规范（标准）的相关规定】

(1)国家标准《建筑给水排水设计标准》GB 50015—2019

1.0.4 建筑给水排水设计，在满足使用要求的同时还应为施工安装、操作管理、维修检测以及安全防护等提供便利条件。

(2)《澳大利亚建筑技术法规（性能要求）摘要》(2015)

PART B3 /BP3.3（e） 设备和防回流设备被单独分离开，以便进行测试和维护。

【《规范》编制时的修改】

本条借鉴国际上发达国家标准要求，并在国家现行标准的条文基础上形成。

【实施与检查控制】

建筑给水排水与节水工程设计时应考虑与其他相关专业的协调，特别是与暖通空调、电气专业的协调，进行管道综合，为施工安装预留合理的空间，同时还应考虑工程投入使用后，有操作、检修和维护的空间，对于暗装的阀门、设备等，还要预留检修孔等。

核查建筑给水排水设备是否有检修与维护的空间，空间是否符合相关标准的要求，管道的空间是否能够满足维护与检修的要求，暗装的阀门等是否留有检修孔。

2.0.11 管道、设备和构筑物应根据其贮存或传输介质的腐蚀性质及环境条件，确定应采取的防腐蚀及防冻措施。

【编制说明】

建筑给水排水系统中接触腐蚀性药剂的构筑物、设备和管道要采取防腐蚀措施，如加氯管道、化验室下水道等接触强腐蚀性药剂的设施要选用工程塑料等；密闭的、产生臭气较多的车间设备要选用抗腐蚀能力较强的材质。管道都与水、土壤接触，金属管道及非金属管道接口，当采用钢制连接构造时均要有防腐措施，具体措施应根据传输介质和设施运行的环境条件，通过技术经济比选，合理采用。

【现行规范（标准）的相关规定】

（1）国家标准《城镇给水排水技术规范》GB 50788—2012

2.0.13 城镇给水排水设施应根据其储存或传输介质的腐蚀性质及环境条件，确定构筑物、设备和管道应采取的相应防腐蚀措施。

3.4.11 敷设在有冰冻危险地区的管道应采取防冻措施。

（2）国家标准《建筑给水排水设计规范》GB 50015—2019

3.6.20 敷设在有可能结冻的房间、地下室及管井、管沟等处的给水管道应有防冻措施。

(3)美国《国际管道规范》(2012年版)

IPC305.4 给水排水及含油管道不应安装于建筑外、阁楼、外墙或其他任何有可能达到冰冻温度的地方。若安装在此类地方，则应采取隔绝、加热或二者兼而有之的防冻措施。室外给水管道应敷设在冻土线以下不小于152mm处。

IPC305.7 安装于走廊、车道、车库等暴露于室外的管道应嵌墙安装或采取满足相关要求的保护措施。

【《规范》编制时的修改】

与国家标准《城镇给水排水技术规范》GB 50788—2012 第2.0.13条、第3.4.11条基本保持一致。

【实施与检查控制】

建筑给水排水系统中接触腐蚀性药剂的构筑物、设备和管道要采取防腐蚀措施，如加氯管道、化验室的排水管等接触强腐蚀性药剂的设施要选用工程塑料等；密闭的、产生臭气较多的水处理车间设备要选用抗腐蚀能力较强的材质。埋地的金属管道及非金属管道接口，均要按照相关标准选取恰当的管材并采取正确的防腐措施。对于敷设在有冰冻危险地区，如严寒及寒冷地区的给水排水管道，应采取保温等措施，埋地给水管道应敷设在冰冻线以下，暴露在室外的架空管道应采取保温措施或设置加热设施等。

核查设计说明、设备材料表是否对构筑物、设备等给出正确的选型要求，给水排水管道的材质选择是否能够耐受输送的介质，管道的防腐蚀措施是否给出。有冰冻危险地区的给水排水设备及管道是否有保温要求等。

2.0.12 湿陷性黄土地区布置在防护距离范围内的地下给水排水管道，应按湿陷性等级采取相应的防护措施。

【编制说明】

湿陷性黄土分自重湿陷性黄土及非自重湿陷性黄土，应根据不同的湿陷类型及地基湿陷等级采用相应的防水措施。防水措施又分基本防水措施、检漏防水措施、严格防水措施和侧向防水措施，具体规定及做法详见现行国家标准《湿陷性黄土地区建筑标准》GB 50025 的规定。

【现行规范（标准）的相关规定】

国家标准《湿陷性黄土地区建筑规范》GB 50025—2018

第 5.1.1 条、第 5.5.2 条和第 5.5.7 条规定了各级湿陷性黄土地基上的各类建筑需要采取不同的防水措施要求以及对管道和管沟的要求。

【《规范》编制时的修改】

本条是国家标准《湿陷性黄土地区建筑规范》GB 50025—2018 相关条文的改写。

【实施与检查控制】

湿陷性黄土地区的建筑给水排水工程应依据湿陷性黄土的分级，采用基本防水措施、检漏防水措施、严格防水措施和侧向防水等不同措施。

核查设计说明、图纸中湿陷性黄土地区是否采取了不同的防水措施，工程项目是否按设计要求实施。

2.0.13 室外检查井井盖应有防盗、防坠落措施，检查井、阀门井井盖上应具有属性标识。位于车行道的检查井、阀门井，应采用具有足够承载力和稳定性良好的井盖与井座。

【编制说明】

本条规定了检查井井盖的选用原则。为避免在检查井井盖损坏或缺失时发生行人不慎跌落造成伤亡事故，故规定井盖应有防盗、防坠落的措施，如防坠落网等。建筑小区的检查井规格有大有小，埋设深度深浅不一，一般井内径较小时，行人不容易跌落。但是井内径大于等于 600mm 时，行人容易跌落井内，造成伤害。为避免行车道下的井盖承受荷载不足时被行车压坏，故规定井盖应具有足够的承载力和良好的稳定性。

国家标准《室外排水设计规范》GB 50014—2006（2016 年版）

4.4.6 位于车行道的检查井，应采用具有足够承载力和稳定性良好的井盖与井座。

4.4.7A 排水系统检查井应安装防坠落装置。

【《规范》编制时的修改】

本条基本上与国家标准《室外排水设计规范》GB 50014—2006（2016 年版）第 4.4.6 条（强制性条文）和第 4.4.7A 条保持一致。

【实施与检查控制】

室外检查井井盖应选用有防盗、防坠落功能的井盖，检查井、阀门井井盖上应有标注属性的字体，如给水、污水、雨水等。位于车行道的检查井、阀门井，井盖与井座的承载力还应与其荷载相匹配。

核查设计说明、设备材料表中检查井井盖的选用说明，包括选用的标准图集是否正确。竣工验收时还要现场核实检查井井盖是否设有防盗、防坠落的措施，是否有属性标识。

2.0.14 穿越人民防空地下室围护结构的给水排水管道应采取防护密闭措施。

【编制说明】

本条规定了给水排水管道穿越人防围护结构的要求。按照现行国家标准《人民防空地下室设计规范》GB 50038 的规定，为了保证防空地下室的人防围护结构整体强度及其密闭性，穿过人防围护结构的给水管道应采用钢塑复合管或热镀锌钢管，管径不宜大于 150mm，且应在人防围护结构的内侧或防护密闭隔墙两侧（当穿过防护单元之间的防护密闭隔墙时）设置公称压力不小于 1.0MPa 的防护阀门，防护阀门应采用阀芯为不锈钢或铜材质的闸阀或截止阀。

【现行规范（标准）的相关规定】

国家标准《人民防空地下室设计规范》GB 50038—2005

3.1.6 专供上部建筑使用的设备房间宜设置在防护密闭区之外。穿过人防围护结构的管道应符合下列规定：

1 与防空地下室无关的管道不宜穿过人防围护结构；上部建筑的生活污水管、雨水管、燃气管不得进入防空地下室；

2 穿过防空地下室顶板、临空墙和门框墙的管道，其公称直径不宜大于150mm；

3 凡进入防空地下室的管道及其穿过的人防围护结构，均应采取防护密闭措施。

6.2.13 防空地下室给水管道上防护阀门的设置及安装应符合下列要求：

1 当给水管道从出入口引入时，应在防护密闭门的内侧设置；当从人防围护结构引入时，应在人防围护结构的内侧设置；穿过防护单元之间的防护密闭隔墙时，应在防护密闭隔墙两侧的管道上设置；

2 防护阀门的公称压力不应小于1.0MPa；

3 防护阀门应采用阀芯为不锈钢或铜材质的闸阀或截止阀。

【《规范》编制时的修改】

本条综合国家标准《人民防空地下室设计规范》GB 50038—2005的相关条文提出性能要求。

【实施与检查控制】

给水管道穿过人防围护结构时，给水管道的材质应采用钢塑复合管或热镀锌钢管等，管径不宜大于150mm，且应在人防围护结构的内侧或防护密闭隔墙两侧（当穿过防护单元之间的防护密闭隔墙时）设置公称压力不小于1.0MPa的防护阀门，防护阀门应采用阀芯为不锈钢或铜材质的闸阀或截止阀。上部建筑的生活污水管、雨水管、燃气管不得进入防空地下室。

核查设计说明中穿过人防围护结构给水管道选用的材质，设置的防护阀门材质、类型，现场核查穿越人防围护结构的给水管道、阀门是否符合设计要求，阀门的设置位置是否符合要求。

2.0.15 生活热水、游泳池和公共热水按摩池的原水水质应符合现行国家标准《生活饮用水卫生标准》GB 5749 的有关规定。

【编制说明】

生活热水的原水即制备生活热水的冷水，生活热水与冷水为同一使用对象，因此两者对水质的基本要求应一致，均应符合现行国家标准《生活饮用水卫生标准》GB 5749 的规定。

本条也是对游泳池、水上游乐池、公共热水按摩池补充水水质的规定，目的是保证池水水质不受补充水的污染，简化池水循环净化处理工艺流程和设施、设备的配置，节约建设费用和运营成本，方便系统管理。

本条的游泳池和公共热水按摩池是人工建造的水池。由于室外给水工程的供水水质是符合现行国家标准《生活饮用水卫生标准》GB 5749 的规定，该标准与游泳池等的水质卫生要求基本一致，仅游泳池池水要进行再次消毒，且消毒剂品种选用较宽泛，这就极大地简化了池水循环净化处理的工艺流程和设施、设备的配置。如采用自备水源为地面水时，则需进行多种工序如沉淀、絮凝、过滤、消毒等处理；如为地下水时需进行除铁、除锰等处理，这样不仅增加建设和运营成本，而且给管理带来很多不便。为此，如遇此情况应由供水水源部门进行相应的预净化处理。

【现行规范（标准）的相关规定】

(1) 国家标准《城镇给水排水技术规范》GB 50788—2012

3.7.2 建筑热水供应应保证用水终端的水质符合现行国家生活饮用水水质标准的要求。

(2) 国家标准《建筑给水排水设计标准》GB 50015—2019

6.2.2 生活热水的原水水质应符合现行国家标准《生活饮用水卫生标准》GB 5749 的规定。

(3) 行业标准《游泳池给水排水工程技术规程》CJJ 122—2017

3.1.1 游泳池的初次充水、换水和运行过程中补充水的水质应符合现行国家标准《生活饮用水卫生标准》GB 5749 的规定。

（4）行业标准《公共浴场给水排水工程技术规程》CJJ 160—2011

3.1.2 公共浴场的淋浴用水和热水浴池初次充水、浴池泄空后重新充水、正常使用过程中的补充水，其水质均应符合现行国家标准《生活饮用水卫生标准》GB 5749 的规定。

【国际上相关标准对比和吸收借鉴情况】

（1）《国际游泳联合会（FINA）游泳、跳水、水球、花样游泳设备规范》（2002～2005 年版）第 14 章卫生规定及《国际游泳联合会（FINA）游泳、跳水、水球、花样游泳设备规范》（2009～2013 年版）中 FR3、FR6、FR8 及 FR11 的规定，2017 年 9 月 27 日起实施的《游泳设施（2017～2021 年版）》中的涉水条文。

（2）世界卫生组织（WHO）《游泳池、按摩池和类似水环境安全指导准则》（2006 年版）。

（3）美国《公共按摩池标准》ANSI/NSPI-2（1999 年版）中附录 A：公共按摩池化学运行参数。

（4）英国《按摩浴池（SPA pool）水质标准》SPATA Standards 第四卷。

（5）新南威尔士《新南威尔士公共游泳池和浴池指南》（1996 年版）（新南威尔士公共健康部）。

（6）德国《游泳池和浴池设施水处理和消毒》DIN19643-1（1977 年版）。

【《规范》编制时的修改】

本条是国家现行标准《城镇给水排水技术规范》GB 50788、《建筑给水排水设计标准》GB 50015、《游泳池给水排水工程技术规程》CJJ 122 和《公共浴场给水排水工程技术规程》CJJ 160 条文的综合体现。

【实施与检查控制】

生活热水的原水水质应采用符合现行国家标准《生活饮用水卫生标准》GB 5749 要求的自来水；游泳池、水上游乐池、公共热水按摩池原水水质及补充水水质也应采用符合现行国家标准

《生活饮用水卫生标准》GB 5749 要求的自来水。在无市政自来水的区域，如采用地下井水，井水的水质也应符合现行国家标准《生活饮用水卫生标准》GB 5749 的要求，如达不到，则需要设置水处理设施。

核查设计说明中对生活热水、游泳池和公共热水按摩池的原水水质的要求，采用地下井水时，应核查其经有资质的检测机构出具的水质报告。

3 给水系统设计

3.1 一 般 规 定

3.1.1 给水系统应具有保障不间断向建筑或小区供水的能力，供水水质、水量和水压应满足用户的正常用水需求。

【编制说明】

本条规定了建筑给水系统的基本功能和性能要求。当建筑与小区生活用水用户对水压、水量要求超过城镇供水管网的供水能力时，必须建设二次供水设施。当城镇给水管网的水压不足时，应设置加压装置；当城镇给水管网的水量不足时，应设置贮水调节设施。二次加压与调蓄供水系统应根据小区的规模、建筑高度、建筑物的分布和物业管理等因素确定加压站的数量、规模和水压。

【现行规范（标准）的相关规定】

（1）国家标准《城镇给水排水技术规范》GB 50788—2012

3.1.1 城镇给水系统应具有保障连续不间断地向城镇供水的能力，满足城镇用水对水质、水量和水压的用水需求。

（2）国家标准《建筑给水排水设计标准》GB 50015—2019

3.1.1 建筑给水系统的设计应满足生活用水对水质、水量、水压、安全供水，以及消防给水的要求。

【《规范》编制时的修改】

本条系由国家标准《城镇给水排水技术规范》GB 50788—2012 第 3.1.1 条（强制性条文）、《建筑给水排水设计标准》GB 50015—2019 第 3.1.1 条改编而成。

（1）"城镇给水系统"改为"给水系统"，"向城镇供水的能力"改为"向建筑或小区供水的能力"。

根据编制任务安排，《规范》的覆盖对象为建筑与小区，故在给水系统前删除"城镇"两字，改为"给水系统"，并将"向城镇供水的能力"改为"向建筑或小区供水的能力"。

（2）"用水需求"改为"正常用水需求"。

用户可能存在各式各样的用水需求，为防止因用户特殊或意外需求而产生的法律纠纷，将"用水需求"改为"正常用水需求"。

【实施与检查控制】

建筑与小区给水系统必须按照《规范》以及相关建筑给水排水技术标准的规定，保障建筑给水系统有不间断供水的能力，满足生活用水对水质、水量和水压的正常用水需求。

从事工程建设的各相关责任主体，如设计单位、施工图审查单位、施工单位、材料供应单位、监理与质检单位等必须依据建筑给水排水的相关法律法规和技术标准要求进行工程建设活动。

建设行政主管部门和（或）相关的行业主管部门应依据建筑给水排水的相关法律法规加强建筑与小区给水系统管理与监督。

检查设计依据，查看给水排水设计说明所列举的规范是否包括《规范》等建筑给水排水相关规范、标准。

检查给水系统，查看设计说明、设备材料表、给水系统图所表示出的与供水水质、水量和水压相关的设计内容是否符合《规范》及相关建筑给水排水技术规范、标准的要求。

3.1.2 生活饮用水的水质应符合现行国家标准《生活饮用水卫生标准》GB 5749 的规定。

【编制说明】

本条规定了建筑与小区用水设备及器具处的生活饮用水水质要求，提供安全的饮用水对身体健康是必不可少的。

【现行规范（标准）的相关规定】

（1）国家标准《城镇给水排水技术规范》GB 50788—2012

3.1.2 城镇给水中生活饮用水的水质必须符合国家现行生活饮用水卫生标准的要求。

（2）国家标准《建筑给水排水设计标准》GB 50015—2019

3.3.1 生活饮用水系统的水质，应符合现行国家标准《生活饮用水卫生标准》GB 5749 的规定。

（3）行业标准《二次供水工程技术规程》CJJ 140—2010

4.0.1 二次供水水质应符合现行国家标准《生活饮用水卫生标准》GB 5749 的有关规定。

【《规范》编制时的修改】

本条源自国家标准《城镇给水排水技术规范》GB 50788—2012 第 3.1.2 条（强制性条文）、《建筑给水排水设计标准》GB 50015—2019 第 3.3.1 条和行业标准《二次供水工程技术规程》CJJ 140—2010 第 4.0.1 条（强制性条文）。《规范》引用原强制性条文的规定，未做修改。

【实施与检查控制】

生活饮用水水质必须符合现行国家标准《生活饮用水卫生标准》GB 5749 的规定。

从事工程建设的各相关责任主体，如设计单位、施工图审查单位、施工单位、材料供应单位、监理与质检单位等必须依据建筑给水排水的相关法律法规和技术标准要求进行工程建设活动。

建设行政主管部门和（或）相关的行业主管部门应依据建筑给水排水的相关法律法规加强建筑与小区供水水质管理与监督。

检查设计依据，查看给水排水设计说明所列举的规范是否包括《规范》等建筑给水排水相关规范、标准。

检查水质要求，查看给水排水设计说明所要求的生活饮用水水质是否符合《规范》及相关建筑给水排水技术规范、标准的规定。

3.1.3 二次加压与调蓄设施不得影响城镇给水管网正常供水。

【编制说明】

本条明确了增加二次供水设施后不能改变城镇供水管网水质，不能对城镇供水管网正常供水有影响。城镇供水安全涉及全社会的公众利益、社会稳定与城镇安全，作为城镇供水组成之一的二次供水不能影响城镇整体供水管网的运行安全。二次供水系统如选择不合理、设备质量不合格、工程施工质量不符合要求、验收不严格、运行管理不善等都可能对城镇供水管网水质、水量和水压造成影响。

【现行规范（标准）的相关规定】

行业标准《二次供水工程技术规程》CJJ 140—2010

3.0.2 二次供水不得影响城镇供水管网正常供水。

【《规范》编制时的修改】

本条系源自行业标准《二次供水工程技术规程》CJJ 140—2010第3.0.2条（强制性条文）。

"二次供水"改为"二次加压与调蓄设施"，根据《城市供水水质管理条例》，二次供水是指单位或者个人使用储存、加压等设施，将城市公共供水或者自建设施供水经储存、加压后再供用户的形式。按照《城市供水水质管理条例》，城市供水水质是指城市公共供水及自建设施供水（包括二次供水、深度净化处理水）的水质。其中，自建设施供水中的深度净化处理水是指利用活性炭、膜等技术对城市自来水或者其他原水作进一步处理后，通过管道形式直接供给城市居民饮用的水。

《规范》中的"二次加压与调蓄"，其定义为"当民用与工业建筑生活饮用水对水压、水量及水质的要求超出城镇公共供水或自建设施供水管网能力时，通过储存、加压及处理等设施经管道供给用户或自用的供水方式"，涵盖了原来"二次供水"和"深度净化处理水"，因此，本条将"二次供水"改为"二次加压与调蓄设施"。

【实施与检查控制】

建筑与小区中二次加压与调蓄必须按照《规范》以及相关建筑给水排水技术标准的规定，不得影响城镇供水管网正常供水。

从事工程建设的各相关责任主体，如设计单位、施工图审查单位、施工单位、材料供应单位、监理与质检单位等必须依据建筑给水排水的相关法律法规和技术标准要求进行工程建设活动。

建设行政主管部门和（或）相关的行业主管部门应依据建筑给水排水的相关法律法规加强二次加压与调蓄设施管理与监督。

检查设计依据，查看给水排水设计说明所列举的规范是否包括《规范》等建筑给水排水相关规范、标准。

检查设计图纸，查看设计说明、给水系统图、给水泵房详图等所表示的二次加压与调蓄设计是否符合《规范》及相关建筑给水排水技术规范、标准的要求，特别是采用管网叠压供水设施时，应采取措施保证不对市政管网产生负压。

3.1.4 自建供水设施的供水管道严禁与城镇供水管道直接连接。生活饮用水管道严禁与建筑中水、回用雨水等非生活饮用水管道连接。

【编制说明】

本条明确了保障城市生活饮用水供水管网及生活饮用水给水水质安全的规定。根据《城市供水条例》，城市供水包括城市公共供水和自建设施供水。城市公共供水是指城市自来水供水企业以公共供水管道及其附属设施向单位和居民的生活、生产和其他各项建设提供用水。自建设施供水，是指城市的用水单位以其自选建设的供水管道及其附属设施主要向本单位的生活、生产和其他各项建设提供用水。按照《城市供水水质管理规定》，城市供水水质是指城市公共供水及自建设施供水（包括二次供水、深度净化处理水）的水质。其中，自建设施供水中的深度净化处理水是指利用活性炭、膜等技术对城市自来水或者其他原水作进一步处理后，通过管道形式直接供给城市居民饮用的水。《城市供水条例》中明确："禁止擅自将自建设施供水管网系统与城市公共供水管网系统连接；因特殊情况确需连接的，必须经城市自来水供水企业同意，报城市供水行政主管部门和卫生行政主管部门批准，并在管道连接处采取必要的防护措施。"当需要将城镇给水作为自备水源的备用水或补充水时，无论自备水源系统供水水质是否符合或优于城市给水水质，都不能将自备水源的供水管道与城镇给水管道（即城市自来水管道）直接连接，必须将城市给水管道的水放入自备水源系统的贮水（或调节）池，通过自备水源系统的加压设备后使用。城镇给水的放水口与贮水（或调节）池溢流水位之间必须有有效的空气隔断。

城镇给水管网是向城镇供给生活饮用水的基本渠道，生活饮用水水质卫生状况与人民的身体健康和生命安全息息相关。为了保障供水水质卫生安全，当采用生活饮用水作为建筑中水、回用雨水补充水时，严禁用管道连接（即使装倒流防止器也不允许），而应补入中水、回用雨水贮存池内，补水口与水池溢流水位之间必须保证有效的空气间隙。接入中水及雨水回用系统清水池（箱）内的生活饮用水补水管应从清水池（箱）上部或顶部引入，补水管口最低点高出溢流边缘的空气间隙不应小于150mm。

当饮用水管道单独设置时，中水管道、雨水回用管道亦不得与其他生活给水管道进行直接连接。

【现行规范（标准）的相关规定】

（1）国家标准《二次供水设施卫生规范》GB 17051—1997

5.2 设施不得与市政供水管道直接连通，有特殊情况下需要连通时必须设置不承压水箱。设施管道不得与非饮用水管道连接，如必须连接时，应采取防污染的措施。设施管道不得与大便口（槽）、小便斗直接连接，须用冲洗水箱或用空气隔断冲洗阀。

（2）国家标准《城镇给水排水技术规范》GB 50788—2012

3.4.7 供水管网严禁与非生活饮用水管道连通，严禁擅自与自建供水设施连接，严禁穿过毒物污染区；通过腐蚀地段的管道应采取安全保护措施。

5.1.3 城镇再生水与雨水利用工程应保障用水安全。

（3）国家标准《建筑给水排水设计标准》GB 50015—2019

3.1.2 严禁自备水源的供水管道与城镇给水管道直接连接。

3.1.3 中水、回用雨水等非生活饮用水管道严禁与生活饮用水管道连接。

（4）国家标准《建筑中水设计标准》GB 50336—2018

8.1.1 中水管道严禁与生活饮用水给水管连接。

（5）国家标准《建筑与小区雨水控制及利用工程技术规范》GB 50400—2016

7.3.1 雨水供水管道应与生活饮用水管道分开设置，严禁回用雨水进入生活饮用水给水系统。

（6）行业标准《二次供水工程技术规程》CJJ 140—2010

6.4.4 严禁二次供水管道与非饮用水管道连接。

【《规范》编制时的修改】

本条系由国家标准《城镇给水排水技术规范》GB 50788—2012 第 3.4.7 条（强制性条文）、国家标准《建筑给水排水设计标准》GB 50015—2019 第 3.1.2 条（强制性条文）、第 3.1.3 条（强制性条文）、国家标准《建筑中水设计标准》GB 50336—2018 第 8.1.1 条（强制性条文）和国家标准《建筑与小区雨水控制及利用工程技术规范》GB 50400—2016 第 7.3.1 条（强制性条文）、行业标准《二次供水工程技术规程》CJJ 140—2010 第 6.4.4 条（强制性条文）等改编而成。基于确保城镇供水管网水质，《规范》明确"自建供水设施的供水管道严禁与城镇供水管道直接连接"。

【实施与检查控制】

建筑与小区中自建供水设施的供水管道必须按照《规范》以及相关技术标准严禁与城镇供水管道直接连接。生活饮用水管道必须按照《规范》以及相关建筑给水排水技术标准严禁与建筑中水、回用雨水等非生活饮用水管道连接。

从事工程建设的各相关责任主体，如设计单位、施工图审查单位、施工单位、材料供应单位、监理与质检单位等必须依据建筑给水排水的相关法律法规和技术标准要求进行工程建设活动。

建设行政主管部门和（或）相关的行业主管部门应依据建筑给水排水的相关法律法规加强建筑与小区自建供水设施、生活饮用水水质卫生安全管理与监督。

检查设计依据，查看给水排水设计说明所列举的规范是否包括《规范》等建筑给水排水相关规范、标准。

检查设计图纸，查看给水排水设计说明、给水总平面图、给水系统图等所表示的自建供水设施的供水管道、生活饮用水管道有关水质安全措施是否符合《规范》、现行国家标准《建筑给水排水设计标准》GB 50015 及相关建筑给水排水技术标准的要求。

3.1.5 生活饮用水给水系统不得因管道、设施产生回流而受污染，应根据回流性质、回流污染危害程度，采取可靠的防回流措施。

【编制说明】

本条规定生活饮用水不得被回流污染。生活饮用水发生回流污染隐患有两种，一是因给水系统下游压力的变化使用水端的水压高于供水端的水压而引起的背压回流，二是给水管道内负压引起卫生器具、受水容器中的水或液体混合物倒流入生活给水系统的虹吸回流。为防止建筑给水系统产生回流污染生活饮用水水质，应根据回流性质（背压回流或虹吸回流）、回流污染可能对公众健康造成的危害程度（分低、中、高三个危险级别），采取空气间隙、倒流防止器、真空破坏器等措施和装置。

【现行规范（标准）的相关规定】

（1）国家标准《城镇给水排水技术规范》GB 50788—2012

3.6.3 生活饮用水不得因管道、设施产生回流而受污染，应根据回流性质、回流污染危害程度，采取可靠的防回流措施。

（2）国家标准《建筑给水排水设计标准》GB 50015—2019

3.1.4 生活饮用水应设有防止管道内产生虹吸回流、背压回流等污染的措施。

【《规范》编制时的修改】

本条源自国家标准《城镇给水排水技术规范》GB 50788—2012 第 3.6.3 条（强制性条文）、《建筑给水排水设计标准》GB 50015—2019 第 3.1.4 条（强制性条文）。《规范》引用原强制性条文的规定，仅个别用词略有调整，"生活饮用水"调整为"生活饮用水给水系统"。

【实施与检查控制】

建筑与小区生活饮用水给水系统必须按照《规范》以及相关建筑给水排水技术标准采取防止回流污染的措施。

从事工程建设的各相关责任主体，如设计单位、施工图审查单位、施工单位、材料供应单位、监理与质检单位等必须依据建筑给水排水的相关法律法规和技术标准要求进行工程建设活动。

建设行政主管部门和（或）相关的行业主管部门应依据建筑给水排水的相关法律法规加强建筑与小区给水系统管理与监督。

检查设计依据，查看给水排水设计说明所列举的规范是否包括《规范》等建筑给水排水相关规范、标准。

检查设计图纸，查看给水排水及消防设计说明、给水系统图、相关详图等所采用的生活饮用水防回流污染措施是否符合《规范》、现行国家标准《建筑给水排水设计标准》GB 50015 及相关建筑给水排水技术标准的要求。

3.2 给 水 管 网

3.2.1 给水系统应充分利用室外管网压力直接供水，系统供水方式及供水分区应根据建筑用途、建筑高度、使用要求、材料设备性能、维护管理、运营能耗等因素合理确定。

【编制说明】

本条规定了建筑给水系统的分区供水原则，明确了给水系统的基本功能。建筑生活给水系统首先要充分利用室外给水管网的压力满足低层的供水要求，高层给水系统的水平和竖向分区要兼顾节能、节水和方便维护管理。分区供水的目的不仅是为了防止损坏给水配件，同时可避免过高的供水压力造成用水不必要的浪费。分区的最大静水压力不应大于用水器具给水配件能够承受的最大工作压力。现行国家标准《建筑给水排水设计规范》GB 50015 规定，卫生器具给水配件承受的最大工作压力不得大于 0.60MPa。

【现行规范（标准）的相关规定】

国家标准《城镇给水排水技术规范》GB 50788—2012

3.6.5 建筑给水系统应充分利用室外给水管网压力直接供水，竖向分区应根据使用要求、材料设备性能、节能、节水和维护管理等因素确定。

【《规范》编制时的修改】

本条系由国家标准《城镇给水排水技术规范》GB 50788—2012 第 3.6.5 条（强制性条文）改编而成。

（1）"竖向分区"改为"系统供水方式及供水分区"。

随着城市建设的发展，建筑项目趋向多种复合建筑功能、综合密集的建筑群体，给水分区不再局限于以往常规高层建筑的竖向分区。同时，对于给水系统来说，给水分区后的各分区供水需要依据相应分区具体条件因地制宜。因此，《规范》将原条文的"竖向分区"改为"系统供水方式及供水分区"。

（2）"节能、节水"改为"运营能耗"，增加"建筑用途、建筑高度"。

运营能耗包括水、电等能耗，关注能耗管理涵盖了对节水、节能的要求，"建筑用途、建筑高度"与给水分区及其供水方式密切相关，故《规范》将"节能、节水"改为"运营能耗"，并增加"建筑用途、建筑高度"。

【实施与检查控制】

建筑给水系统必须按照《规范》以及相关建筑给水排水技术标准确定给水分区和供水方式。

从事工程建设的各相关责任主体，如设计单位、施工图审查单位、施工单位、材料供应单位、监理与质检单位等必须依据建筑给水排水的相关法律法规和技术标准要求进行工程建设活动。

建设行政主管部门和（或）相关的行业主管部门应依据建筑给水排水的相关法律法规加强建筑给水系统管理与监督。

检查设计依据，查看给水排水设计说明所列举的规范是否包括《规范》等建筑给水排水相关规范、标准。

检查设计图纸，查看给水排水设计说明、给水系统图是否利用室外给水管网的压力供水，所采用的给水分区和供水方式是否符合《规范》、现行国家标准《建筑给水排水设计标准》GB 50015 及相关建筑给水排水技术标准的要求。

3.2.2 给水系统采用的管材、管件及连接方式的工作压力不得大于国家现行标准中公称压力或标称的允许工作压力；采用的阀件的公称压力不得小于管材及管件的公称压力。

【编制说明】

本条提出了给水管道、阀门及附件的性能要求。给水管材、管件及其连接方式必须符合现行产品标准的要求。管件的允许工作压力，除取决于管材、管件的承压能力外，还与管道接口承受的拉力有关。这 3 个允许工作压力中的最低者，为管道系统的允许工作压力。给水管道上的各类阀门及附件的工作压力等级，应等于或大于其所在管段的管材及管件的工作压力。

【现行规范（标准）的相关规定】

国家标准《建筑给水排水设计标准》GB 50015—2019

3.5.1 给水系统采用的管材和管件及连接方式，应符合国家现行有关产品标准的要求。管材和管件及连接方式的工作压力不得大于产品标准公称压力或标称的允许工作压力。

3.5.3 给水管道阀门材质应根据耐腐蚀、管径、压力等级、使用温度等因素确定，可采用全铜、全不锈钢、铁壳铜芯和全塑阀门等。阀门的公称压力不得小于管材及管件的公称压力。

【《规范》编制时的修改】

本条源自国家标准《建筑给水排水设计标准》GB 50015—2019 第 3.5.1 条、第 3.5.3 条的相关内容。《规范》对原相关条文内容进行了合并。

【针对《规范》新增强制性要求的情况】

本条系以实现"全覆盖"、增强系统性而增加的技术内容，并借鉴国外标准的规定。给水系统采用的管材、管件、阀件等除应符合相应产品质量标准外，还须满足系统所服务功能的要求。

【实施与检查控制】

建筑给水系统管材、管件及其连接方式、采用的阀件必须按照《规范》以及相关建筑给水排水技术标准符合相应工作压力或公称压力的要求。

从事工程建设的各相关责任主体，如设计单位、施工图审查单位、施工单位、材料供应单位、监理与质检单位等必须依据建筑给水排水的相关法律法规和技术标准要求进行工程建设活动。

建设行政主管部门和（或）相关的行业主管部门应依据建筑给水排水的相关法律法规加强建筑给水系统有关管材、管件、阀件管理与监督。

检查设计依据，查看给水排水设计说明所列举的规范是否包括《规范》等建筑给水排水相关规范、标准。

检查设计图纸，查看给水排水设计说明、给水系统图、设备材料表等所采用的给水系统管材、管件、阀件是否符合《规范》、现行国家标准《建筑给水排水设计标准》GB 50015 及相关建筑给水排水技术标准的要求。

3.2.3 室外给水管网干管应成环状布置。

【编制说明】

本条是针对室外给水管网干管提出的规定。要求由城镇管网直接供水或区域加压的小区室外给水管网应布置成环状网，或与城镇给水管连接成环状网。建筑与小区室外给水管网干管要求布置成环状布置是为了提高供水安全性，减少由于支状管道布置产生的死水区，保证供水水质。

【现行规范（标准）的相关规定】

国家标准《城镇给水排水技术规范》GB 50788—2012

3.4.5 城镇配水管网干管应成环状布置。

【《规范》编制时的修改】

本条源自国家标准《城镇给水排水技术规范》GB 50788—

2012 第 3.4.5 条（强制性条文）。"城镇配水管网干管"改为"室外给水管网干管"。城镇给水包括建筑给水，由于《规范》的覆盖对象是建筑与小区，故将"城镇配水管网干管"按建筑给水排水专业表述改为"室外给水管网干管"。

【实施与检查控制】

建筑与小区室外给水管网干管必须按照《规范》以及相关建筑给水排水技术标准保证成环状布置。小区二次供水主干管网也应布置成环状，与二次供水管网连接的加压泵出水管不应少于两条，环状管网应分段。

从事工程建设的各相关责任主体，如设计单位、施工图审查单位、施工单位、材料供应单位、监理与质检单位等必须依据建筑给水排水的相关法律法规和技术标准要求进行工程建设活动。

建设行政主管部门和（或）相关的行业主管部门应依据建筑给水排水的相关法律法规加强建筑与小区室外给水管网干管布置管理与监督。

检查设计依据，查看给水排水设计说明所列举的规范是否包括《规范》等建筑给水排水相关规范、标准。

检查设计图纸，查看给水排水设计说明、给水总平面图、布有小区给水管网配水干管的给水平面图所表示的室外给水管网干管是否符合《规范》及相关建筑给水排水技术标准的要求。

3.2.4 室外埋地给水管道不得影响建筑物基础，与建筑物及其他管线、构筑物的距离、位置应保证供水安全。

【编制说明】

本条规定了建筑与小区室外总体上埋地给水管道布置原则。室外给水管道不得影响建筑物基础，与建（构）筑物及其他工程管线之间要保留有一定的安全距离。国家标准《建筑给水排水设计标准》GB 50015—2019 对小区的室外给水管道与建筑外墙的净距推荐不宜小于 1m，小区室外总体上的排水管、热水管等其他管线的布置也不得对建筑物基础产生不利影响；对室外给水管、热水管、热力管、排水管、电缆等各类管线间及其与乔木之间的最小净距作了要求，当室外给水管道与污水管道交叉时，给水管道应敷设在污水管道上面，且接口不应重叠；当给水管道敷设在下面时，应设置钢套管，钢套管的两端应采用防水材料封闭。敷设在室外综合管廊（沟）内的给水管道，宜在热水、热力管道下方，冷冻管和排水管的上方。给水管道与各种管道之间的净距，应满足安装操作的需要，且不宜小于0.3m。生活给水管道不应与输送易燃、可燃或有害的液体或气体的管道同管廊（沟）敷设。

【现行规范（标准）的相关规定】

国家标准《城镇给水排水技术规范》GB 50788—2012

3.4.9 输配水管道与建（构）筑物及其他管线的距离、位置应保证供水安全。

【《规范》编制时的修改】

本条系由国家标准《城镇给水排水技术规范》GB 50788—2012第3.4.9条（强制性条文）改编而成。

"输配水管道"改为"室外埋地给水管道"，《规范》的覆盖对象为建筑与小区，故将"输配水管道"改为"室外埋地给水管道"。建筑与小区建设项目的室外管线布置受总体布局限制往往会比较贴近建筑物，为避免在管道施工、后期运营和维护过程中因沉降、渗漏导致安全风险，增加"不得影响建筑物基础"。

【实施与检查控制】

建筑与小区室外埋地给水管道布置必须按照《规范》以及相关建筑给水排水技术标准的规定，不得影响建筑物基础，与建筑物及其他管线、构筑物的距离、位置应保证供水安全。

从事工程建设的各相关责任主体，如设计单位、施工图审查单位、施工单位、材料供应单位、监理与质检单位等必须依据建筑给水排水的相关法律法规和技术标准要求进行工程建设活动。

建设行政主管部门和（或）相关的行业主管部门应依据建筑给水排水的相关法律法规加强建筑与小区室外埋地给水管道管理与监督。

检查设计依据，查看给水排水设计说明所列举的规范是否包括《规范》等建筑给水排水相关规范、标准。

检查设计图纸，查看给水排水设计说明、给水总平面图所表示的室外埋地给水管道是否符合《规范》、现行国家标准《建筑给水排水设计标准》GB 50015 及相关建筑给水排水技术标准的要求。

3.2.5 给水管道严禁穿过毒物污染区。通过腐蚀区域的给水管道应采取安全保护措施。

【编制说明】

本条基于室外给水管道的卫生安全而提出，供水管网要避开毒物污染区；在通过腐蚀性地域时，要采取安全可靠的技术措施，采用耐腐蚀的塑料管道、对管道外壁作防腐处理或设置专用管沟等，保证管道在使用期不出事故，水质不会受污染。

【现行规范（标准）的相关规定】

国家标准《城镇给水排水技术规范》GB 50788—2012

3.4.7 供水管网严禁与非生活饮用水管道连通，严禁擅自与自建供水设施连接，严禁穿过毒物污染区；通过腐蚀地段的管道应采取安全保护措施。

【《规范》编制时的修改】

本条源自国家标准《城镇给水排水技术规范》GB 50788—2012 第 3.4.7 条（强制性条文）相关内容。《规范》引用原强制性条文规定，仅个别用词略有调整，"地段"调整为"区域"。

【实施与检查控制】

给水管道必须按照《规范》以及相关建筑给水排水技术标准的规定，严禁穿过毒物污染区；对通过腐蚀地段的管道采取安全保护措施。

从事工程建设的各相关责任主体，如设计单位、施工图审查单位、施工单位、材料供应单位、监理与质检单位等必须依据建筑给水排水的相关法律法规和技术标准要求进行工程建设活动。

建设行政主管部门和（或）相关的行业主管部门应依据建筑给水排水的相关法律法规加强建筑与小区给水管道管理与监督。

检查设计依据，查看给水排水设计说明所列举的规范是否包括《规范》等建筑给水排水相关规范、标准。

检查设计图纸，查看给水排水设计说明、给水总平面图、各层给水平面图所表示的给水管道布置是否符合《规范》、现行国家标准《建筑给水排水设计标准》GB 50015 及相关建筑给水排水技术标准的要求。

3.2.6 建筑室内生活饮用水管道的布置应符合下列规定：

1 不应布置在遇水会引起燃烧、爆炸的原料、产品和设备的上面；

2 管道的布置不得受到污染，不得影响结构安全和建筑物的正常使用。

【编制说明】

本条规定了室内给水管道敷设的基本原则。生活饮用水给水管道不应布置在遇水会引起燃烧、爆炸的原料、产品和设备的上面，不能因管道的漏水或结露产生的凝结水对安全造成严重影响，产生对财物的重大损害。明露敷设的生活饮用水给水管道不要布置在阳光直接照射处，以防止水温的升高引起细菌的繁殖。给水管道不得敷设在烟道、风道、电梯井、排水沟内，不得穿过大便槽和小便槽。生活给水管道敷设的位置要方便安装和维修，不影响结构安全和建筑物的使用，暗装时不能埋设在结构墙板内，暗设在找平层内时要采用抗耐蚀管材，且不能有机械连接件。住宅的给水总立管不应布置在套内，以便于给水总立管的维护和管理，不影响套内空间的使用，住宅的公共功能的阀门、用于总体调节和检修的部件，应设在公用部位。给水管道不应穿越变配电房、电梯机房、通信机房、大中型计算机房、计算机网络中心、音像库房等遇水会损坏设备或引发事故的房间，并应避免在生产设备、配电柜上方通过。给水管道的布置，不得妨碍生产操作、交通运输和建筑物的使用。埋地敷设的给水管道不应布置在可能受重物压坏处。管道不得穿越生产设备基础，在特殊情况下必须穿越时，应采取有效的保护措施。给水管道穿越地下室或地下构筑物外墙时，应采取防水措施。

【现行规范（标准）的相关规定】

（1）国家标准《城镇给水排水技术规范》GB 50788—2012

3.6.2 设置的生活饮用水管道不得受到污染，应方便安装与维修，并不得影响结构的安全和建筑物的使用。

（2）国家标准《建筑给水排水设计标准》GB 50015—2019

3.6.3 室内给水管道不得布置在遇水会引起燃烧、爆炸的原料、产品和设备的上面。

【《规范》编制时的修改】

本条系由国家标准《城镇给水排水技术规范》GB 50788—2012 第 3.6.2 条（强制性条文）和《建筑给水排水设计标准》GB 50015—2019 第 3.6.3 条（强制性条文）改编而成。删除"应方便安装与维修"的表述，根据《规范》编制章节安排，关于管道方便安装、检修和维护的规定在《规范》其他章节提出。

【实施与检查控制】

建筑室内给水管道必须按照《规范》以及相关建筑给水排水技术标准不应布置在遇水会引起燃烧、爆炸的原料、产品和设备的上面，管道布置不得受到污染，不得影响结构安全和建筑物的正常使用，保证不产生安全隐患。

从事工程建设的各相关责任主体，如设计单位、施工图审查单位、施工单位、材料供应单位、监理与质检单位等必须依据建筑给水排水的相关法律法规和技术标准要求进行工程建设活动。

建设行政主管部门和（或）相关的行业主管部门应依据建筑给水排水的相关法律法规加强建筑与小区室内给水管道布置管理与监督。

检查设计依据，查看给水排水设计说明所列举的规范是否包括《规范》等建筑给水排水相关规范、标准。

检查设计图纸，查看给水排水设计说明、各层平面图、相关详图等所表示的室内给水管道布置是否符合《规范》、现行国家标准《建筑给水排水设计标准》GB 50015 及相关建筑给水排水技术标准的要求。

3.2.7 生活饮用水管道配水至卫生器具、用水设备等应符合下列规定：

1 配水件出水口不得被任何液体或杂质淹没；

2 配水件出水口高出承接用水容器溢流边缘的最小空气间隙，不得小于出水口直径的 2.5 倍；

3 严禁采用非专用冲洗阀与大便器（槽）、小便斗（槽）直接连接。

【编制说明】

本条是对卫生器具、用水设备配水口防回流污染的规定。从配水口流出的已使用过的污废水，不得因生活饮用水水管产生负压而被吸回生活饮用水管道造成生活饮用水水质严重污染事故，因而要求卫生器具和用水设备等的生活饮用水管配水件出水口不得被任何液体或杂质所淹没，其高出承接用水容器溢流边缘的最小空气间隙，不得小于出水口直径的 2.5 倍；根据现行国家标准《二次供水设施卫生规范》GB 17051 的规定，二次供水设施管道不得与大便口（槽）、小便斗直接连接，须用冲洗水箱或用空气隔断冲洗阀，因此，从生活饮用水管道连接大便器（槽）、小便器（槽）的冲洗阀时，必须采用带有空气隔断的专用冲洗阀，严禁采用无空气隔断的普通阀门直接连接。

【现行规范（标准）的相关规定】

（1）国家标准《建筑给水排水设计标准》GB 50015—2019

3.3.4 卫生器具和用水设备等的生活饮用水管配水件出水口应符合下列规定：

1 出水口不得被任何液体或杂质所淹没；

2 出水口高出承接用水容器溢流边缘的最小空气间隙，不得小于出水口直径的 2.5 倍。

3.3.13 严禁生活饮用水管道与大便器（槽）、小便斗（槽）采用非专用冲洗阀直接连接。

（2）国家标准《二次供水设施卫生规范》GB 17051—1997

5.2 设施不得与市政供水管道直接连通，有特殊情况下需要连通时必须设置不承压水箱。设施管道不得与非饮用水管道连接，如必须连接时，应采取防污染的措施。设施管道不得与大便口（槽）、小便斗直接连接，须用冲洗水箱或用空气隔断冲洗阀。

【《规范》编制时的修改】

本条系由国家标准《建筑给水排水设计标准》GB 50015—2019 第 3.3.4 条（强制性条文）、第 3.3.13 条（强制性条文）等改编而成。《规范》将原来的两条强制性条文进行了合并、归纳。

【实施与检查控制】

卫生器具、用水设备配水口必须按照《规范》以及相关建筑给水排水技术标准采取防止回流污染措施。

从事工程建设的各相关责任主体，如设计单位、施工图审查单位、施工单位、材料供应单位、监理与质检单位等必须依据建筑给水排水的相关法律法规和技术标准要求进行工程建设活动。

建设行政主管部门和（或）相关的行业主管部门应依据建筑给水排水的相关法律法规加强生活饮用水防止回流污染管理与监督。

检查设计依据，查看给水排水设计说明所列举的规范是否包括《规范》等建筑给水排水相关规范、标准。

检查设计图纸，查看给水排水设计说明、相关安装详图、设备材料表等所采取的卫生器具、用水设备配水口防回流污染措施是否符合《规范》、现行国家标准《建筑给水排水设计标准》GB 50015 及相关建筑给水排水技术标准的要求。

3.2.8 从生活饮用水管网向消防、中水和雨水回用等其他非生活饮用水贮水池（箱）充水或补水时，补水管应从水池（箱）上部或顶部接入，其出水口最低点高出溢流边缘的空气间隙不应小于 150mm，中水和雨水回用水池且不得小于进水管管径的 2.5 倍，补水管严禁采用淹没式浮球阀补水。

【编制说明】

本条是对非供生活饮用的水池（箱）的生活饮用水补水管防回流污染的规定。为了防止回流造成生活饮用水受污染，水池、水箱的补水管出口应确保与其溢流边缘间距满足所需的空气间隙。针对以生活饮用水为水源的消防或其他非供生活饮用的贮水池（箱），其贮水水质低于生活饮用水水池（箱），当采用生活饮用水补水时，其进水管口最低点高出溢流边缘的空气间隙不应小于 150mm；当生活饮用水管网向贮存以杂用水水质标准水作为水源的消防用水等贮水池（箱）补水或向中水、雨水回用水等回用水系统的清水池（箱）补水时，应从清水池（箱）上部或顶部引入，补水管口最低点高出溢流边缘的空气间隙不应小于 150mm，且严禁采用淹没式浮球阀补水。当需向雨水蓄水池（箱）补水时，必须采用间接补水方式，要求补水管口应设在池外，且应高于室外地面。

【现行规范（标准）的相关规定】

（1）国家标准《建筑给水排水设计标准》GB 50015—2019

3.3.6 从生活饮用水管网向下列水池（箱）补水时应符合下列规定：

1 向消防等其他非供生活饮用的贮水池（箱）补水时，其进水管口最低点高出溢流边缘的空气间隙不应小于 150mm；

2 向中水、雨水回用水等回用水系统的清水池（箱）补水时，其进水管口最低点高出溢流边缘的空气间隙不应小于进水管管径的 2.5 倍，且不应小于 150mm。

（2）国家标准《建筑中水设计标准》GB 50336—2018

8.1.2 中水贮存池（箱）内的自来水补水管应采取防污染措施，其补水管应从水箱上部或顶部接入，补水管口最低点高出溢流边缘的空气间隙不应小于150mm。

（3）国家标准《建筑与小区雨水控制及利用工程技术规范》GB 50400—2016

7.3.4 当采用生活饮用水补水时，应采取防止生活饮用水被污染的措施，并符合下列规定：

1 清水池（箱）内的自来水补水管出水口应高于清水池（箱）内溢流水位，其间距不得小于2.5倍补水管管径，且不应小于150mm；

2 向蓄水池（箱）补水时，补水管口应设在池外，且应高于室外地面。

【《规范》编制时的修改】

本条系由国家标准《建筑给水排水设计标准》GB 50015—2019第3.3.6条（强制性条文）、《建筑中水设计标准》GB 50336—2018第8.1.2条（强制性条文）和《建筑与小区雨水控制及利用工程技术规范》GB 50400—2016第7.3.4条（强制性条文）等改编而成。《规范》将原来的3条强制性条文进行了合并、归纳。

【实施与检查控制】

补水至非生活饮用水水池（箱）的生活饮用水管道必须按照《规范》以及相关建筑给水排水技术标准采取防止回流污染措施。

从事工程建设的各相关责任主体，如设计单位、施工图审查单位、施工单位、材料供应单位、监理与质检单位等必须依据相关法律法规和建筑给水排水的技术标准要求进行工程建设活动。

建设行政主管部门和（或）相关的行业主管部门应依据建筑给水排水的相关法律法规加强生活饮用水防止回流污染管理与监督。

检查设计依据，查看给水排水设计说明所列举的规范是否包括《规范》等建筑给水排水相关规范、标准。

检查设计图纸，查看给水排水和消防设计说明、给水系统图、给水平面图、相关详图等所采取的生活饮用水补水至非生活饮用水水池（箱）防止回流污染措施是否符合《规范》及相关建筑给水排水技术规范、标准的要求。

3.2.9 生活饮用水给水系统应在用水管道和设备的下列部位设置倒流防止器：

1 从城镇供水管网不同管段接出两路及两路以上至小区或建筑物，且与城镇给水管网形成连通管网的引入管上；

2 从城镇供水管网直接抽水的生活供水加压设备进水管上；

3 利用城镇给水管网水压直接供水且小区引入管无防倒流设施时，向热水锅炉、热水机组、水加热器、气压水罐等有压容器或密闭容器注水的进水管上；

4 从小区或建筑物内生活饮用水管道系统上单独接出消防用水管道（不含接驳室外消火栓的给水短支管）时，在消防用水管道的起端；

5 从生活饮用水与消防用水合用贮水池（箱）中抽水的消防水泵出水管上。

【编制说明】

本条是对生活饮用水的用水管道和设备设置倒流防止器的规定。为避免城镇生活饮用水受到回流污染，要求在小区或单体建筑的环状室外给水管与不同室外给水干管管段连接的两路及两路以上的引入管上、从室外给水管直接抽水的水泵吸水管，连接锅炉、热水机组、水加热器、气压水罐等有压或密闭容器的进水管上，必须设置倒流防止器。为使生活饮用水不被消防系统用水污染，小区或单体建筑的给水管连接消防用水管道的起端及从生活饮用水与消防用水合用的贮水池（箱）抽水的消防泵吸水管上，也必须设置倒流防止器以保证生活饮用水水质。

【现行规范（标准）的相关规定】

国家标准《建筑给水排水设计标准》GB 50015—2019

3.3.7 从生活饮用水管道上直接供下列用水管道时，应在用水管道的下列部位设置倒流防止器：

1 从城镇给水管网的不同管段接出两路及两路以上的引入管，且与城镇给水管形成连通管网的小区或建筑物，在其引入管上；

2 从城镇生活给水管网直接抽水的生活供水加压设备进水管上；

3 利用城镇给水管网直接连接且小区引入管无防回流设施时，向商用的锅炉、热水机组、水加热器、气压水罐等有压容器或密闭容器注水的进水管上。

3.3.8 从小区或建筑物内生活饮用水管道系统上接至下列用水管道或设备时，应设置倒流防止器：

1 单独接出消防用水管道时，在消防用水管道的起端；

2 从生活用水与消防用水合用贮水池中抽水的消防水泵出水管上。

【《规范》编制时的修改】

本条系由国家标准《建筑给水排水设计标准》GB 50015—2019 第 3.3.7 条（强制性条文）、第 3.3.8 条（强制性条文）改编而成，《规范》将原来的两条强制性条文进行了合并、归纳。

【实施与检查控制】

生活饮用水给水系统用水管道和设备必须按照《规范》以及相关建筑给水排水技术标准设置倒流防止器。

从事工程建设的各相关责任主体，如设计单位、施工图审查单位、施工单位、材料供应单位、监理与质检单位等必须依据建筑给水排水的相关法律法规和技术标准要求进行工程建设活动。

建设行政主管部门和（或）相关的行业主管部门应依据建筑给水排水的相关法律法规加强生活饮用水给水系统倒流防止器管理与监督。

检查设计依据，查看给水排水设计说明所列举的规范是否包括《规范》等建筑给水排水相关规范、标准。

检查设计图纸，查看给水排水和消防设计说明、给水总平面图、给水系统图、给水平面图、相关详图等所表示的生活饮用水的用水管道和设备倒流防止器设置是否符合《规范》及相关建筑给水排水技术规范、标准的要求。

3.2.10 生活饮用水管道供水至下列含有对健康有危害物质等有害有毒场所或设备时，应设置防止回流设施：

1 接贮存池（罐）、装置、设备等设施的连接管上；

2 化工剂罐区、化工车间、三级及三级以上的生物安全实验室除按本条第1款设置外，还应在引入管上设置有空气间隙的水箱，设置位置应在防护区外。

【编制说明】

本条是对生活饮用水管道与有害有毒污染场所和设备连接的防回流污染规定。当生活饮用水管道系统接至贮存池（罐）、装置及设备时，其连接管上必须设置倒流防止器。对于有害有毒场所，要求双重设防。为防止防护区内、外及内部交叉污染，除了设置倒流防止器外，还必须在防护区外设置隔断水箱，隔断水箱的进水管出水口应确保有符合规定的空气间隙。

【现行规范（标准）的相关规定】

国家标准《建筑给水排水设计标准》GB 50015—2019

3.3.9 生活饮用水管道系统上接至下列含有对健康有危害物质等有害有毒场所或设备时，必须设置倒流防止设施：

1 贮存池（罐）、装置、设备的连接管上；

2 化工剂罐区、化工车间、三级及三级以上的生物安全实验室除按本条第1款设置外，还应在其引入管上设置有空气间隙的水箱，设置位置应在防护区外。

【《规范》编制时的修改】

本条源自国家标准《建筑给水排水设计标准》GB 50015—2019第3.3.9条（强制性条文）。《规范》引用原强制性条文规定，仅个别用词进行了调整，"系统上接至"调整为"供水至"。

【实施与检查控制】

生活饮用水供水管道必须按照《规范》以及相关建筑给水排

水技术标准设置防止回流设施。

从事工程建设的各相关责任主体，如设计单位、施工图审查单位、施工单位、材料供应单位、监理与质检单位等必须依据建筑给水排水的相关法律法规和技术标准要求进行工程建设活动。

建设行政主管部门和（或）相关的行业主管部门应依据建筑给水排水的相关法律法规加强生活饮用水管道防止回流设施的管理与监督。

检查设计依据，查看给水排水设计说明所列举的规范是否包括《规范》等建筑给水排水相关规范、标准。

检查设计图纸，查看给水排水设计说明、给水总平面图、给水系统图、给水平面图、相关详图等所采用的生活饮用水管道防止回流设施是否符合《规范》及相关建筑给水排水技术规范、标准的要求。

3.2.11 生活饮用水管道直接接至下列用水管道或设施时，应在用水管道上如下位置设置真空破坏器等防止回流污染措施：

1 当游泳池、水上游乐池、按摩池、水景池、循环冷却水集水池等的充水或补水管道出口与溢流水位之间设有空气间隙但空气间隙小于出口管径 2.5 倍时，在充（补）水管上；

2 不含有化学药剂的绿地喷灌系统，当喷头采用地下式或自动升降式时，在管道起端；

3 消防（软管）卷盘、轻便消防水龙给水管道的连接处；

4 出口接软管的冲洗水嘴（阀）、补水水嘴与给水管道的连接处。

【编制说明】

本条是对生活饮用水管道与可能产生虹吸回流的用水设施连接的规定。游泳池、水上游乐池、按摩池、水景池、循环冷却水集水池等的充水管或补水管、出口接软管的冲洗水嘴（阀）或补水水嘴、地下式或自动升降式灌溉喷头、消防软管、轻便消防水龙等设施，使用过程中可能产生负压回流现象，存在卫生安全隐患，当采用生活饮用水管道直接连接供水时，必须采取可靠的、杜绝回流污染的有效措施。防止虹吸回流，可以根据设置场合回流危害程度采用适宜的真空破坏器、倒流防止器等。

【现行规范（标准）的相关规定】

国家标准《建筑给水排水设计标准》GB 50015—2019

3.3.10 从小区或建筑物内生活饮用水管道上直接接出下列用水管道时，应在用水管道上设置真空破坏器等防回流污染设施：

1 当游泳池、水上游乐池、按摩池、水景池、循环冷却水集水池等的充水或补水管道出口与溢流水位之间应设有空气间隙，当空气间隙小于出口管径 2.5 倍时，在其充（补）水管上；

2 不含有化学药剂的绿地喷灌系统，当喷头为地下式或自动升降式时，在其管道起端；

3 消防（软管）卷盘、轻便消防水龙；

4 出口接软管的冲洗水嘴（阀）、补水水嘴与给水管道连接处。

【《规范》编制时的修改】

本条系由国家标准《建筑给水排水设计标准》GB 50015—2019 第 3.3.10 条（强制性条文）改编而成。设置真空破坏器可消除管道内真空而使其断流，是解决生活饮用水给水管道负压虹吸回流的有效方法。除真空破坏器外，也可以采用倒流防止器，具体可依据相关技术标准选择。

【实施与检查控制】

生活饮用水管道必须按照《规范》以及相关建筑给水排水技术标准采取防止回流污染措施。

从事工程建设的各相关责任主体，如设计单位、施工图审查单位、施工单位、材料供应单位、监理与质检单位等必须依据建筑给水排水的相关法律法规和技术标准要求进行工程建设活动。

建设行政主管部门和（或）相关的行业主管部门应依据建筑给水排水的相关法律法规加强生活饮用水管道防止回流污染措施管理与监督。

检查设计依据，查看给水排水设计说明所列举的规范是否包括《规范》等建筑给水排水相关规范、标准。

检查设计图纸，查看给水排水及消防设计说明、给水总平面图、给水系统图、给水平面图、相关详图等所采取的生活饮用水管道防止回流措施是否符合《规范》及相关建筑给水排水技术规范、标准的要求。

3.3 储水和增压设施

3.3.1 生活饮用水水池（箱）、水塔的设置应防止污废水、雨水等非饮用水渗入和污染，应采取保证储水不变质、不冻结的措施，且应符合下列规定：

1 建筑物内的生活饮用水水池（箱）、水塔应采用独立结构形式，不得利用建筑物本体结构作为水池（箱）的壁板、底板及顶盖。与消防用水水池（箱）并列设置时，应有各自独立的池（箱）壁。

2 埋地式生活饮用水贮水池周围 10m 内，不得有化粪池、污水处理构筑物、渗水井、垃圾堆放点等污染源。生活饮用水水池（箱）周围 2m 内不得有污水管和污染物。

3 排水管道不得布置在生活饮用水池（箱）的上方。

4 生活饮用水池（箱）、水塔人孔应密闭并设锁具，通气管、溢流管应有防止生物进入水池（箱）的措施。

5 生活饮用水水池（箱）、水塔应设置消毒设施。

【编制说明】

本条规定了生活给水系统储水设备的卫生安全性能要求。水池、水箱、水塔等是生活饮用水系统二次供水用于储存、调节和直接供水的重要设施，其材质、衬砌材料和内壁涂料应无毒无害，不影响水的感观性状，符合卫生标准，并应耐腐蚀、易清洗。其设置应保证储水不受污染，不结冰，水质不变质。按照现行国家标准《建筑给水排水设计规范》GB 50015 和《二次供水设施卫生规范》GB 17051 的相关要求，单体建筑的生活饮用水池（箱）应单独设置，不与消防水池合建；建筑物内的生活饮用水水池（箱）及生活给水设施，不应设置于与厕所、垃圾间、污（废）水泵房、污（废）水处理机房及其他污染源毗邻的房间内；其上层不应有上述用房及浴室、盥洗室、厨房、洗衣房和其他产生污染源的房间。水箱周围2m以内无污水管和污染物；埋地式生活饮用水池周围10m以内无化粪池、污水处理构筑物、渗水井、垃圾堆放点等污染源。构筑物内生活饮用水池（箱），采用独立结构形式，不利用建筑物的本体结构作为水池（箱）的壁板、底板和顶盖，应设置在无污染、不结冻、通风良好并维修方便的专用房间内，室外设置的水池（箱）及管道应有防冻、隔热措施。一般防冻的做法有：生活饮用水池（箱）间采暖；水池（箱）、水塔做防冻保温层。生活饮用水水池（箱）的进、出水管，溢、泄流管，通气管的设置均不能污染水质或在池（箱）内形成滞水区；水池（箱）应具有防投毒和生物进入的安全防护措施；人孔应密闭并加锁。水箱的容积设计不得超过用户48h的用水量。为确保供水水质满足国家生活饮用水卫生标准的要求，水池（箱）要配置消毒设施，可采用紫外线消毒器、臭氧发生器和水箱自洁消毒器等安全可靠的消毒设备，其设计和安装使用要符合相应技术标准的规定。

【现行规范（标准）的相关规定】

（1）国家标准《城镇给水排水技术规范》GB 50788—2012

3.6.4 生活饮用水水池、水箱、水塔的设置应防止污水、废水等非饮用水的渗入和污染，并应采取保证贮水不变质、不冻结的措施。

3.6.7 生活饮用水的水池（箱）应配置消毒设施，供水设施在交付使用前必须清洗和消毒。

（2）国家标准《建筑给水排水设计标准》GB 50015—2019

3.3.16 建筑物内的生活饮用水水池（箱）体，应采用独立结构形式，不得利用建筑物的本体结构作为水池（箱）的壁板、底板及顶盖。

生活饮用水水池（箱）与消防用水水池（箱）并列设置时，应有各自独立的池（箱）壁。

3.3.20 生活饮用水水池（箱）应设置消毒装置。

3.13.11 埋地式生活饮用水贮水池周围 10m 内，不得有化粪池、污水处理构筑物、渗水井、垃圾堆放点等污染源。生活饮用水水池（箱）周围 2m 内不得有污水管和污染物。

（3）国家标准《二次供水设施卫生规范》GB 17051—1997

5.5 蓄水池周围 10m 以内不得有渗水坑和堆放的垃圾等污染源。水箱周围 2m 内不应有污水管线及污染物。

【《规范》编制时的修改】

本条系由国家标准《城镇给水排水技术规范》GB 50788—2012 第 3.6.4 条（强制性条文）、第 3.6.7 条（强制性条文）和《建筑给水排水设计标准》GB 50015—2019 第 3.3.16 条（强制性条文）、第 3.3.20 条（强制性条文）、第 3.13.11 条（强制性条文）等改编而成。删除"供水设施在交付使用前必须清洗和消毒"，关于供水设施交付前的清洗和消毒相关内容在《规范》第 9 章运行维护中提出。

【实施与检查控制】

生活饮用水水池（箱）、水塔必须按照《规范》以及相关建筑给水排水技术标准保证储水卫生安全。

从事工程建设的各相关责任主体，如设计单位、施工图审查单位、施工单位、材料供应单位、监理与质检单位等必须依据建筑给水排水的相关法律法规和技术标准要求进行工程建设活动。

建设行政主管部门和（或）相关的行业主管部门应依据建筑给水排水的相关法律法规加强生活饮用水水池（箱）、水塔储水卫生安全管理与监督。

检查设计依据，查看给水排水设计说明所列举的规范是否包括《规范》等建筑给水排水相关规范、标准。

检查设计图纸，查看给水排水设计说明、相关平面图及详图所表示的生活饮用水水池（箱）等设置是否符合《规范》及相关技术建筑给水排水规范、标准的要求。

3.3.2 生活给水系统水泵机组应设备用泵，备用泵供水能力不应小于最大一台运行水泵的供水能力。

【编制说明】

本条规定了保证给水水泵供水安全的基本原则。水泵机组设置备用泵是保障泵房安全运行的必要条件，当泵组中某台水泵发生了故障时，备用泵应立即投入运行，避免造成供水安全事故。备用泵的供水能力不应小于最大一台运行水泵的供水能力。

【现行规范（标准）的相关规定】

（1）国家标准《城镇给水排水技术规范》GB 50788—2012

3.3.2 给水泵站应设置备用水泵。

（2）国家标准《建筑给水排水设计标准》GB 50015—2019

3.9.1 生活给水系统加压水泵的选择应符合下列规定：

4 生活加压给水系统的水泵机组应设备用泵，备用泵供水能力不应小于最大一台运行水泵的供水能力；水泵宜自动切换交替运行。

（3）行业标准《二次供水工程技术规程》CJJ 140—2010

6.3.3 二次供水设施中的水泵选择应符合下列规定：

4 应设备用泵，备用泵供水能力不应小于最大一台运行水泵的供水能力。

【《规范》编制时的修改】

本条系由国家标准《城镇给水排水技术规范》GB 50788—2012 第 3.3.2 条（强制性条文）、《建筑给水排水设计标准》GB 50015—2019 第 3.9.1 条和行业标准《二次供水工程技术规程》CJJ 140—2010 第 6.3.3 条相关内容改编而成。增加"备用泵供水能力不应小于最大一台运行水泵的供水能力"。基于建筑与小区使用的水泵机组通常配设一台备用泵，备用泵供水能力应保证满足供水需求，故增加"备用泵供水能力不应小于最大一台运行水泵的供水能力"。

【实施与检查控制】

生活给水系统水泵机组必须按照《规范》以及相关建筑给水排水技术标准设置备用泵。

从事工程建设的各相关责任主体，如设计单位、施工图审查单位、施工单位、材料供应单位、监理与质检单位等必须依据建筑给水排水的相关法律法规和技术标准要求进行工程建设活动。

建设行政主管部门和（或）相关的行业主管部门应依据建筑给水排水的相关法律法规加强生活给水系统水泵机组管理与监督。

检查设计依据，查看给水排水设计说明所列举的规范是否包括《规范》等建筑给水排水相关规范、标准。

检查设计图纸，查看给水排水设计说明、加压泵房详图、设备材料表等所选用的水泵机组是否符合《规范》及相关建筑给水排水技术规范、标准的要求。

3.3.3 对可能发生水锤的给水泵房管路应采取消除水锤危害的措施。

【编制说明】

本条规定了给水系统防水锤的性能要求。建筑给水系统的水锤往往发生在停泵或紧急关阀时，不仅产生噪声，还可能会使阀门受损或管道拉断，甚至导致泵房水淹，造成安全事故。因此，对于存在水锤隐患的给水泵房，应根据水泵扬程、管道走向、止回阀类型、环境噪声要求等因素，采取设置水锤吸纳器、速闭止回阀、缓闭止回阀和多功能水泵控制阀等消除水锤的措施，以保障给水管道的使用安全。

【现行规范（标准）的相关规定】

国家标准《城镇给水排水技术规范》GB 50788—2012

3.3.5 对可能发生水锤的给水泵站应采取消除水锤危害的措施。

【《规范》编制时的修改】

本条源自国家标准《城镇给水排水技术规范》GB 50788—

2012 第 3.3.5 条（强制性条文）。《规范》引用原强制性条文规定，仅个别用词进行了调整，"泵站"调整为"泵房管路"。

【实施与检查控制】

给水泵房必须按照《规范》以及相关建筑给水排水技术标准采取消除水锤危害的措施。

从事工程建设的各相关责任主体，如设计单位、施工图审查单位、施工单位、材料供应单位、监理与质检单位等必须依据建筑给水排水的相关法律法规和技术标准要求进行工程建设活动。

建设行政主管部门和（或）相关的行业主管部门应依据建筑给水排水的相关法律法规加强给水泵房消除水锤危害措施管理与监督。

检查设计依据，查看给水排水设计说明所列举的规范是否包括《规范》等建筑给水排水相关规范、标准。

检查设计图纸，查看给水排水设计说明、设备材料表、给水加压泵房详图等所采取的消除水锤危害措施是否符合《规范》及相关建筑给水排水技术规范、标准的要求。

3.3.4 设置储水或增压设施的水箱间、给水泵房应满足设备安装、运行、维护和检修要求，应具备可靠的防淹和排水设施。

【编制说明】

本条规定了泵房设置及安全运行的基本原则。泵房是二次供水的心脏部位，其安全运行是保障供水安全的必要条件。泵房设置及其安全对于保证水泵有效运行、延长设备使用寿命以及维护运行人员的安全必不可少。泵房内机组及空间的布置以不影响安装、运行、维护及检修为原则，水泵吸水管设置应避免气蚀，泵房的主要通道应方便通行，泵房内的架空管道不得阻碍通道和跨越电气设备。泵房的防淹设施包括在水泵房入口处设置一定高度的挡水板，在水泵房设置地面集水报警装置等。泵房应设置排水设施，避免积水影响水泵安全运行。排水设施的排水能力应与水池（箱）的最大泄流量相匹配。泵房应无污染、不结冻，通风良好。

【现行规范（标准）的相关规定】

（1）国家标准《城镇给水排水技术规范》GB 50788—2012

3.3.3 给水泵站的布置应满足设备的安装、运行、维护和检修的要求。

3.3.4 给水泵站应具备可靠的排水设施。

（2）行业标准《二次加压与调蓄工程技术规程》CJJ 140—2010 修订报批稿

7.0.8 泵房应设置独立的排水设施，泵房内地面应有不小于0.01 的坡度坡向排水设施，并应有防淹报警设施。

【《规范》编制时的修改】

本条系由国家标准《城镇给水排水技术规范》GB 50788—2012 第 3.3.3 条（强制性条文）、第 3.3.4 条（强制性条文）改编而成。补充"防淹"的要求，泵房除应设排水措施外，还可通过采取防淹措施来保障泵房安全运行。防淹设施包括在水泵房入口处设置一定高度的挡水板，在水泵房设置地面集水报警装置等。因此，《规范》补充"防淹"。

【实施与检查控制】

给水泵房必须按照《规范》以及现行国家标准《建筑给水排水设计标准》GB 50015 中相应的条款，满足设备安装、运行、维护和检修要求，具备防淹和排水设施，保障安全运行。

从事工程建设的各相关责任主体，如设计单位、施工图审查单位、施工单位、材料供应单位、监理与质检单位等必须依据建筑给水排水的相关法律法规和技术标准要求进行工程建设活动。

建设行政主管部门和（或）相关的行业主管部门应依据建筑给水排水的相关法律法规加强给水泵房管理与监督。

检查设计依据，查看给水排水设计说明所列举的规范是否包括《规范》等建筑给水排水相关规范、标准。

检查设计图纸，查看给水排水设计说明、给水泵房详图所表示的给水泵房布置、建筑专业相关图纸所表示的给水泵房土建条件是否符合《规范》及相关建筑给水排水技术规范、标准的要求。

3.3.5 生活饮用水水箱间、给水泵房应设置入侵报警系统等技防、物防安全防范和监控措施。

【编制说明】

本条提出了对生活饮用水水箱间、给水泵房安全防范和运行实时监控的规定。泵房的监控措施包括安全防护和设施数据的监控措施，对泵房配备门禁、摄像等安防措施或采用密码、指纹等身份识别安全技术以保障泵房安全，对水池水位、水泵启停或故障、水池水质等设施的运行状况进行远程实时监控，及时了解泵房内设施动态，发现设备故障、人为破坏等不利情况及早报警、处理。

【现行规范（标准）的相关规定】

（1）国家标准《城镇给水排水技术规范》GB 50788—2012

7.4.6 应采取自动监视和报警的技术防范措施，保障城镇给水设施的安全。

（2）行业标准《二次加压与调蓄工程技术规程》CJJ 140—2010修订报批稿

3.0.8 二次供水设施应具备下列安全防范措施：

1 应独立设置，并应有建筑围护结构；

2 应设置入侵报警系统等技防、物防安全防范措施；

3 二次供水设备宜设置远程监控系统，宜与城市智慧水务监控平台相连接。

【《规范》编制时的修改】

本条系由国家标准《城镇给水排水技术规范》GB 50788—2012第7.4.6条（强制性条文）改编而成。

"自动监视和报警的技术防范"改为"入侵报警系统等技防、物防安全防范"，原条文主要突出技防要求，为确保给水设施的安全，《规范》将"自动监视和报警的技术防范措施"改为"入侵报警系统等技防、物防安全防范"。增加"监控"要求，"监控"包含对防入侵、防破坏等安全防卫措施（包括泵房配备门禁、摄像等安防措施或采用密码、指纹等身份识别安全技术）的远程监视，同时，也有对供水设施运行状况（水池水位、水泵启停或故障、水池水质等设施的运行状况）的远程监控。采用信息化管理技术对供水设施进行实时监视和控制，是保证供水系统安全的重要手段，故《规范》增加"监控"要求。

【实施与检查控制】

储水设施和给水泵房必须按照《规范》以及相关建筑给水排水技术标准设置安全防范措施和监控措施。

从事工程建设的各相关责任主体，如设计单位、施工图审查单位、施工单位、材料供应单位、监理与质检单位等必须依据建筑给水排水的相关法律法规和技术标准要求进行工程建设活动。

建设行政主管部门和（或）相关的行业主管部门应依据建筑给水排水的相关法律法规加强储水设施、给水泵房管理与监督。

检查设计依据，查看给水排水设计说明所列举的规范是否包括《规范》等建筑给水排水相关规范、标准。

检查设计图纸，查看给水排水设计说明、水箱间或给水泵房详图所表示的供水设施安防和监控设施、电气专业相关设计说明所采用的安防和监控设施是否符合《规范》及相关建筑给水排水技术规范、标准的要求。

3.3.6 给水加压、循环冷却等设备不得设置在卧室、客房及病房的上层、下层或毗邻上述用房，不得影响居住环境。

【编制说明】

本条对给水系统运转设备设置位置提出了基本要求。水泵、冷却塔等给水加压、循环及冷却等设备运行中都会产生噪声、振动及水雾，因此，除工程应用中要选用性能好、噪声低、振动小、水雾少的设备及采取必要的措施外，还不得将这些设备设置在要求安静的卧室、客房、病房等噪声敏感房间的上层、下层及毗邻位置，以免对人及周围环境造成不良影响。给水系统管道、设备的噪声值应符合现行国家标准《声环境质量标准》GB 3096、《民用建筑隔声设计规范》GB 50118、《建筑隔声评价标准》GB/T 50121 和《住宅性能评定技术标准》GB/T 50362 的有关规定。为防止设备运转噪声和振动对居住环境的污染，应采取安全可靠的降噪减振措施，如选用低噪声水泵、机组设置隔振基础、水泵进出水管上设置隔振装置、管道采用弹性支吊架、泵房内墙设置隔声吸声措施等。

【现行规范（标准）的相关规定】

国家标准《城镇给水排水技术规范》GB 50788—2012

3.6.6 给水加压、循环冷却等设备不得设置在居住用房的上层、下层和毗邻的房间内，不得污染居住环境。

【《规范》编制时的修改】

本条系由国家标准《城镇给水排水技术规范》GB 50788—2012 第 3.6.6 条（强制性条文）改编而成。"居住用房"改为"卧室、客房及病房"，原条文中未明确具体"居住用房"，按其条文说明，覆盖对象为卧室、客房、病房等供睡眠和休息的居住空间，这些房间都需要安静、对噪声敏感，在规范的条文中明确用房。据此，《规范》将"居住用房"改为"卧室、客房及病房"。

【实施与检查控制】

给水加压、循环冷却等设备必须按照《规范》以及现行国家标准《建筑给水排水设计标准》GB 50015 的要求，远离噪声敏感房间，保障居住环境。

从事工程建设的各相关责任主体，如设计单位、施工图审查单位、施工单位、材料供应单位、监理与质检单位等必须依据建筑给水排水的相关法律法规和技术标准要求进行工程建设活动。

建设行政主管部门和（或）相关的行业主管部门应依据建筑给水排水的相关法律法规加强给水加压、循环冷却等设备机房管理与监督。

检查设计依据，查看给水排水设计说明所列举的规范是否包括《规范》等建筑给水排水相关规范、标准。

检查设计图纸，查看给水排水设计说明、各层平面图所表示的设备机房位置是否符合《规范》及相关建筑给水排水技术规范、标准的要求。

3.4 节 水 措 施

3.4.1 供水、用水应按照使用用途、付费或管理单元，分项、分级安装满足使用需求和经计量检定合格的计量装置。

【编制说明】

分项计量在供水系统漏损检测和鼓励行为节水方面具有重要作用。供水、用水计量是促进节约用水的有效途径，也是改善供水和用水管理的重要依据之一。城镇供水的出厂水及输配水管网供给的各类用户都必须安装计量仪表，自建设施供水也须计量，推进节约用水。

按使用用途、付费或管理单元情况，对不同用水单元分别设置用水计量装置，方便统计用水量，并据此施行计量收费，以实现"用者付费"，达到鼓励行为节水的目的，同时还可统计各种用途的用水量和分析渗漏水量，达到持续改进的目的。各管理单元通常是分别付费，或即使是不分别付费，也可以根据用水计量情况，对不同管理单元进行节水绩效考核，促进行为节水。为保证计量的准确，计量装置是要定期检定或更换的。国家现行标准《民用建筑节水设计标准》GB 50555 及《城镇供水管网运行、维护及安全技术规程》CJJ 207 中都对最常用的计量装置水表的检定和使用年限作出了规定：口径 $DN15\sim DN25$ 的水表，使用期限不得超过 6a；口径大于 $DN25$ 的水表，使用期限不得超过 4a；口径 DN 大于 50 或常用流量大于 $16m^3/h$ 的水表，检定周期不应大于 2a。

【现行规范（标准）的相关规定】

（1）国家标准《民用建筑节水设计标准》GB 50555—2010

6.1.9 民用建筑的给水、热水、中水以及直饮水等给水管道设置计量水表应符合下列规定：

1 住宅入户管上应设计量水表；

2 公共建筑应根据不同使用性质及计费标准分类分别设计量水表；

3 住宅小区及单体建筑引入管上应设计量水表；

4 加压分区供水的贮水池或水箱前的补水管上宜设计量水表；

5 采用高位水箱供水系统的水箱出水管上宜设计量水表；

6 冷却塔、游泳池、水景、公共建筑中的厨房、洗衣房、游乐设施、公共浴池、中水贮水池或水箱补水等的补水管上应设计量水表；

7 机动车清洗用水管上应安装水表计量；

8 采用地下水水源热泵为热源时，抽、回灌管道应分别设计量水表；

9 满足水量平衡测试及合理用水分析要求的管段上应设计量水表。

（2）国家标准《绿色建筑评价标准》GB 50378—2019

7.1.7 应制定水资源利用方案，统筹利用各种水资源，并应符合下列规定：

1 应按使用用途、付费或管理单元，分别设置用水计量装置；

2 用水点处水压大于 0.2MPa 的配水支管应设置减压设施，并应满足给水配件最低工作压力的要求；

3 用水器具和设备应满足节水产品的要求。

（3）丹麦《建筑条例》

8.4.2.1 （8） 给水系统冷热水应有计量。

【《规范》编制时的修改】

本条由国家标准《民用建筑节水设计标准》GB 50555—2010 中第 6.1.9 条（非强制性条文）、《绿色建筑评价标准》GB/T 50378—2019 中第 7.1.7 条（非强制性条文）、丹麦《建筑条例》（Building Regulations）中的条文 8.4.2.1 （8）（强制性条文）等合并提炼而成。

归纳计量装置的设置要求为"分项、分级安装","分项"计量方便统计用水量,并据此施行计量收费或节水绩效考核,达到鼓励行为节水的目的;"分级"计量为供水、用水系统水平衡测试提供硬件基础,根据抄表记录分析渗漏水量,达到持续改进的目的。增加计量装置本身要求"满足使用需求和经计量检定合格",作为节水运行和管理的依据,计量结果必须准确并且足够精确,除了计量装置的安装位置及数量以外,其本身的适用性和品质合格也是必要条件。

【实施与检查控制】

建筑的供水、用水的分项计量应 100% 全覆盖,不应出现未计、漏计的用水单元;分级计量应能实现下级水表的设置覆盖上一级水表的所有出流量,不应出现无计量支路。

计量装置应根据工作环境(系统工作压力、流量、温度)、管理需求(计量误差等级、显示及抄表方式)、安装方式等因素选取合格、安全、耐久的产品。

检查体现计量装置设置的相关施工图和竣工图(含说明、给水系统图、平面图等)、产品检测报告、现场安装质量、运行期间计量及维护记录等。

3.4.2 给水系统应使用耐腐蚀、耐久性能好的管材、管件和阀门等,减少管道系统的漏损。

【编制说明】

本条以降低供水管道系统漏损、提高供水效益、节约水资源、建设节约型城市为目的,提出了给水管网减少漏失水量的要求。降低给水管网漏损对节约用水、提高供水效益、推广绿色建筑、建设节约型城市有重要意义。供水管网的漏失水量应控制在国家现行标准规定的范围内。现行行业标准《城镇供水管网漏损控制及评定标准》CJJ 92 规定了城市供水基本漏损率控制评定标准为 10%(一级)和 12%(二级),并根据用户抄表百分比、单位供水量管长、年平均出厂压力和最大冻土深度进行修正;城镇给水管网漏失率不应大于修正后漏损率评定标准的 70%。

2015 年 4 月 2 日，国务院发布的《水污染防治行动计划》要求"到 2017 年，全国公共供水管网漏损率控制在 12% 以内；到 2020 年，控制在 10% 以内。"根据国家规定并参照有关二次供水对漏损控制 8%～10% 的要求，按下限 8% 取值。

【现行规范（标准）的相关规定】

（1）国家标准《城镇给水排水技术规范》GB 50788—2012

3.4.6 应减少供水管网漏损率，并应控制在允许范围内。

（2）国家标准《绿色建筑评价标准》GB 50378—2014

6.2.2 采取有效措施避免管网漏损，评价总分值为 7 分，并按下列规则分别评分并累计：

1 选用密闭性能好的阀门、设备，使用耐腐蚀、耐久性能好的管材、管件，得 1 分；

2 室外埋地管道采取有效措施避免管网漏损，得 1 分；

3 设计阶段根据水平衡测试的要求安装分级计量水表；运行阶段提供用水量计量情况和管网漏损检测、整改的报告，得 5 分。

（3）国家标准《民用建筑节水设计标准》GB 50555—2010

6.3.1 给水、热水、再生水、管道直饮水、循环水等供水系统应按下列要求选用管材、管件：

1 供水系统采用的管材和管件，应符合国家现行有关标准的规定；管道和管件的工作压力不得大于产品标准标称的允许工作压力；

2 热水系统所使用管材、管件的设计温度不应低于 80℃；

3 管材和管件宜为同一材质，管件宜与管道同径；

4 管材与管件连接的密封材料应卫生、严密、防腐、耐压、耐久。

6.3.2 管道敷设应采取严密的防漏措施，杜绝和减少漏水量。

1 敷设在垫层、墙体管槽内的给水管管材宜采用塑料、金属与塑料复合管材或耐腐蚀的金属管材，并应符合现行国家标准

《建筑给水排水设计规范》GB 50015 的相关规定；

2 敷设在有可能结冻区域的供水管应采取可靠的防冻措施；

3 埋地给水管应根据土壤条件选用耐腐蚀、接口严密耐久的管材和管件，做好相应的管道基础和回填土夯实工作；

4 室外直埋热水管，应根据土壤条件、地下水位高低、选用管材材质、管内外温差采取耐久可靠的防水、防潮、防止管道伸缩破坏的措施。室外直埋热水管直埋敷设还应符合国家现行标准《建筑给水排水及采暖工程验收规范》GB 50242 及《城镇直埋供热管道工程技术规程》CJJ/T 81 的相关规定。

（4）澳大利亚《联邦工程建设规范》

BP1.2 冷水设施安装

冷水设施的设计、建造和安装必须以下列方式进行：

（C）避免泄漏或故障的可能性，包括不受控制的排放。

【《规范》编制时的修改】

本条由国家标准《城镇给水排水技术规范》GB 50788—2012 中第 3.4.6 条（强制性条文）、《绿色建筑评价标准》GB/T 50378—2014 中第 6.2.2 条（非强制性条文）、《民用建筑节水设计标准》GB 50555—2012 中的第 6.3.1 条和第 6.3.2 条（非强制性条文）、澳大利亚《联邦工程建设规范》中的条文 BP1.2（强制性条文）等提取部分内容编制而成。保留并突出强调减少管道系统漏损措施的首要重点是"使用耐腐蚀、耐久性能好的管材、管件和阀门"。

管材、管件和阀门是给水系统输配水功能实现的基础，也是漏损问题发生的主要环节，使用耐腐蚀、耐久性能好的管材、管件和阀门是降低管网漏损的最直接有效措施。

【实施与检查控制】

给水系统中使用的管材、管件和阀门，必须符合现行产品标准的要求。对新型管材和管件应符合企业标准的要求，企业标准必须经由有关行政和政府主管部门，组织专家评估或鉴定通过。

管材、管件和阀门的选择应根据系统工作压力、供水温度、连接方式、安装环境、卫生要求、强度安全等因素综合考虑。降低给水管网漏损应从管网规划、管材选择、施工质量、运行压力、日常维护和更新、漏损检测和及时修复等多方面来控制。

检查体现管材、管件和阀门选择及设置的相关施工图和竣工图（含说明、给水系统图、平面图等）、产品检测报告、现场安装质量、运行期间检漏记录、整改及维护记录等。

3.4.3 非亲水性的室外景观水体用水水源不得采用市政自来水和地下井水。

【编制说明】

我国水资源严重匮乏，用水形势极为严峻，为贯彻国家节水政策及避免大量采用自来水对人工水景补水的浪费行为，规定非亲水性的室外景观水体用水水源不得采用自来水和地下井水，应利用中水（优先利用市政再生水）、雨水等非传统水源作为人工景观用水的水源和补水。与人接触的人工水景，如旱喷泉等，应采用自来水补水。

【现行规范（标准）的相关规定】

国家标准《民用建筑节水设计标准》GB 50555—2010

4.1.5 景观用水水源不得采用市政自来水和地下井水。

【《规范》编制时的修改】

本条由国家标准《民用建筑节水设计标准》GB 50555—2012 中的第 4.1.5 条（强制性条文）加以修改编制而成。突出强调对"非亲水性""室外"景观水体的强制性要求。

非亲水性景观水体不与人体发生直接接触，通常对水质要求低于国家标准《生活饮用水卫生标准》GB 5749—2006 要求，甚至低于国家标准《地表环境水环境质量标准》GB 3838—2002 中的 Ⅲ 类水体要求。从分质用水、节约水资源的角度出发，不得采用市政自来水和地下井水。

鼓励将室外景观水体设置为不与人体发生直接接触的非亲水性水体，与雨水控制利用相结合，在节约水资源的同时，实现低影响开发的目的。

国家标准《民用建筑节水设计标准》GB 50555—2012 中的第4.1.5 条的条文说明中也明确了"景观用水包括人造水景的湖、水湾、瀑布及喷泉等，但属体育活动的游泳池、瀑布等不属此列。"

【实施与检查控制】

非亲水性室外景观水体的水源和补水应充分利用场地的雨水资源，不足时再考虑利用中水（优先利用市政再生水）等其他非传统水源的使用，缺水地区和降雨量少的地区，应谨慎考虑设置景观水体。

结合雨水控制利用设置室外景观水体时，需结合项目所在地气象资料及雨水控制目标合理确定水景规模和水景形式，保证景观水体补水量、雨水调蓄量、水体蒸发量和入渗量的水量平衡。例如在雨季和旱季降雨水差异较大时，可以通过水位或水面面积的变化来调节补水量的富余和不足，也可设计旱溪或干塘等来适应降雨量的季节性变化。

景观水体的水质根据水景功能性质不同，不应低于现行国家标准的相关要求，见表 3-1。

景观水体的水质适用标准　　　　　　　表 3-1

人体与水的接触程度和水景功能		非直接接触、观赏性	非全身接触、娱乐性
适用标准	充水和补充水质	《城市污水再生利用　景观环境用水水质》GB/T 18921	
	水体水质	《地表水环境质量标准》GB 3888 中的 pH、溶解氧、粪大肠菌群指标，且透明度大于等于 30cm	
		Ⅴ类	Ⅳ类

注：1　表中"非直接接触"指人身体不直接与水接触，仅在景观水体外观赏；
　　2　"非全身接触"指人部分身体可能与水接触，如涉水、划船等娱乐行为；
　　3　水深不足 30cm 时，透明度不小于最大水深。

检查体现景观水体设置的相关施工图和竣工图（含说明、室外给水平面图、景观平面图及水景详图等）、景观水处理产品检测报告、现场景观水体实际设置形式、运行期间水质检测记录、整改及维护记录等。

3.4.4 用水点处水压大于 0.2MPa 的配水支管应采取减压措施，并应满足用水器具工作压力的要求。

【编制说明】

本条是从避免用水点超压出流、减少供水过程中无效水量浪费的角度出发。控制用水点处供水压力是给水系统节水中最为关键的一个环节。给水额定流量是为满足使用要求，用水器具给水配件出口在单位时间内流出的规定出水量。流出水头是保证给水配件流出额定流量，在阀前所需的水压。用水点处供水压力大于用水器具的流出水头时，用水器具实际流量超过额定流量的现象，称超压出流现象，该实际流量与额定流量的差值，为超压出流量。超压出流不但会破坏给水系统水量的正常分配，影响用水工况，同时因超压出流量为无效用水量，造成了水资源的浪费。给水系统应采取措施控制超压出流现象，采取减压措施，避免造成浪费。根据国家"十二五"科技重大专项"水体污染控制与治理"课题《建筑水系统微循环重构关键技术研究与示范》的成果，用水点压力控制在 0.2MPa，流量处于舒适流量的范围。

当选用了恒定出流或有特殊水压要求的用水器具时，该部分管道的工作压力应满足给水配件的最低工作压力，但应选用用水效率高的产品。

【现行规范（标准）的相关规定】

（1）国家标准《绿色建筑评价标准》GB 50378—2019

7.1.7 应制定水资源利用方案，统筹利用各种水资源，并应符合下列规定：

1 应按使用用途、付费或管理单元，分别设置用水计量装置；

2 用水点处水压大于 0.2MPa 的配水支管应设置减压设施，并应满足给水配件最低工作压力的要求；

3 用水器具和设备应满足节水产品的要求。

（2）国家标准《民用建筑节水设计标准》GB 50555—2010

4.1.3 市政管网供水压力不能满足供水要求的多层、高层建筑的给水、中水、热水系统应竖向分区，各分区最低卫生器具配水点处的静水压不宜大于 0.45MPa，且分区内低层部分应设减压设施保证各用水点处供水压力不大于 0.2MPa。

6.1.12 减压阀的设置应满足下列要求：

1 不宜采用共用供水立管串联减压分区供水；

2 热水系统采用减压阀分区时，减压阀的设置不得影响循环系统的运行效果；

3 用水点处水压大于 0.2MPa 的配水支管应设置减压阀，但应满足给水配件最低工作压力的要求；

4 减压阀的设置还应满足现行国家标准《建筑给水排水设计规范》GB 50015 的有关规定。

（3）国家标准《建筑给水排水设计标准》GB 50015—2019

3.4.4 生活给水系统用水点处供水压力不宜大于 0.20MPa，并应满足卫生器具工作压力的要求。

【《规范》编制时的修改】

本条由国家标准《绿色建筑评价标准》GB/T 50378—2019 中第 7.1.7 条（非强制性条文）、《民用建筑节水设计标准》GB 50555—2012 中的第 4.1.3 条和 6.1.12 条（非强制性条文）、《建筑给水排水设计标准》GB 50015—2019 中的第 3.4.4 条（非强制性条文）等综合修订。将控制用水点处供水压力，避免超压出流的要求提升为强制性条文纳入。

【实施与检查控制】

给水系统设计时应采取措施控制超压出流现象，应合理进行压力分区，并适当地采取支管减压措施，避免造成浪费。当使用恒定出流或有特殊水压要求的用水器具时，该部分管线的工作压力应满足相应用水器具的最低工作压力，但应选用节水型产品。

检查给水系统减压措施相关施工图和竣工图（含说明、给水系统图、平面图等）、减压装置及用水器具产品检测报告、现场安装质量、运行期间用水量记录、整改及维护记录等。

3.4.5 公共场所的洗手盆水嘴应采用非接触式或延时自闭式水嘴。

【编制说明】

本条的设定宗旨为杜绝公共场所交叉感染和节水意识缺乏所导致的"长流水"浪费的问题。洗手盆采用感应式水嘴、延时自闭水嘴或脚踏冲洗龙头等非接触式水嘴，在离开使用状态后，会定时自动断水，用于公共场所的卫生间时不仅节水，而且卫生，特别是在发生公共卫生安全事件时，不会造成不同使用者由于接触冲洗水嘴后而交叉感染。自闭式水嘴还具有限定每次给水量和给水时间的功能，具有较好的节水性能。

【现行规范（标准）的相关规定】

国家标准《民用建筑节水设计标准》GB 50555—2010

6.1.5 公共场所的卫生间洗手盆应采用感应式或延时自闭式水嘴。

【《规范》编制时的修改】

本条由国家标准《民用建筑节水设计标准》GB 50555—2012 中的第 6.1.5 条（非强制性条文）修改提升为强制性条文，并突出强调"非接触式"要求。

【实施与检查控制】

本条主要适用于公共场所的卫生间洗手盆等供公众固定或流动人群共用的水嘴。非接触式水嘴包括但不限于感应式水嘴、延时自闭水嘴或脚踏冲洗龙头等。延时自闭式水嘴泛指具有限定每次给水量和给水时间功能的水嘴。

检查水嘴设置相关施工图和竣工图（含说明、卫生间详图、设备材料表等）、水嘴产品检测报告、现场安装质量、运行期间维护记录等。

3.4.6 生活给水水池（箱）应设置水位控制和溢流报警装置。

【编制说明】

本条与《规范》第3.4.2条相辅相成，旨在节约水资源和保证供水安全。本条提出了水池、水箱水位控制和溢流控制的基本要求。为避免自动水位控制阀失灵，水池（箱）溢水造成水资源浪费，贮水构筑物应设置水位监视、报警和控制仪器和设备。对于水池、水箱溢水可能造成水淹和财产损失事故的场所，还应设置应急自动关闭进水阀，以达到自动关闭进水阀门的目的。自动关闭进水阀可采用电磁阀或电动阀。

【现行规范（标准）的相关规定】

（1）国家标准《民用建筑节水设计标准》GB 50555—2010

4.2.2 给水调节水池或水箱、消防水池或水箱应设溢流信号管和溢流报警装置，设有中水、雨水回用给水系统的建筑，给水调节水池或水箱清洗时排出的废水、溢水宜排至中水、雨水调节池回收利用。

（2）丹麦《建筑条例》

8.4.2.1（7） 给水排水系统设置应避免过度溢流。

8.4.2.3（1） 供水系统应设置溢流设施避免系统溢水和漏水对建筑造成危害，同时溢流设施的设计应兼顾及时检漏。

（3）澳大利亚《联邦工程建设规范》

BP1. 2 冷水设施安装

冷水设施的设计、建造和安装必须以下列方式进行：

（C）避免泄漏或故障的可能性，包括不受控制的排放。

【《规范》编制时的修改】

本条从国家标准《民用建筑节水设计标准》GB 50555—2010中第4.2.2条（非强制性条文）、丹麦《建筑条例》中的条文8.4.2.1（7）和8.4.2.3（1）（强制性条文）、澳大利亚《联邦工程建设规范》中的条文BP1.2（强制性条文）等提取部分内容编制而成。重点强调生活饮用水储水设施的水位控制和溢流报警装置。

随着我国社会发展和高层建筑的大规模建设，建筑二次供水系统及储水设施的普及，因补水管自动水位控制阀失灵导致的生活给水水池（箱）溢水事故屡见不鲜，往往对建筑场所造成水淹等破坏，并导致严重的水资源浪费，与建设节约型社会的宗旨相违背。因此，本条将生活饮用水储水设施的水位控制和溢流控制设置为强制性要求纳入。

【实施与检查控制】

生活饮用水储水设施应设置水位监视、溢流报警和水位控制措施。溢流报警应引至人员值守区域，确保建筑物业管理人员及时发现溢流事故的发生并采取相应措施。

检查体现生活饮用水储水设施水位控制及溢流报警功能的相关施工图和竣工图（含说明、给水系统图、水泵房（水箱间）详图、设备材料表等）、水位控制及溢流报警装置产品检测报告、现场安装质量、运行期间溢流事故及整改记录、水位控制及溢流报警装置设施维护记录等。

3.4.7 集中空调冷却水、游泳池水、洗车场洗车用水、水源热泵用水应循环使用。

【编制说明】

本条要求通过水资源的循环利用达到节约水资源、减少排放污染的目的。循环用水是将用水系统内产生的废水，经适当处理后重复使用，不补充或少量补水，不排放或少排污的用水方式，是节水的重要方式之一。住房和城乡建设部、国家发展改革委联合发布的《城镇节水工作指南》规定：通过城镇、公共机构和建成区工业企业等不同尺度、不同层面的水循环利用系统建设，推进优水优用、循环利用和梯级利用，提高水的循环利用效率；公共机构和公共建筑的内部水的循环与循序利用主要包括中水利用、空调冷却循环水系统、水景、游泳池、生活热水、锅炉供水等。空调冷却水、游泳池水、水上游乐池用水、洗车场洗车用水、水源热泵用水等应通过处理实现循环使用，以提高水的重复利用率，降低水的消耗量，同时减少污废水排放量。

【现行规范（标准）的相关规定】

国家标准《民用建筑节水设计标准》GB 50555—2010

4.3.1 冷却塔水循环系统设计应满足下列要求：

1 循环冷却水的水源应满足系统的水质和水量要求，宜优先使用雨水等非传统水源；

2 冷却水应循环使用；

3 多台冷却塔同时使用时宜设置集水盘连通管等水量平衡设施；

4 建筑空调系统的循环冷却水的水质稳定处理应结合水质情况，合理选择处理方法及设备，并应保证冷却水循环率不低于98%；

5 旁流处理水量可根据去除悬浮物或溶解固体分别计算；

6 冷却塔补充水总管上应设阀门及计量等装置；

7 集水池、集水盘或补水池宜设溢流信号，并将信号送入机房。

4.3.2 游泳池、水上娱乐池等水循环系统设计应满足下列要求：

1 游泳池、水上娱乐池等应采用循环给水系统；

2 游泳池、水上娱乐池等水循环系统的排水应重复利用。

4.3.3 蒸汽凝结水应回收再利用或循环使用，不得直接排放。

4.3.4 洗车场宜采用无水洗车、微水洗车技术，当采用微水洗车时，洗车水系统设计应满足下列要求：

1 营业性洗车场或洗车点应优先使用非传统水源；

2 当以自来水洗车时，洗车水应循环使用；

3 机动车清洗设备应符合国家有关标准的规定。

4.3.5 空调冷凝水的收集及回用应符合下列要求：

1 设有中水、雨水回用供水系统的建筑，其集中空调部分的冷凝水宜回收汇集至中水、雨水清水池，作为杂用水；

2 设有集中空调系统的建筑,当无中水、雨水回用供水系统时,可设置单独的空调冷凝水回收系统,将其用于水景、绿化等用水。

4.3.6 水源热泵用水应循环使用,并应符合下列要求:

1 当采用地下水、地表水做水源热泵热源时,应进行建设项目水资源论证;

2 采用地下水为热源的水源热泵换热后的地下水应全部回灌至同一含水层,抽、灌井的水量应能在线监测。

【《规范》编制时的修改】

本条由国家标准《民用建筑节水设计标准》GB 50555—2010 中第 4.3.1 条~第 4.3.6 条(非强制性条文)合并提炼升级为强制性条文。对可实现循环用水的水系统强制要求其循环使用水资源。

【实施与检查控制】

各类水系统实现循环用水的关键是要保证循环处理设施的出水水质满足该类水系统用水的水质标准。集中空调冷却水系统水质应满足现行国家标准《采暖空调系统水质》GB/T 29044 的要求,游泳池水系统水质应满足现行行业标准《游泳池水质标准》CJ/T 244 的要求,洗车场洗车用水系统水质应满足现行国家标准《城市污水再生利用 城市杂用水水质》GB/T 18920 的要求;水源热泵用水系统水质(回灌水质)应通过建设项目水资源论证,并确保回灌水质不低于原地下、地表取水水质,不对地下水和地表水造成污染。

各类水系统循环用水应设置水质在线监测或定时进行水质检测,确保循环水及排放水的水质始终满足相关水质要求,并及时处置水质恶化事故,避免造成用水安全或排放污染问题。

检查各类循环用水系统的相关施工图和竣工图(含说明、给水系统图、处理设施详图、设备材料表等)、水处理设施及水质监测设备产品检测报告、现场安装质量、运行期间水质监测及检测记录、设施维护记录等。

3.4.8 绿化浇洒应采用高效节水灌溉方式。

【编制说明】

绿化灌溉用水是建筑室外用水的主要构成之一，节水灌溉已成为建筑室外节水的重要技术。传统的绿化浇洒系统一般采用漫灌或人工浇洒，不仅会造成水的浪费，而且会产生不能及时浇洒、过量浇洒或浇洒不足等问题，并且对植物的正常生长也极为不利。随着水资源危机的日益严重，传统的地面漫灌已不能适应节水要求，应通过采用节水灌溉技术节约水资源。

节水灌溉具有很好的节水效果，已成为建筑室外用水节水的重要技术。采用节水灌溉方式如喷灌、滴灌、微喷灌、涌流灌和地下渗灌等，比地面漫灌省水 50%～70%。具体灌溉方式应根据水源、气候、地形、植物种类等各种因素综合确定。

【现行规范（标准）的相关规定】

国家标准《民用建筑节水设计标准》GB 50555—2010

4.4.2 绿化浇洒应采用喷灌、微灌等高效节水灌溉方式。

【《规范》编制时的修改】

本条由国家标准《民用建筑节水设计标准》GB 50555—2010 中第 4.4.2 条（非强制性条文）提升为强制性条文。强制性要求绿化灌溉采用高效节水灌溉方式。

【实施与检查控制】

节水灌溉方式包括但不限于喷灌、微喷灌、滴灌、地下渗灌等，应根据水源、气候、地形、植物种类等各种因素综合确定。

喷灌适用于植物大面积集中的场所，微喷灌和滴灌系统适用于植物小面积分散的场所；采用再生水灌溉时，因水中微生物在空气中极易传播，应避免采用喷灌方式，可以采用微喷灌、滴灌等不会产生气溶胶的方式；滴灌系统敷设在地面上时，不适于布置在有人员活动的绿地里；人员活动频繁的绿地，宜采用以微喷灌为主的浇洒方式；土壤易板结的绿地，不宜采用地下渗灌的浇洒方式。

节水灌溉系统宜设置土壤湿度感应器、雨天自动关闭装置等节水控制措施。

　　检查节水灌溉系统施工图和竣工图（含说明、灌溉平面图、设备材料表等）、灌溉设备产品检测报告、现场安装质量、运行期间用水量记录、设施维护记录等。

4 排水系统设计

4.1 一 般 规 定

4.1.1 排水管道及管件的材质应耐腐蚀，应具有承受不低于40℃排水温度且连续排水的耐温能力。接口安装连接应可靠、安全。

【编制说明】

本条规定了排水管道材质选用的原则。管材选用考虑的因素包括建筑类型、排放介质腐蚀性、排放温度、排水压力、抗震要求、防火要求、施工方便、环境气候条件等，选用的管材必须满足国家现行的产品标准的规定。

【现行规范（标准）的相关规定】

（1）国家标准《城镇给水排水技术规范》GB 50788—2012

2.0.5 城镇给水排水设施必须采用质量合格的材料与设备。城镇给水设施的材料与设备还必须满足卫生安全要求。

（2）国家标准《建筑给水排水设计标准》GB 50015—2019

4.1.1 室内生活排水管道系统的设备选择、管材配件连接和布置不得造成泄漏、冒泡、返溢，不得污染室内空气、食物、原料等。

【《规范》编制时的修改】

本条系由国家标准《城镇给水排水技术规范》GB 50788—2012 第 2.0.5 条（强制性条文）等改编而成。整合现行规范（标准）强制性条文内容，对排水管道及管件的材质防腐、耐温和接口安装连接性能作了规定。增加了"应能承受不低于 40℃排水温度且连续排水的耐温能力"。按国家标准《污水排入城镇下水道水质标准》GB/T 31962—2015 规定：污水排入城镇下水道水温不得高于 40℃。排水管普遍采用 PVC-U、HDPE 塑料管、铸铁管，其长期耐温可达 40℃。

【实施与检查控制】

从事工程建设的各相关责任主体，如勘察单位、设计单位、施工图审查单位、施工单位、材料供应单位、监理与质检单位等应依据《规范》和相关技术标准的要求进行工程建设活动。

检查设计依据，查看给水排水设计说明所列举的排水管道、管件材质及连接方式是否满足《规范》和相关技术标准的要求。在设计招标文件中应明确排水管材生产采用的相应标准。

4.1.2 生活排水应排入市政污水管网或处理后达标排放。

【编制说明】

本条规定了生活排水排放的原则。生活排水随意排放会破坏环境，危害人的健康。生活排水应经管道收集后排入城市污水管网，经城市污水厂处理后再排放到水体或回用。当无市政污水管网需排入自然水体时，必须对其进行处理，水质和水温达标后方可排放。

【现行规范（标准）的相关规定】

国家标准《城镇给水排水技术规范》GB 50788—2012

4.1.7 城镇所有用水过程产生的污染水必须进行处理，不得随意排放。

【《规范》编制时的修改】

本条系由国家标准《城镇给水排水技术规范》GB 50788—2012 第 4.1.7 条（强制性条文）改编而成。

【实施与检查控制】

从事工程建设的各相关责任主体，如勘察单位、设计单位、施工图审查单位、施工单位、材料供应单位、监理与质检单位等应依据《规范》和相关技术标准的要求进行工程建设活动。

建设行政主管部门和（或）相关的行业主管部门应依据相关法律法规加强生活排水排放的管理与监督。检查设计文件，查看给水排水设计说明、图纸等文件中生活排水排放是否满足《规范》、相关技术标准和当地环保主管部门的要求。

4.1.3 生活饮用水箱（池）、中水箱（池）、雨水清水池的泄水管道、溢流管道应采用间接排水，严禁与污水管道直接连接。

【编制说明】

本条规定了给水、中水、雨水清水池的泄水管道、溢流管道排水方式。为防止下水道排水不畅时，引起污废水倒灌，给水、中水、雨水清水池的排空管道、溢流管道严禁与污水管道直接连通。

【现行规范（标准）的相关规定】

（1）国家标准《建筑给水排水设计标准》GB 50015—2019

4.4.12 下列构筑物和设备的排水管与生活排水管道系统应采取间接排水的方式：

1 生活饮用水贮水箱（池）的泄水管和溢流管；

2 开水器、热水器排水；

3 医疗灭菌消毒设备的排水；

4 蒸发式冷却器、空调设备冷凝水的排水；

5 贮存食品或饮料的冷藏库房的地面排水和冷风机溶霜水盘的排水。

（2）国家标准《城镇污水再生利用工程设计规范》GB 50335—2016

7.1.6 再生水调蓄池的排空管道、溢流管道严禁直接与下水道连通。

（3）国家标准《建筑中水设计标准》GB 50336—2018

8.1.4 中水贮存池（箱）设置的溢流管、泄水管，均应采用间接排水方式。

【《规范》编制时的修改】

本条系由国家标准《建筑给水排水设计标准》GB 50015—2019 第 4.4.12 条（强制性条文）和《城镇污水再生利用工程设计规范》GB 50335—2016 第 7.1.6 条（强制性条文）等改编而成。

【实施与检查控制】

从事工程建设的各相关责任主体，如勘察单位、设计单位、施工图审查单位、施工单位、材料供应单位、监理与质检单位等应依据《规范》和相关技术标准的要求进行工程建设活动。

检查设计文件，查看给水排水设计说明、各类水箱间的大样图等文件中给水、中水、雨水清水池的泄水管道、溢流管道排水方式是否满足《规范》和相关技术标准的要求。

4.2 卫生器具与水封

4.2.1 当构造内无存水弯的卫生器具、无水封地漏、设备或排水沟的排水口与生活排水管道连接时，必须在排水口以下设存水弯。

【编制说明】

本条对存水弯的设置作了规定。本条是建筑给水排水设计安全卫生的重要保证，必须严格执行。从排水管道运行状况证明，存水弯能有效地隔断排水管道内的有害有毒气体窜入室内，从而保证室内环境卫生，保障人民身心健康，防止中毒窒息事故发生。

【现行规范（标准）的相关规定】

国家标准《建筑给水排水设计标准》GB 50015—2019

4.3.10 下列设施与生活污水管道或其他可能产生有害气体的排水管道连接时，必须在排水口以下设存水弯：

1 构造内无存水弯的卫生器具或无水封的地漏；

2 其他设备的排水口或排水沟的排水口。

【《规范》编制时的修改】

本条系由国家标准《建筑给水排水设计标准》GB 50015—2019 第 4.3.10 条（强制性条文）改编而成。将"生活污水管道或其他可能产生有害气体的排水管道"改为"生活排水管道"，生活排水管道是生活污水和生活废水管道的总称。本条是建筑排水设计安全卫生的重要保证，必须严格执行。

【实施与检查控制】

从事工程建设的各相关责任主体，如勘察单位、设计单位、施工图审查单位、施工单位、材料供应单位、监理与质检单位等应依据《规范》和相关技术标准的要求进行工程建设活动。

检查设计文件，查看给水排水设计说明、设备大样图、卫生间大样图纸等文件中存水弯的设置是否满足《规范》和相关技术标准的要求。

4.2.2 水封装置的水封深度不得小于 50mm，卫生器具排水管段上不得重复设置水封。

【编制说明】

本条对水封装置的水封深度和设置作了规定。重复设置水封会形成气塞，造成气阻现象，排水不畅且产生排水噪声。如在排出管上加装水封，楼上卫生器具排水时，会造成下层卫生器具冒泡、泛溢、水封破坏等现象。存水弯水封必须保证一定深度，考虑到水封蒸发损失、自虹吸损失以及管道内气压波动等因素，国外规范均规定卫生器具存水弯水封深度为 50mm～100mm。

【现行规范（标准）的相关规定】

国家标准《建筑给水排水设计标准》GB 50015—2019

4.3.11 水封装置的水封深度不得小于 50mm，严禁采用活动机械活瓣替代水封，严禁采用钟式结构地漏。

4.3.13 卫生器具排水管段上不得重复设置水封。

【《规范》编制时的修改】

本条系由国家标准《建筑给水排水设计标准》GB 50015—2019 第 4.3.11 条（强制性条文）和第 4.3.13 条改编而成。

【实施与检查控制】

从事工程建设的各相关责任主体，如勘察单位、设计单位、施工图审查单位、施工单位、材料供应单位、监理与质检单位等应依据《规范》和相关技术标准的要求进行工程建设活动。

检查设计文件，查看给水排水设计说明、图纸等文件中水封装置的水封深度和设置位置是否满足《规范》和相关技术标准的要求。

4.2.3 严禁采用钟罩式结构地漏及采用活动机械活瓣替代水封。

【编制说明】

本条对地漏结构形式和替代水封方式作了规定。美国规范早已将钟罩式地漏划为禁用之列。钟罩式地漏水力条件差、易淤积堵塞，会使钟罩移位、水封干涸，从而使下水管道有害气体进入室内，污染环境，损害健康，故应予禁用。在工程中发现以活动的机械密封替代水封，这是十分危险的做法，一是活动的机械寿命问题，二是排水中杂物卡堵问题，据国家住宅与居住环境工程研究中心测试证明，活动的机械密封保证不了"可靠密封"，为此以活动的机械密封替代水封的做法应予禁止。

【现行规范（标准）的相关规定】

国家标准《建筑给水排水设计标准》GB 50015—2019

4.3.11 水封装置的水封深度不得小于50mm，严禁采用活动机械活瓣替代水封，严禁采用钟式结构地漏。

【《规范》编制时的修改】

本条系由国家标准《建筑给水排水设计标准》GB 50015—2019 第4.3.11条（强制性条文）改编而成。

【实施与检查控制】

从事工程建设的各相关责任主体，如勘察单位、设计单位、施工图审查单位、施工单位、材料供应单位、监理与质检单位等应依据《规范》和相关技术标准的要求进行工程建设活动。

检查设计文件，查看给水排水设计说明、图纸等文件中的地漏结构形式和替代水封方式是否满足《规范》和相关技术标准的要求。

4.2.4 室内生活废水排水沟与室外生活污水管道连接处应设水封装置。

【编制说明】

本条对室内生活废水排水沟与室外生活污水管道的连接方式作了规定。室内排水沟与室外排水管道连接，往往忽视隔绝室外管道中有害有毒气体通过明沟窜入室内，污染室内环境卫生。有效的方法就是室内设置存水弯或室外设置水封井。

【现行规范（标准）的相关规定】

国家标准《建筑给水排水设计标准》GB 50015—2019

4.4.17 室内生活废水排水沟与室外生活污水管道连接处，应设水封装置。

【《规范》编制时的修改】

本条系由国家标准《建筑给水排水设计标准》GB 50015—2019 第 4.4.17 条（强制性条文）直接引用而成。

【实施与检查控制】

从事工程建设的各相关责任主体，如勘察单位、设计单位、施工图审查单位、施工单位、材料供应单位、监理与质检单位等应依据《规范》和相关技术标准的要求进行工程建设活动。

检查设计文件，查看给水排水设计说明、图纸等文件中的室内生活废水排水沟与室外生活污水管道的连接方式是否满足《规范》和相关技术标准的要求。

4.3 生活排水管道

4.3.1 下列建筑排水应单独设置排水系统：

1 职工食堂、营业餐厅的厨房含油脂废水；

2 含有致病菌、放射性元素超过排放标准的医疗、科研机构的污废水；

3 实验室有毒有害废水；

4 应急防疫隔离区及医疗保健站的排水。

【编制说明】

本条规定了单独排水管道系统设置的原则。含油污水应与其他排水分流设计。在设计医院污水处理系统时应考虑将医院病区、非病区、传染病房、非传染病房污水分别收集，特殊性质污水（指医院检验、分析、治疗过程产生的少量特殊性质污水，主要包括酸性污水、含氰污水、含重金属污水、洗印污水、放射性污水等）应单独收集，经预处理后与医院污水合并处理，不得将特殊性质污水随意排入下水道。实验室含有害和有毒物质的污水应与生活污水及其他废水废液分开排水；对较纯的溶剂废液或贵重试剂，宜经技术经济比较合理时回收利用；对放射性同位素实验室的排水设计，应将长衰减期与短衰减期的废水分流处理。建筑内的应急防疫隔离区及设在基层的医疗卫生机构的排水应与主体建筑的排水系统分开设置，单独排出，以便于应急防疫时对排水进行消毒处理。本条医疗保健站是指基层单位的医疗卫生机构。

【现行规范（标准）的相关规定】

国家标准《建筑给水排水设计标准》GB 50015—2019

4.2.4 下列建筑排水应单独排水至水处理或回收构筑物：

1 职工食堂、营业餐厅的厨房含有油脂的废水；

2 洗车冲洗水；

3 含有致病菌、放射性元素等超过排放标准的医疗、科研机构的污水；

4 水温超过40℃的锅炉排污水；

5 用作中水水源的生活排水；

6 实验室有害有毒废水。

【《规范》编制时的修改】

本条系由国家标准《建筑给水排水设计标准》GB 50015—2019第4.2.4条改编而成。根据《规范》要素指标的编写规定，为了满足系统安全、人居环境安全方面的控制性底线要求，将非强制性条文内容进行修改后编入本条文。

第1款根据《国务院办公厅关于加强地沟油整治和餐厨废弃物管理的意见》（国办发〔2010〕36号）规定推行安装油水分离池、油水分离器等设施。行业标准《饮食业环境保护技术规范》HJ 554—2010明确规定："含油污水应与其他排水分流设计"。

第2款根据国家标准《医疗机构水污染物排放标准》GB 18466—2005和行业标准《医院污水处理工程技术规范》HJ

2029—2013 规定在设计医院污水处理系统时应考虑将医院病区、非病区、传染病房、非传染病房污水分别收集，特殊性质污水（指医院检验、分析、治疗过程产生的少量特殊性质污水，主要包括酸性污水、含氰污水、含重金属污水、洗印污水、放射性污水等）单独收集，经预处理后与医院污水合并处理，不得将特殊性质污水随意排入下水道。

第 3 款根据行业标准《科研建筑设计标准》JGJ 91—2019 规定，实验室含有害和有毒物质的污水应与生活污水及其他废水废液分开排水；对较纯的溶剂废液或贵重的试剂宜经技术经济比较合理时回收利用；对放射性同位素实验室应将长衰减期与短衰减期的废水分流处理。

第 4 款为新增加的内容，建筑内的应急防疫隔离区及设在基层的医疗卫生机构的排水应与主体建筑的排水系统分开设置，单独排出，以便于应急防疫时对排水进行消毒处理。

【实施与检查控制】

从事工程建设的各相关责任主体，如勘察单位、设计单位、施工图审查单位、施工单位、材料供应单位、监理与质检单位等应依据《规范》和相关技术标准的要求进行工程建设活动。

检查设计文件，查看给水排水设计说明、排水系统图、排水平面图等文件中的单独排水管道系统设置是否满足《规范》和相关技术标准的要求。

4.3.2 室内生活排水系统不得向室内散发浊气或臭气等有害气体。

【编制说明】

本条对室内生活排水系统的卫生安全性能作了规定，系借鉴国外法规、规范和标准改编而成。室内生活排水管道系统应有防止排水管道内污浊气体进入室内的措施，严禁有害气体通过卫生器具和地漏的排水口进入室内，卫生器具及地漏的水封是基本要求，同时还要保证排水管道系统内的气体压力的均衡，防止管道系统顶部产生负压、底部产生正压，破坏水封，使有害气体进入室内。

【现行规范（标准）的相关规定】

（1）《澳大利亚建筑技术法规》（2015年版）PART C2 生活排水系统性能需求

CP2.1 生活排水系统

在建筑中应包括生活排水系统，其设计及安装应符合以下要求：

（b）应避免系统发生阻塞和泄漏的现象；

（g）应避免系统中的污水、浊气及臭气泄漏至建筑内。

（2）《英国建筑条例》（2010年版）排水与废水处理 H1. 污水排水性能

C 工作条件下，防止排水系统浊气进入建筑。

【《规范》编制时的修改】

为与国外法规、规范和标准接轨，提升本标准技术水平，对《澳大利亚建筑技术法规》（2015年版）和《英国建筑条例》（2010年版）中相关条文内容进行修改后编入本条。

【实施与检查控制】

从事工程建设的各相关责任主体，如勘察单位、设计单位、施工图审查单位、施工单位、材料供应单位、监理与质检单位等应依据《规范》和相关技术标准的要求进行工程建设活动。

检查设计文件，查看给水排水设计说明、排水系统图等文件中的室内生活排水系统的卫生安全性能是否满足《规范》和相关技术标准的要求。

4.3.3 生活排水系统应具有足够的排水能力，并应迅速及时地排除各卫生器具及地漏的污水和废水。

【编制说明】

本条对生活排水系统的排水能力作了规定。系借鉴国外法规、规范和标准改编而成。生活排水系统最基本的功能，就是将产生的生活污废水迅速、及时、有效地排至室外水管和市政排水系统。这是保障人们正常生活的需要，也是卫生器具正常使用的基本要求。管道系统的设计流量应满足排放卫生器具的流量要求。

【现行规范（标准）的相关规定】

（1）《澳大利亚建筑技术法规》（2015年版）PART C2 生活排水系统性能需求

CP2.1 生活排水系统

在建筑中应包括生活排水系统，其设计及安装应符合以下要求：

（a）能够输送来自卫生器具的污废水至被认可的处理系统，同时不能产生过大的噪声。

（2）《英国建筑条例》（2010年版）排水与废水处理 H1. 污水排水规定简介

0.1 系统宜具有足够的传输能力，能够传输任意位置的预期流量。

【《规范》编制时的修改】

为与国外法规、规范和标准接轨，提升本标准技术水平，对《澳大利亚建筑技术法规》（2015年版）和《英国建筑条例》（2010年版）中相关条文内容进行修改后编入本条。

【实施与检查控制】

从事工程建设的各相关责任主体，如勘察单位、设计单位、施工图审查单位、施工单位、材料供应单位、监理与质检单位等应依据《规范》和相关技术标准的要求进行工程建设活动。

检查设计文件，查看给水排水设计说明、图纸等文件中的生活排水系统的排水能力是否满足《规范》和相关技术标准的要求。

4.3.4 通气管道不得接纳器具污水、废水，不得与风道和烟道连接。

【编制说明】

本条对通气管道连接方式作了规定。通气管道接纳任何水流或气流会破坏通气管道内气流组织，使通气管丧失平衡污废水管道内正负气压的功能，造成卫生器具及地漏的水封破坏，给生活排水管系统的卫生安全带来隐患。

【现行规范（标准）的相关规定】

国家标准《建筑给水排水设计标准》GB 50015—2019

4.7.6 通气立管不得接纳器具污水、废水和雨水，不得与风道和烟道连接。

【《规范》编制时的修改】

本条系由国家标准《建筑给水排水设计标准》GB 50015—2019 第4.7.6条改编而成。根据《规范》要素指标的编写规定，为了满足系统安全、人居环境安全方面的控制性底线要求，将非强制性条文内容进行修改后编入本条。

【实施与检查控制】

从事工程建设的各相关责任主体，如勘察单位、设计单位、施工图审查单位、施工单位、材料供应单位、监理与质检单位等应依据《规范》和相关技术标准的要求进行工程建设活动。

检查设计文件，查看给水排水设计说明、排水系统图、排水平面图等文件中的通气管道连接方式是否满足《规范》和相关技术标准的要求。

4.3.5 设有淋浴器和洗衣机的部位应设置地面排水设施。

【编制说明】

本条对地面排水设施设置部位作了规定。设有淋浴器和洗衣机需从地面排水的场所需设置地面排水设施，以便及时、迅速地排走地面积水。对于住宅建筑采用的上排水洗衣机不采用地面排水方式的可不设置地面排水设施。

【现行规范（标准）的相关规定】

国家标准《住宅建筑规范》GB 50368—2005

8.2.8 设有淋浴器和洗衣机的部位应设置地漏，其水封深度不得小于50mm。上排水的洗衣机可排入高于地面的排水管道，并应设存水弯。

本条系由国家标准《住宅建筑规范》GB 50368—2005 第8.2.8条（强制性条文）改编而成。因公建浴室淋浴器、洗衣房洗衣机部位一般会采用明沟排水，故将"地漏"改为"地面排水设施"。

【实施与检查控制】

从事工程建设的各相关责任主体，如勘察单位、设计单位、施工图审查单位、施工单位、材料供应单位、监理与质检单位等应依据《规范》和相关技术标准的要求进行工程建设活动。

检查设计文件，查看给水排水设计说明、给水排水平面图、卫生间大样图等文件中的地面排水设施设置部位是否满足《规范》和相关技术标准的要求。

4.3.6 排水管道不得穿越下列场所：

1 卧室、客房、病房和宿舍等人员居住的房间；

2 生活饮用水池（箱）上方；

3 食堂厨房和饮食业厨房的主副食操作、烹调、备餐、主副食库房的上方；

4 遇水会引起燃烧、爆炸的原料、产品和设备的上方。

【编制说明】

本条对排水管道穿越的场所作了规定。排水管道包括生活排水、排水通气管道和雨水管道。本条的目的是防止生活饮用水水质因排水管道渗漏、结露滴漏而受到污染。防止排水横管可能渗漏，或受厨房湿热空气影响，管外表易结露滴水，造成污染食品的安全卫生事故发生。防止排水管噪声对住宅的卧室、旅馆的客房、医院病房、宿舍等安静要求高的空间部位的环境影响。遇水燃烧物质系指凡是能与水发生剧烈反应放出可燃气体，同时放出大量热量，使可燃气体温度猛升到自燃点，从而引起燃烧爆炸的物质，都称为遇水燃烧物质。遇水燃烧物质按遇水或受潮后发生反应的强烈程度及其危害的大小，划分为两个级别。一级遇水燃烧物质，与水或酸反应时速度快，能放出大量的易燃气体，热量大，极易引起自燃或爆炸。如锂、钠、钾、铷、锶、铯、钡等金属及其氢化物等。二级遇水燃烧物质，与水或酸反应时的速度比较缓慢，放出的热量也比较少，产生的可燃气体，一般需要有水源接触，才能发生燃烧或爆炸。如金属钙、氢化铝、硼氢化钾、锌粉等。在实际生产、储存与使用中，将遇水燃烧物质都归为甲类火灾危险品。在储存危险品的仓库设计中，应避免将排水管道布置在上述危险品堆放区域的上方。

【现行规范（标准）的相关规定】

国家标准《建筑给水排水设计标准》GB 50015—2019

4.4.2 排水管道不得穿越下列场所：

1 卧室、客房、病房和宿舍等人员居住的房间；

2 生活饮用水池（箱）上方；

3 遇水会引起燃烧、爆炸的原料、产品和设备的上面；

4 食堂厨房和饮食业厨房的主副食操作、烹调和备餐的上方。

【《规范》编制时的修改】

本条系由国家标准《建筑给水排水设计标准》GB 50015—2019 第 4.4.2 条（强制性条文）改编而成。第 4 款增加"主副食库房"，原条文中"上面"均统一为"上方"。本条排水管道包括生活排水、通气管道和雨水管道。

第 1 款防止排水管噪声对住宅的卧室、旅馆的客房、医院病房、宿舍等安静要求高的空间部位的环境影响，改善人居环境。

第 2 款规定目的是防止生活饮用水水质因生活排水管道渗漏、结露滴漏而受到污染。

第 3 款针对排水横管可能渗漏和受厨房湿热空气影响，管外表易结露滴水，造成污染食品的安全卫生事故。因此，在设计方案阶段就应该与建筑专业协调避免上层用水器具、设备机房布置在厨房间的主副食操作、烹调、备餐、主副食库房的上方。

第 4 款遇水燃烧物质系指凡是能与水发生剧烈反应放出可燃气体，同时放出大量热量，使可燃气体温度猛升到自燃点，从而引起燃烧爆炸的物质，都称为遇水燃烧物质。本条规定的"上方"是正投影的上方。

【实施与检查控制】

从事工程建设的各相关责任主体，如勘察单位、设计单位、施工图审查单位、施工单位、材料供应单位、监理与质检单位等应依据《规范》和相关技术标准的要求进行工程建设活动。

检查设计文件，查看给水排水设计说明、给水排水平面图等文件中的排水管道穿越的场所是否满足《规范》和相关技术标准的要求。

4.3.7 地下室、半地下室中的卫生器具和地漏不得与上部排水管道连接，应采用压力排水系统，并应保证污水、废水安全可靠的排出。

【编制说明】

本条对地下室、半地下室中的卫生器具和地漏的排水方式作了规定。本条规定的目的是防止室外管道满流或堵塞时，污废水倒灌进入地下室、半地下室内，污染环境。地下室、半地下室的污废水不应与上部排水管道连接，应采用排水泵压力排出污水、废水，但也要采取相应的安全保证措施。不应造成污水、废水淹没地下室、半地下室的事故，压力排水出水管上应设置止回阀，或排水横干管的局部高度高于室外地坪。

【现行规范（标准）的相关规定】

国家标准《城镇给水排水技术规范》GB 50788—2012

4.2.3 地下室、半地下室中的卫生器具和地漏不得与上部排水管道连接，应采用压力排水系统，并应保证污水、废水安全可靠的排出。

【《规范》编制时的修改】

本条系由国家规范《城镇给水排水技术规范》GB 50788—

2012 第 4.2.3 条（强制性条文）直接引用而成。本条规定当地下室、半地下室的污废水不能采用重力流排水时要单独设置，不应与上部排水管道连接，目的是防止室外管道满流或堵塞时，污废水倒灌进入室内，污染环境，建筑物内采用排水泵压力排出污水、废水时，一定要采取相应的安全保证措施，不应因此造成污水、废水淹没地下室、半地下室的事故。

【实施与检查控制】

从事工程建设的各相关责任主体，如勘察单位、设计单位、施工图审查单位、施工单位、材料供应单位、监理与质检单位等应依据《规范》和相关技术标准的要求进行工程建设活动。

检查设计文件，查看给水排水设计说明、排水系统图等文件中的地下室、半地下室中的卫生器具和地漏的排水方式是否满足《规范》和相关技术标准的要求。

4.4 生活排水设备与构筑物

4.4.1 当建筑物室内地面低于室外地面时，应设置排水集水池、排水泵或成品排水提升装置排除生活排水，应保证污水、废水安全可靠的排出。

【编制说明】

本条对建筑物室内生活排水提升装置的设置作了规定。一些住宅楼地下室或半地下室生活排水虽能自流排出，但存在雨水倒灌可能时，应设置排水提升装置。对于山地或室外地坪标高落差大，只有一侧室外地面高于室内地面的建筑物，可根据排出管具体情况确定是否设置污水提升装置。公共建筑在地下室设置污水集水池，一般分散设置，故应在每个污水集水池设置提升泵或成品污水提升装置，污水泵的流量、扬程满足要求。

【现行规范（标准）的相关规定】

国家标准《建筑给水排水设计标准》GB 50015—2019

4.8.1 建筑物室内地面低于室外地面时，应设置污水集水池、污水泵或成品污水提升装置。

本条系由国家标准《建筑给水排水设计标准》GB 50015—2019 第 4.8.1 条改编而成。根据《规范》要素指标的编写规定，为了满足系统安全、人居环境安全方面的控制性底线要求，将非强制性条文内容进行修改后编入本条。将"污水"改为"排水"，以体现对生活排水中的污水和废水的全覆盖，并增加"应保证污水、废水安全可靠的排出"的要求。

对于山城而言，会出现建筑物地下室地面高于室外地面，生活排水完全能自流排出。所以设置排水集水池、排水泵的条件以室内外地面标高为判别标准而不是以地下室或半地下室为判别标准。公共建筑在地下室一般分散设置排水集水池，故应在每个排水集水池设置排水提升泵或成品污水提升装置。成品污水提升装置应符合行业标准《污水提升装置技术条件》CJ/T 380—2011的要求。

【实施与检查控制】

从事工程建设的各相关责任主体，如勘察单位、设计单位、施工图审查单位、施工单位、材料供应单位、监理与质检单位等应依据《规范》和相关技术标准的要求进行工程建设活动。

检查设计文件，查看给水排水设计说明、给水排水平面图、排水系统图等文件中的建筑物室内生活排水提升装置的设置是否满足《规范》和相关技术标准的要求。

4.4.2 当生活污水集水池设置在室内地下室时，池盖应密封，且应设通气管。

【编制说明】

本条对室内地下室生活污水集水池的设置作了规定。为避免生活污水集水池臭味影响地下室环境，故池盖应密封，可防止排水系统浊气进入建筑内，且应设通气管。通气管道系统可与建筑物内生活排水系统的通气管相连，将有害气体排放至屋面以上大气中。成品污水提升装置的集水装置也应密闭和设置通气管。

【现行规范（标准）的相关规定】

国家标准《建筑给水排水设计标准》GB 50015—2019

4.8.3 当生活污水集水池设置在室内地下室时，池盖应密封，且应设置在独立设备间内并设通风、通气管道系统。成品污水提升装置可设置在卫生间或敞开空间内，地面宜考虑排水设施。

【《规范》编制时的修改】

本条系由国家标准《建筑给水排水设计标准》GB 50015—2019 第4.8.3条改编而成。根据《规范》要素指标的编写规定，为了满足系统安全、人居环境安全方面的控制性底线要求，将非强制性条文内容进行修改后编入本条。是否设置独立设备间和通风不是造成环境污染主要关键因素，不是控制性底线要求，故本条将"应设置在独立设备间内并设通风"删除。

【实施与检查控制】

从事工程建设的各相关责任主体，如勘察单位、设计单位、施工图审查单位、施工单位、材料供应单位、监理与质检单位等应依据《规范》和相关技术标准的要求进行工程建设活动。

检查设计文件，查看给水排水设计说明、给水排水平面图、集水池大样图等文件中的室内地下室生活污水集水池的设置是否满足《规范》和相关技术标准的要求。

4.4.3 化粪池应设通气管，通气管排出口设置位置应满足安全、环保要求。

【编制说明】

本条对化粪池通气管的设置作了规定。污水在化粪池厌氧处理过程中有机物分解产生甲烷气体，聚集在池内上部空间，甲烷浓度为5%～15%时，一旦遇明火即刻发生爆炸。化粪池爆炸导致成人儿童伤亡的事故几乎每年发生。化粪池设通气管，将聚集的甲烷气体引向大气中散发，是降低甲烷浓度的有效方法。化粪池的通气管道系统可与建筑物内生活排水系统的通气管相连，也可单独引至屋顶，将有害气体排放至屋面以上大气中。

【现行规范（标准）的相关规定】

国家标准《建筑给水排水设计标准》GB 50015—2019

4.10.14 化粪池的设置应符合下列规定：

1 化粪池宜设置在接户管的下游端，便于机动车清掏的位置；

2 化粪池池外壁距建筑物外墙不宜小于5m，并不得影响建筑物基础；

3 化粪池应设通气管，通气管排出口设置位置应满足安全、环保要求。

【《规范》编制时的修改】

本条系由国家标准《建筑给水排水设计标准》GB 50015—2019第4.10.14条改编而成。根据《规范》要素指标的编写规定，为了满足人身安全方面的控制性底线要求，将非强制性条文内容引入本条。

通气管排出口应设在人员稀少的地方或远离明火的安全地方。

【实施与检查控制】

从事工程建设的各相关责任主体，如勘察单位、设计单位、施工图审查单位、施工单位、材料供应单位、监理与质检单位等应依据《规范》和相关技术标准的要求进行工程建设活动。

检查设计文件，查看给水排水设计说明、给水排水平面图、给水排水总图等文件中的化粪池通气管的设置是否满足《规范》和相关技术标准的要求。

4.4.4 下列构筑物和设备的排水管与生活排水管道系统应采取间接排水的方式：

1 生活饮用水贮水箱（池）的泄水管和溢流管；

2 开水器、热水器排水；

3 非传染病医疗灭菌消毒设备的排水；

4 传染病医疗消毒设备的排水应单独收集、处理；

5 蒸发式冷却器、空调设备冷凝水的排水；

6 贮存食品或饮料的冷藏库房的地面排水和冷风机溶霜水盘的排水。

【编制说明】

本条对构筑物和设备的排水管与生活排水管道系统的连接方式作了规定。本条参阅美国、日本规范并结合我国国情的要求对采取间接排水的设备或容器作了规定。所谓间接排水，即用水设备或容器排出管与排水管道不得直接连接，这样用水设备或容器与排水管道系统保持有一段空气间隙，在排水管道存水弯水封可能被破坏的情况下也不至于用水设备或容器与排水管道相连通，而使污浊气体进入用水设备或容器。采取这类安全卫生措施，主要针对贮存饮用水、饮料和食品等卫生要求高的用水设备或容器的排水。空调设备冷凝水排水虽可排至雨水系统，但雨水系统也存在有害气体和臭气或发生倒灌，故蒸发式冷却器、空调设备冷凝水应间接排水。

【现行规范（标准）的相关规定】

国家标准《建筑给水排水设计标准》GB 50015—2019

4.4.12 下列构筑物和设备的排水管与生活排水管道系统应采取间接排水的方式：

1 生活饮用水贮水箱（池）的泄水管和溢流管；

2 开水器、热水器排水；

3 医疗灭菌消毒设备的排水；

4 蒸发式冷却器、空调设备冷凝水的排水；

5 贮存食品或饮料的冷藏库房的地面排水和冷风机溶霜水盘的排水。

【《规范》编制时的修改】

本条系由国家标准《建筑给水排水设计标准》GB 50015—2019 第 4.4.12 条（强制性条文）改编而成。本条第 1、2、5、6 款由原条文直接引入，第 3 款将"医疗灭菌消毒设备"改为"非传染病医疗灭菌消毒设备"，第 4 款为新增内容。

本条第 1、2、3、5、6 款所列设备和容器的卫生要求高，与人们健康安全密切相关，其排水必须采取间接排水的方式。传染病医疗消毒设备的排水中存在各种细菌和病毒，为确保人身健康和环境安全，其排水应单独收集、处理。

【实施与检查控制】

从事工程建设的各相关责任主体，如勘察单位、设计单位、施工图审查单位、施工单位、材料供应单位、监理与质检单位等应依据《规范》和相关技术标准的要求进行工程建设活动。

检查设计文件，查看给水排水设计说明、给水排水平面图、设备、设施大样图等文件中的构筑物和设备的排水管与生活排水管道系统的连接方式是否满足《规范》和相关技术标准的要求。

4.4.5 生活排水泵应设置备用泵，每台水泵出水管道上应采取防倒流措施。

【编制说明】

本条对生活排水泵的设置作了规定。水泵机组运转一定时间后应进行检修，一是避免发生运行故障，二是易损零件及时更换，为了不影响建筑生活排水，应设一台备用机组。对于住宅地下室水表间的集水坑等积水不严重场所，集水坑备用泵可不安装到位，可采用移动式泵作为备用泵。对于地下车库多个集水坑有明沟串连的可不设备用泵，各坑的工作泵可互为备用泵。每个水泵出水管上须设防倒流装置，以避免室外污水倒灌，污染室内环境。

【现行规范（标准）的相关规定】

（1）国家标准《城镇给水排水技术规范》GB 50788—2012

4.4.6 污水泵站和合流污水泵站应设置备用泵。

（2）国家标准《建筑给水排水设计标准》GB 50015—2019

4.8.6 建筑物地下室生活排水泵的设置应符合下列规定：

1 生活排水集水池中排水泵应设置一台备用泵；

2 当采用污水提升装置时，应根据使用情况选用单泵或双泵污水提升装置；

3 地下室、车库冲洗地面的排水，当有2台及2台以上排水泵时，可不设备用泵；

4 地下室设备机房的集水池当接纳设备排水、水箱排水、事故溢水时，根据排水量除应设置工作泵外，还应设置备用泵。

4.8.9 污水泵宜设置排水管单独排至室外，排出管的横管段应有坡度坡向出口，应在每台水泵出水管上装设阀门和污水专用止回阀。

【《规范》编制时的修改】

本条系由国家标准《城镇给水排水技术规范》GB 50788—2012第4.4.6条（强制性条文）等改编而成。

【实施与检查控制】

从事工程建设的各相关责任主体，如勘察单位、设计单位、施工图审查单位、施工单位、材料供应单位、监理与质检单位等应依据《规范》和相关技术标准的要求进行工程建设活动。

检查设计文件，查看给水排水设计说明、设备材料表、图纸等文件中的生活排水泵的设置是否满足《规范》和相关技术标准的要求。

4.4.6 公共餐饮厨房含有油脂的废水应单独排至隔油设施，室内的隔油设施应设置通气管道。

【编制说明】

本条对公共餐饮厨房含有油脂废水排放作了规定。公共食堂、饮食业的食用油脂的污水排入下水道时，随着水温下降，污水挟带的油脂颗粒便开始凝固，并附着在管壁上，逐渐缩小管道断面，最后完全堵塞管道。设置除油装置是十分必要的。

【现行规范（标准）的相关规定】

国家标准《建筑给水排水设计标准》GB 50015—2019

4.9.1 职工食堂和营业餐厅的含油脂污水，应经除油装置后方许排入室外污水管道。

4.9.2 隔油设施应优先选用成品隔油装置，并应符合下列规定：

1 成品隔油装置应符合现行行业标准《餐饮废水隔油器》CJ/T295、《隔油提升一体化设备》CJ/T 410 的规定；

2 按照排水设计秒流量选用隔油装置的处理水量；

3 含油废水水温及环境温度不得小于 5℃；

4 当仅设一套隔油器时应设置超越管，超越管管径应与进水管管径相同；

5 隔油器的通气管应单独接至室外；

6 隔油器设置在设备间时，设备间应有通风排气装置，且换气次数不宜小于 8 次/h；

7 隔油设备间应设冲洗水嘴和地面排水设施。

【《规范》编制时的修改】

本条系由国家标准《建筑给水排水设计标准》GB 50015—2019 第 4.9.1 条、第 4.9.2 条改编而成。根据《规范》要素指标的编写规定，为了满足系统安全、人居环境安全方面的控制性底线要求，将非强制性条文内容进行修改后编入本条。

公共餐饮厨房含有油脂废水中有大量油脂和颗粒物，如果不经处理直接排入小区或市政污水管网，随着水温下降，污水挟带的油脂颗粒便开始凝固，并附着在管壁上，逐渐缩小管道断面，导致排水不畅甚至堵塞。为确保排水安全运行，公共餐饮厨房含有油脂的废水应单独排至隔油设施，经隔油处理后排放。室内的隔油设施设置通气管道，将隔油设施中的有害气体排放至屋面以上大气中，确保隔油装置运行和室内环境安全。

【实施与检查控制】

从事工程建设的各相关责任主体，如勘察单位、设计单位、施工图审查单位、施工单位、材料供应单位、监理与质检单位等应依据《规范》和相关技术标准的要求进行工程建设活动。

检查设计文件，查看给水排水设计说明、给水排水平面图、排水系统图等文件中的公共餐饮厨房含有油脂废水排放是否满足《规范》和相关技术标准的要求。

4.4.7 化粪池与地下取水构筑物的净距不得小于30m。

【编制说明】

本条对化粪池与地下取水构筑物的净距作了规定。以地下水为水源的一般是远离城市的厂矿企业、农村、村镇，不在城市生活饮用水管网供水范围，且渗水厕所、渗水坑、粪坑、垃圾堆和废渣堆等普遍存在。化粪池一般采用砖或混凝土模块砌筑，水泥砂浆抹面，防渗性差，对于地下水取水构筑物而言亦属于污染源。

【现行规范（标准）的相关规定】

国家标准《建筑给水排水设计标准》GB 50015—2019

4.10.13 化粪池与地下取水构筑物的净距不得小于30m。

【《规范》编制时的修改】

本条系由国家标准《建筑给水排水设计标准》GB 50015—2019第4.10.13条（强制性条文）直接引用而成。国家标准《建筑给水排水设计标准》GB 50015—2019第4.10.13条是根据原国家标准《生活饮用水卫生标准》GB 5749-1985二次供水的规定"以地下水为水源时，水井周围30m的范围内，不得设置渗水厕所、渗水坑、粪坑、垃圾堆和废渣堆等污染源"制定的。在《生活饮用水卫生标准》GB 5749—2006版修订时此内容纳入《生活饮用水集中式供水单位卫生规范》第二十六条规定："集中式供水单位应划定生产区的范围。生产区外围30m范围内应保持良好的卫生状况，不得设置生活居住区，不得修建渗水厕所和渗水坑，不得堆放垃圾、粪便、废渣和铺设污水渠道"。化粪池一般采用砖或混凝土模块砌筑，水泥砂浆抹面，防渗性差，对于地下水取水构筑物而言亦属于污染源，其与地下取水构筑物安全防护距离参照上述规定，二者净距取30m。

【实施与检查控制】

从事工程建设的各相关责任主体，如勘察单位、设计单位、施工图审查单位、施工单位、材料供应单位、监理与质检单位等应依据《规范》和相关技术标准的要求进行工程建设活动。

检查设计文件，查看给水排水设计说明、给水排水平面图、给水排水总平面图纸等文件中的化粪池与地下取水构筑物的净距是否满足《规范》和相关技术标准的要求。

4.5 雨 水 系 统

4.5.1 屋面雨水应有组织排放。

【编制说明】

本条规定了建筑屋面应具备排除雨水的性能及其排水形式。为使屋面雨水得以排放，且有序排放，屋面应设置雨水排水系统。高层建筑的雨水排水系统应含有雨水管道和雨水斗或承雨斗。

【现行规范（标准）的相关规定】

（1）国家标准《建筑屋面雨水排水系统技术规程》CJJ 142—2014

3.1.1 建筑屋面雨水排水系统应将屋面雨水排至室外非下沉地面或雨水管渠，当设有雨水利用系统的蓄存池（箱）时，可排到蓄存池（箱）内。

（2）国家标准《建筑给水排水设计标准》GB 50015—2019

5.1.1 屋面雨水排水系统应迅速、及时地将屋面雨水排至室外地面或雨水控制利用设施和管道系统。

（3）《澳大利亚建筑技术法规》(2015 年版)

DP1.2 在建筑中应包括屋面雨水排水系统。

DP1.4 （a）应保证屋面雨水能被输送至雨水井；

（e）应避免屋面雨水出现无序排放。

【《规范》编制时的修改】

本条系由行业标准《建筑屋面雨水排水系统技术规程》CJJ 142—2014 第 3.1.1 条（非强制性条文）、国家标准《建筑给水排水设计标准》GB 50015—2019 第 5.1.1 条（非强制性条文）、国外标准《澳大利亚建筑技术法规》（2015 年版）DP1.2 及 DP1.4 条改编而成。

把澳洲标准中"避免屋面雨水出现无序排放"用"屋面雨水有组织排放"等同表示，实现与澳洲标准对接。

澳洲标准中的"输送至雨水井"不采纳。传统的屋面雨水系统排至室外地面或雨水检查井，近年又倡导排至雨水控制利用设施。因此，不采纳澳洲标准中的输送至雨水井，并且对雨水去向不作规定。

【实施与检查控制】

为使屋面雨水得以有组织排放，屋面需要设置雨水排水系统。有组织的排水可以有多种形式。高层公共建筑的雨水排水系统含有雨水管道和雨水斗或承雨斗。面积不大的低矮建筑，有组织排水可以不设置排水管道，结合建筑外立面的形式或装饰造型等来实现。

检查给水排水专业或者建筑专业雨水系统的设计说明和图纸。室内没有雨水管道的外排水系统应在建筑专业图纸上绘制。

4.5.2 屋面雨水排除、溢流设施的设置和排水能力不得影响屋面结构、墙体及人员安全，且应符合下列规定：

1 屋面雨水排水系统应保证及时排除设计重现期的雨水量，且在超过设计重现期雨水状况时溢流设施应能安全可靠运行；

2 屋面雨水排水系统的设计重现期应根据建筑物的重要程度、系统要求以及出现水患可能造成的财产损失或建筑损害的严重级别来确定。

【编制说明】

本条规定了屋面雨水排水系统和溢流设施应具备排除屋面暴雨径流及超标暴雨径流的功能及能力，并规定屋面排水系统在超标暴雨状态时仍安全可靠。近些年，有些屋面雨水排水系统在超设计重现期暴雨天气时，管道排水流态转化为非重力流，管道漏水、吸瘪、接口拉脱等，造成雨水排水系统瘫痪或室内水患事故，影响建筑的安全运行。暴雨设计重现期及超标暴雨重现期影响建筑及其活动场所的安全程度和屋面雨水系统的经济性。

【现行规范（标准）的相关规定】

（1）国家标准《城镇给水排水技术规范》GB 50788—2012

4.2.7 建筑屋面雨水排除、溢流设施的设置和排水能力不得影响屋面结构、墙体及人员安全，并应保证及时排除设计重现期的雨水量。

（2）国家标准《建筑给水排水设计标准》GB 50015—2019

5.2.4 屋面雨水排水管道工程设计重现期应根据建筑物的重要程度、气象特征等因素确定。

（3）行业标准《建筑屋面雨水排水系统技术规程》CJJ 142—2014

3.1.2 建筑屋面雨水积水深度应控制在允许的负荷水深之内，50年设计重现期降雨时屋面积水不得超过允许的负荷水深。

3.3.5 建筑屋面雨水系统的设计重现期应根据建筑物的重要性、汇水区域性质、气象特征、溢流造成的危害程度等因素确定。

（4）《澳大利亚建筑技术法规》（2015年版）

DP1.1 暴雨的重现期根据建筑物的重要程度以及此系统失灵时所造成的财产损失、居住舒适度的降低、疾病或建筑损害的严重级别来确定。

DP1.2 当遇到特大暴雨天气时，屋面排水系统可通过安装和运行屋面溢流设施或相适应的措施来排除屋面的降水。

【《规范》编制时的修改】

本条系由国家标准《城镇给水排水技术规范》GB 50788—2012第4.2.7条（强制性条文）、行业标准《建筑屋面雨水排水系统技术规程》CJJ 142—2014第3.1.2条（强制性条文）及其第3.3.5条（非强制性条文）、《澳大利亚建筑技术法规》（2015年版）DP1.1及DP1.2等改编而成。

"50年设计重现期"改为本条第2款表述，可更全面地考虑各相关因素的影响，借鉴澳洲标准及国内现行标准的非强制性条款，"建筑屋面雨水积水深度应控制在允许的负荷水深之内，50年设计重现期降雨时屋面积水不得超过允许的负荷水深"改为"不得影响屋面结构……安全"及本条第1款表达。

【实施与检查控制】

屋面雨水当采用雨水管道系统排除时，应选用半有压雨水系统、虹吸式雨水系统、重力流雨水系统中的一种。采用虹吸式雨水系统时，应设置屋面溢流口或溢流管道系统，且溢流水位应低于结构专业允许的积水深度；采用重力流系统时，应确保超过系统重力流态的雨水不进入系统，由溢流口排放，不得使系统的流态发生转化；采用半有压系统时，系统设置应有应对流体压力的措施，确保超设计重现期雨水进入系统后仍能正常运行，不被破坏。在设计降雨重现期内，屋面雨水排水系统应能正常运行发挥排水作用，在超设计重现期降雨天气时，该系统仍应能正常运行。

检查给水排水专业设计说明和图纸。虹吸式系统的溢流口设在建筑专业图纸时，水专业图纸需要有详细说明或交代。半有压系统重点检查其管材应具有抗负压性能。重力流系统重点检查所用雨水斗的水力特性曲线，在屋面溢流水位高度（一般150mm～200mm）范围内，雨水斗的出水应一直保持重力流态，不得转入半有压或满管流，以免出现管道吸瘪、接口拉脱等情况。

4.5.3 屋面雨水收集或排水系统应独立设置，严禁与建筑生活污水、废水排水连接。严禁在民用建筑室内设置敞开式检查口或检查井。

【编制说明】

本条的规定措施可实现屋面雨水排水系统避免向室内泄漏雨水和避免向室内泄漏臭气及浊气的性能要求。

【现行规范（标准）的相关规定】

（1）行业标准《建筑屋面雨水排水系统技术规程》CJJ 142—2014

3.1.9 建筑屋面雨水排水系统应独立设置。

3.4.5 民用建筑雨水内排水应采用密闭系统，不得在建筑内或阳台上开口，且不得在室内设非密闭检查井。

（2）《澳大利亚建筑技术法规》(2015年版)

DP1.4 （b）应避免系统发生阻塞和泄漏的现象，从而降低建筑的舒适性；

（c）应避免在屋面排水系统中出现臭气和浊气聚集的现象。

【《规范》编制时的修改】

本条系由行业标准《建筑屋面雨水排水系统技术规程》CJJ 142—2014第3.1.9条（强制性条文）、第3.4.5条（强制性条文）和《澳大利亚建筑技术法规》（2015年版）DP1.4条改编而成。

"雨水排水"改为"雨水收集或排水"，建筑与小区的雨水排除传统观念现在已转变为雨水控制及利用观念，屋面雨水排水系统转变为雨水排水和收集系统。"民用建筑雨水内排水应采用密闭系统"改为屋面雨水系统"严禁与建筑生活污水、废水排水连接"，建筑内的生活污水及废水、阳台雨水地漏接入屋面雨水系统会破坏其密闭性。修改后密闭系统的涵义更明确，且可不再局限于民用建筑。屋面雨水若和生活排水系统连接，一方面会通过存水弯向室内泄漏雨水或破坏水封，另一方面生活排水会进入雨水收集系统乃至雨水控制利用设施，污染雨水。民用建筑"不得在室内设非密闭检查井"改为"严禁在民用建筑室内设置敞开式检查口或检查井"，"非密闭检查井"容易产生误解，因此进行修改。雨水管道上若设置敞开式检查口或检查井，大雨时会向室内冒雨水。

【实施与检查控制】

设计文件及竣工图应含屋面雨水排水系统的图纸及设计说明。这些实现雨水系统密闭的措施，设计单位和施工安装单位都应执行。

检查设计图纸与竣工图。查看屋面雨水系统图的立管是否有生活污水管、生活废水管接入；查看埋地排出管上是否设置有敞开式检查口或检查井，敞开式指管道在检查井内断开或开口。

4.5.4 阳台雨水不应与屋面雨水共用排水立管。当阳台雨水和阳台生活排水设施共用排水立管时，不得排入室外雨水管道。

【编制说明】

本条的规定可实现避免屋面雨水向阳台泄漏，避免阳台洗衣机排水进入室外雨水系统污染环境等性能要求。

【现行规范（标准）的相关规定】

（1）行业标准《建筑屋面雨水排水系统技术规程》CJJ 142—2014

3.4.5 民用建筑雨水内排水应采用密闭系统，不得在建筑内或阳台上开口，且不得在室内设非密闭检查井。

（2）国家标准《建筑给水排水设计标准》GB 50015—2019

5.2.24 阳台、露台雨水系统设置应符合下列规定：

1 高层建筑阳台、露台雨水系统应单独设置；

2 多层建筑阳台、露台雨水宜单独设置；

3 阳台雨水的立管可设置在阳台内部；

4 当住宅阳台、露台雨水排入室外地面或雨水控制利用设施时，雨落水管应采取断接方式；当阳台、露台雨水排入小区污水管道时，应设水封井；

5 当屋面雨落水管雨水间接排水且阳台排水有防返溢的技术措施时，阳台雨水可接入屋面雨落水管；

6 当生活阳台设有生活排水设备及地漏时，应设专用排水立管管接入污水排水系统，可不另设阳台雨水排水地漏。

（3）《澳大利亚建筑技术法规》(2015年版)

DP1.4 （b） 应避免系统发生阻塞和泄漏的现象，从而降低建筑的舒适性；

（c） 应避免在屋面排水系统中出现臭气和浊气聚集的现象。

【《规范》编制时的修改】

本条系由行业标准《建筑屋面雨水排水系统技术规程》CJJ 142—2014 第 3.4.5 条（强制性条文）、国外标准《澳大利亚建筑技术法规》(2015 年版) 第 DP1.4 条、国家标准《建筑给水排水设计标准》GB 50015—2019 第 5.2.24 条等标准改编而成。

本条第一句由强制性条文"建筑屋面雨水排水系统应独立设置"和"民用建筑雨水内排水应采用密闭系统，不得在建筑内或阳台上开口"修改而成。本条第二句修改并上升为强制性条文。阳台的生活排水若进入室外雨水系统，将无法进行雨水的控制及利用或雨水的低影响开发建设。

【实施与检查控制】

阳台的雨水地漏不可接入屋面雨水排水管，避免屋面雨水从阳台地漏冒出涌入室内。屋面的雨水也不应排到阳台进入阳台雨水地漏的排水立管。

当阳台上的雨水地漏也承接洗衣机、拖布池等生活排水时，排水立管应接入室外污水管道。对于毛坯住宅，当阳台具有放置洗衣机或拖布池的空间尺寸时，雨水地漏的立管排水应接入室外污水管道，以备住户自行装修时在阳台上设置生活排水。

检查设计图纸与竣工图，查看阳台雨水的设计说明和系统图以及阳台雨水排出管的去向。

4.5.5 雨水斗与天沟、檐沟连接处应采取防水措施。

【编制说明】

本条规定了雨水斗与屋面连接的防水性能要求。

【现行规范（标准）的相关规定】

（1）《澳大利亚建筑技术法规》（2015 年版）

DP1.3 屋面雨水排水系统中所有的相关配件应具有防水性。

（2）行业标准《建筑屋面雨水排水系统技术规程》CJJ 142—2014

4.1.5 雨水斗与天沟、边沟连接处采取防水措施。

【《规范》编制时的修改】

本条系由《澳大利亚建筑技术法规》（2015 年版）DP1.3 条及行业标准《建筑屋面雨水排水系统技术规程》CJJ 142—2014 第4.1.5 条（非强制性条文）修改而成，把普通条款升级为强制性条文。屋面上的天沟和边沟作为屋面雨水系统的组成部分，和雨水斗的连接容易漏水。借鉴澳洲标准规定以及鉴于近些年经常在候机楼、候车厅、体育及展览场馆出现屋面漏雨事故，故把此普通条款上升为强制条文。

【实施与检查控制】

雨水斗和天沟、檐沟的连接做法，应有设计节点图，且其中含防水内容。

检查设计文件，查看是否有雨水斗安装节点图或者选用雨水斗安装标准图，且做法中是否有防水层做法。

4.5.6 屋面雨水排水系统的管道、附配件以及连接接口应能耐受屋面灌水高度产生的正压。雨水斗标高高于 250m 的屋面雨水系统，管道、附配件以及连接接口承压能力不应小于 2.5MPa。

【编制说明】

本条规定了雨水管道应有足够的承（水）压强度，以保障输送屋面雨水的功能以及建筑室内安全，避免漏水或水淹。高度超过 250m 的雨水管道系统，其承压能力限定在 2.5MPa，主要考虑以下因素：第一，管道被污物堵塞时积水高度如达到 250m，堵塞物会被该水压冲走或冲开；第二，雨水管道采用的给水排水配件，市场上能采购到的一般为 2.5MPa 公称压力及以内。

【现行规范（标准）的相关规定】

行业标准《建筑屋面雨水排水系统技术规程》CJJ 142—2014

3.4.17 设雨水斗的屋面雨水排水管道系统应能承受正压和负压，正压承受能力不应小于工程验收灌水高度产生的静水压力，塑料管的负压承受能力不应小于 80kPa。

3.4.18 建筑屋面雨水排水系统管材选用宜符合下列规定：

1 采用雨水斗的屋面雨水排水管道宜采用涂塑钢管、镀锌钢管、不锈钢管和承压塑料管，多层建筑外排水系统可采用排水铸铁管、非承压排水塑料管；

2 高度超过 250m 的雨水立管，雨水管材及配件承压能力可取 2.5MPa；

3 阳台雨水管道宜采用排水塑料管或排水铸铁管，檐沟排水管道和承雨斗排水管道可采用排水管材；

4 同一系统的管材和管件宜采用相同的材质。

【《规范》编制时的修改】

本条系由行业标准《建筑屋面雨水排水系统技术规程》CJJ

142—2014 第 3.4.17 条和第 3.4.18 条（均为非强制性条文）修改而成。将屋面雨水管道系统承受正压的要求合并成一条，并升级为强制性条文。

屋面雨水管道系统的承压能力不够会在建筑内产生水患，本条确保雨水系统的排水功能和安全性能。

【实施与检查控制】

灌水高度产生的正压以从雨水排出管出口至立管最高雨水斗之间的几何高差压力计算。管道、附配件以及连接接口承压能力以公称压力表征。当管材无公称压力指标时，应选择出确定的管材，例如镀锌的普通钢管、无缝钢管等。

检查设计文件和竣工图，查看设计说明或屋面雨水系统图中的管材及器件的选用。注意灌水高度从雨水排出管口到立管最顶端的高度；雨水斗标高高于 250m 时，灌水高度可不到立管最顶端，但不应小于 250m 的高度。

4.5.7 建筑高度超过 100m 的建筑的屋面雨水管道接入室外检查井时，检查井壁应有足够强度耐受雨水冲刷，井盖应能溢流雨水。

【编制说明】

本条规定了超高层建筑接入室外检查井的安全性要求以及确保不伤害行人。超高层建筑屋面雨水的势能很大，通过雨水管道流动到室外检查井时，除一部分能量消耗于流动过程中的水头损失外，其余势能全部转化为动能，对检查井壁形成很大的冲刷力，井壁的材料强度应能耐受这种冲刷力。此外，屋面雨水排水系统的设计重现期大于室外雨水管道的设计重现期，遇有大于室外雨水管道设计重现期的降雨时，屋面雨水排出管进入检查井的雨水流量大于室外检查井的出流量，超出的流量必然从检查井盖向地面溢流，井盖应能够溢流雨水，避免被雨水顶开伤害行人。

【现行规范（标准）的相关规定】

(1) 行业标准《建筑屋面雨水排水系统技术规程》CJJ

6.1.8 压力流系统排出管的雨水检查井宜采用钢筋混凝土检查井或消能井。检查井应能承受排出管水流的作用力，并宜采取排气措施。

（2）行业标准《旅馆建筑设计规范》JGJ 62—2014

6.1.7 旅馆建筑雨水系统应符合下列规定：

1 屋面雨水应设独立管道系统排除；

2 高层及超高层旅馆建筑的屋面雨水排水管接入室外雨水检查井时应采取消能措施。

【《规范》编制时的修改】

本条系由行业标准《建筑屋面雨水排水系统技术规程》CJJ 142—2014 第 6.1.8 条（非强制性条文）、《旅馆建筑设计规范》JGJ 62—2014 第 6.1.7 条改编而成。屋面雨水排出口的安全措施要求升级为强制性要求，范围限制在超高层建筑。

【实施与检查控制】

井盖溢流措施可采用格栅井盖。检查井防冲刷可采用混凝土材料制作井壁等。

检查建筑单体以及室外总图的设计说明、给水排水平面图及竣工图，查看屋面雨水排出管接入的检查井的井盖做法和井壁材料。

4.5.8 虹吸式雨水斗屋面雨水系统、87 型雨水斗屋面雨水系统和有超标雨水汇入的屋面雨水系统，其管道、附配件以及连接接口应能耐受系统在运行期间产生的负压。

【编制说明】

本条规定了最常用的两种屋面雨水管道系统应有足够的承负压强度，以保障输送屋面雨水的功能。

【现行规范（标准）的相关规定】

行业标准《建筑屋面雨水排水系统技术规程》CJJ 142—2014

3.4.17 设雨水斗的屋面雨水排水管道系统应能承受正压和负

压，正压承受能力不应小于工程验收灌水高度产生的静水压力，塑料管的负压承受能力不应小于 80kPa。

【《规范》编制时的修改】

本条系由行业标准《建筑屋面雨水排水系统技术规程》CJJ 142—2014 第 3.4.17 条（非强制性条文）改编、升级为强制性条文而成。

近些年有些屋面雨水系统在暴雨时塑料雨水管道被吸瘪，造成建筑内水患，威胁人们的正常生活；把"设雨水斗的屋面雨水排水管道系统"改为"虹吸式雨水斗屋面雨水系统、87 型雨水斗屋面雨水系统和有超标雨水汇入的屋面雨水系统"，国家现行标准中存在 3 种典型的屋面雨水排水系统：虹吸式系统（满管压力流）、87 斗系统（半有压）、重力流系统。虹吸式系统和 87 斗系统在设计重现期及超设计重现期降雨工况都处于非重力（无压）流态，存在明显负压；重力流系统按照无压流态设计，其中有些系统存在超设计重现期降雨汇入的现象，偏离重力流态，转入半有压甚至有压流态，形成不可忽视的负压。

【实施与检查控制】

本条的"超标雨水"指超设计重现期雨水。有超标雨水汇入的屋面雨水系统，必须考虑系统内负压的作用，应该按半有压系统设计，采取应对流体压力的设计措施，不可设计为重力（无压）流系统。

"有超标雨水汇入的屋面雨水系统"由如下方法判定：查看该系统雨水斗的水力特性曲线，在斗前水深 150mm～200mm（溢流口水位）所对应的雨水斗排水流量如果明显大于该斗的额定排水流量，即可判定为有超标雨水汇入。雨水斗的水力特性曲线应在符合雨水斗相关标准的试验台上试验得到，试验中雨水斗必须安装出水管，其垂直长度应不小于 3m，约为一层房屋的高度。

检查设计说明及屋面雨水系统图。查看所采用的系统形式以及选用的管材；检查塑料管的负压耐受指标，注意塑料管承受负压的指标不能用承受正压的指标替代；检查重力流系统所用雨水斗的水力性能。

4.5.9 塑料雨水排水管道不得布置在工业厂房的高温作业区。

【编制说明】

本条规定了雨水管道自身的安全性要求，以保障屋面雨水被输送至室外的功能。塑料管道在高温环境下其承压的能力会降低，管道产生变形等，本条是保障屋面雨水能被安全的输送至室外的功能要求。

【现行规范（标准）的相关规定】

行业标准《建筑屋面雨水排水系统技术规程》CJJ 142—2014

3.4.8 雨水管道敷设应符合下列规定：

1 不得敷设在遇水会引起燃烧、爆炸的原料、产品和设备的上面及住宅套内；

2 不得敷设在精密机械、设备、遇水会产生危害的产品及原料的上空，否则应采取预防措施；

3 不得敷设在对生产工艺或卫生有特殊要求的生产厂房内，以及食品和贵重商品仓库、通风小室、电气机房和电梯机房内；

4 不宜穿过沉降缝、伸缩缝、变形缝、烟道和风道，当雨水管道需穿过沉降缝、伸缩缝和变形缝时，应采取相应技术措施；

5 当埋地敷设时，不得布置在可能受重物压坏处或穿越生产设备基础；

6 塑料雨水排水管道不得布置在工业厂房的高温作业区。

【《规范》编制时的修改】

本条系由行业标准《建筑屋面雨水排水系统技术规程》CJJ 142—2014 第 3.4.8 条第 6 款（非强制性条文）升级而成，把普通条款升级为强制性条文。塑料雨水管道布置在高温作业区会变软及老化，损坏管道，危及系统功能及安全。

【实施与检查控制】

塑料雨水管道应躲避开高温作业区。当无法躲避时，可更换为金属管道。

检查设计说明及雨水管道布置图、竣工图，查看雨水管道的选材和平面图布置位置。

4.5.10 室外雨水口应设置在雨水控制利用设施末端，以溢流形式排放；超过雨水径流控制要求的降雨溢流排入市政雨水管渠。

【编制说明】

本条规定了室外雨水排水系统的雨水口设置应满足的功能要求。雨水口设置在雨水控制利用设施的末端，是充分发挥雨水控制利用设施的功能要求，在重现期内或年径流总量控制率内的雨水，通过海绵城市建设的源头减排设施，如下凹绿地、雨水花园、透水铺装等设施将其消纳。当超过其控制能力的雨水出现时，由设置在末端的雨水口排除，进入市政雨水管道。

【现行规范（标准）的相关规定】

（1）国家标准《建筑与小区雨水控制及利用工程技术规范》GB 50400—2016

5.4.1 排水系统应对雨水控制及利用设施的溢流雨水进行收集、排除。

（2）国家标准《建筑给水排水设计标准》GB 50015—2019

5.3.2 小区雨水口应设置在雨水控制利用设施末端，以溢流形式排放；超过雨水径流控制要求的降雨溢流进入市政雨水管渠。

【《规范》编制时的修改】

本条系由国家标准《建筑与小区雨水控制及利用工程技术规范》GB 50400—2016 第 5.4.1 条和《建筑给水排水设计标准》GB 50015—2019 第 5.3.2 条（均为非强制性条文）改编而成。

把普通条款升级为强制性条文，建筑小区中只向外排除溢流雨水，是雨水排除观念的重大转变。这也是保障小区雨水控制及利用设施发挥作用的重要措施，故设为强制性条文。规定排水雨水口设置在雨水控制利用设施末端，排水雨水口设置在雨水控制利用设施的末端才能实现对溢流雨水的收集排放。当超过其控制能力的雨水出现时，由设置在末端的雨水口排除，进入市政雨水管道。

【实施与检查控制】

建筑小区中的雨水控制及利用设施由土壤入渗设施（系统）、收集回用设施（系统）、调蓄排放设施（系统）构成。对于土壤入渗系统中的浅沟、洼地、雨水花园、生物滞留等设施，溢流排水雨水口的溢流水位不应低于入渗系统蓄存雨水的水位，入渗系统的透水铺装地面的径流可视为溢流雨水，由雨水口收集排除；对于收集回用系统，溢流雨水排水应收集雨水蓄存设施的溢流雨水；对于调蓄排放系统，溢流雨水排水应收集雨水调蓄设施的溢流雨水。

检查室外小区的雨水控制利用系统及外排雨水系统的设计说明和图纸，查看外排雨水管网的雨水口或进水口，其设置位置及入水标高均应保障承接的是雨水控制利用设施的溢流雨水。注意不透水硬化面上的雨水口不得接入外排雨水的管道上。

4.5.11 建筑与小区应遵循源头减排原则，建设雨水控制与利用设施，减少对水生态环境的影响。降雨的年径流总量和外排径流峰值的控制应符合下列要求：

1 新建的建筑与小区应达到建设开发前的水平；

2 改建的建筑与小区应符合当地海绵城市建设专项规划要求。

【编制说明】

本条规定了新建建筑与小区的雨水控制及利用系统应起到的基本作用和应达到的目标。建筑用地内应对年雨水径流总量进行控制，新建建筑与小区，对于常年降雨的年径流总量和外排径流峰值的控制应达到建设开发前的水平。建设用地开发前是指城市化之前的自然状态，一般为自然地面，产生的地面径流很小，径流系数基本上不超过 0.3。改建的建筑与小区应符合当地海绵城市规划控制指标要求。

对外排雨水设计流量提出控制要求的主要原因如下：工程用地经建设后地面会硬化，被硬化的受水面不易透水，雨水绝大部分形成地面径流流失，致使雨水排放总量和高峰流量都大幅度增加。如果设置了雨水控制及利用设施，则该设施的储存容积能够吸纳硬化地面上的大量雨水，使整个工程用地向外排放的雨水高峰流量得到削减。土地渗透设施和储存回用设施，还能够把储存的雨水入渗到土壤和回用到杂用和景观等供水系统中，从而又能削减雨水外排的总水量。削减雨水外排的高峰流量从而削减雨水外排的总水量，可保持建设用地内原有的自然雨水径流特征，避免雨水流失，节约自来水或改善水与生态环境，减轻城市排洪的压力和受水河道的洪峰负荷。

【现行规范（标准）的相关规定】

（1）国家标准《城镇内涝防治技术规范》GB 51222—2017

3.2.2 当地区整体改建时，对于相同的设计重现期，改建后的径流量不得超过原有径流量。

（2）国家标准《建筑与小区雨水控制及利用工程技术规范》GB 50400—2016

4.1.1 雨水控制及利用系统应使场地在建设或改建后，对于常年降雨的年径流总量和外排径流峰值的控制达到建设开发前的水平。

【《规范》编制时的修改】

本条系由国家标准《城镇内涝防治技术规范》GB 51222—2017 第 3.2.2 条（强制性条文）、《建筑与小区雨水控制及利用工程技术规范》GB 50400—2016 第 4.1.1 条（非强制性条文）修改而成。

把雨水的控制及利用要求升级为强行性条文，建筑与小区位于城市雨水系统的源头，对城市源头雨水的控制利用，已成为全国民众与政府的共识，把新建小区与改建小区分开对待，改建小区的地面上已经开发建设，是硬化地面，改建时若把已经硬化的地面恢复到建设开发前即地面硬化之前的水平，代价太大，故允许各地根据其经济发展水平自行规划确定。

【实施与检查控制】

降雨的年径流总量和外排径流峰值的控制均指基于常年降雨计算的值，约为2年一遇的降雨；径流峰值应按常年最大24h降雨计算；场地建设开发前的年径流总量和径流峰值依据当地水文气象资料确定，当无资料时，径流总量可取常年降雨量的20%，径流峰值或常年最大24h的径流量可取常年最大24h降雨量的20%。改建的建筑与小区，如果当地无海绵城市建设专项规划，常年外排径流总量可按20%～30%控制，径流峰值可按20%～40%控制。

注意年径流总量控制和常年最大24h径流峰值控制均是针对建设开发过程形成的硬化面，对于草地、绿化等自然地面，其径流特征已经等同于建设开发之前，故不应再进行控制，即避免产生过度控制。有效控制径流量应根据雨量平衡计算确定，平衡计算应至少考虑3个参数：汇水面上可收集的径流雨量、所配置的雨水控制设施的有效储水容积、设施消耗雨水的能力（入渗面24h的入渗量、回用系统3天的用水量）。

检查室内外雨水系统的设计说明及图纸、竣工图，查看是否有年径流总量和峰值径流目标控制参数，以及实现这些目标所配置的雨水控制利用设施的相关参数。

4.5.12 大于10hm^{2}的场地应进行雨水控制及利用专项设计，雨水控制及利用应采用土壤入渗系统、收集回用系统、调蓄排放系统。

【编制说明】

本条规定了雨水控制及利用系统应具备雨水入渗、回收利用、调蓄排放的功能。建设场地超过10hm^{2}时，应有雨水控制及利用的专项设计。与国家标准《绿色建筑评价标准》GB/T 50378—2019的要求一致，避免实际工程中针对某个子系统（雨水利用、径流减排、污染控制）进行单独设计所带来的诸多资源配置和统筹衔接不当的问题。雨水控制及利用系统应具备雨水入渗、回收利用、调蓄排放的功能。雨水控制利用从机理上可分为3种：（1）间接利用或称雨水入渗；（2）直接利用或称收集回用；（3）只控制不利用或称调蓄排放。

雨水入渗系统或技术是把雨水转化为土壤水，其手段或设施主要有地面入渗、埋地管渠入渗、渗水池井入渗等。除地面雨水就地入渗不需要配置雨水收集设施外，其他渗透设施一般都需要通过雨水收集设施把雨水收集起来并引流到渗透设施中。透水铺装作为雨水入渗系统较特殊的一种，其直接受水面即是集水面，集水和储存集合为一体。

收集回用系统或技术是对雨水进行收集、储存、水质净化，把雨水转化为产品水，替代自来水使用或用于观赏水景等。

调蓄排放系统或技术是把雨水排放的流量峰值减缓、排放时间延长，其手段是储存调节。一个建设项目中，雨水控制及利用系统的可能形式可以是以上三种系统中的一种，也可以是两种系统的组合，组合形式为：（1）雨水入渗；（2）收集回用；（3）调蓄排放；（4）雨水入渗 ＋ 收集回用；（5）雨水入渗 ＋调蓄排放。

【现行规范（标准）的相关规定】

（1）国家标准《城镇给水排水技术规范》GB 50788—2012

4.1.6 城镇雨水系统的建设应利于雨水就近入渗、调蓄或收集利用，降低雨水径流总量和峰值流量，减少对水生态环境的影响。

5.4.2 雨水利用规划应以雨水收集回用、雨水入渗、调蓄排放等为重点。

（2）国家标准《建筑与小区雨水控制及利用工程技术规范》GB 50400—2016

4.1.2 雨水控制及利用应采用雨水入渗系统、收集回用系统、调蓄排放系统中的单一系统或多种系统组合，并应符合下列规定：

1 雨水入渗系统应由雨水收集、储存、入渗设施组成；

2 收集回用系统应设雨水收集、储存、处理和回用水管网等设施；

3 调蓄排放系统应设雨水收集、调蓄设施和排放管道等设施。

（3）国家标准《绿色建筑评价标准》GB/T 50378—2019

8.1.4 场地的竖向设计应有利于雨水的收集或排放，应有效组织雨水的下渗、滞蓄或再利用；对于大于 $10hm^2$ 的场地应进行雨水控制利用专项设计。

【**《规范》编制时的修改**】

本条系由国家标准《城镇给水排水技术规范》GB 50788—2012 第 4.1.6 条（强制性条文）、第 5.4.2 条（强制性条文）、《建筑与小区雨水控制及利用工程技术规范》GB 50400—2016 第 4.1.2 条（非强性条文）、《绿色建筑评价标准》GB/T 50378—2019 第 8.1.4 条改编而成，增加专项设计要求。一般工程项目中，雨水控制及利用均包含在建设项目的整体设计中，其内容分散在建筑、给水排水、景观园林、总图等专业设计中。进行专项设计，可把这些分散的雨水控制利用设计内容集中在一套设计文件中，强化雨水控制利用设施的系统性、整体性。但专项设计会增加设计投入及费用，故限定在占地较大的项目中，如居住小区、大学校园等。

【**实施与检查控制**】

专项设计设计文件中含雨水控制利用设施的全部内容，包括控制指标以及围绕该指标配置的各种雨水控制利用设施及其参数统计等等。

雨水控制及利用设施的雨水有三个去向：（1）进入土壤从而截留在小区；（2）替代自来水消耗在小区；（3）在小区滞留、延缓后排出。围绕这三个去向形成了 3 类不同的控制利用设施或系统，即土壤入渗系统、收集回用系统、调蓄排放系统，其设计计算原理互不相同各具特点。工程设计中根据条件可以采用其中单

161

独的一种系统，也可采用两种或三种系统的组合。

检查设计文件和竣工图。雨水控制及利用的专项设计文件中应包括设计说明、施工图。注意有效控制量应通过以下参数进行水量平衡确定：汇水面积上可收集的雨水量、设施的有效蓄水容积、入渗和回用设施消纳雨水的能力等参数。

4.5.13 常年降雨条件下，屋面、硬化地面径流应进行控制与利用。

【编制说明】

本条规定了低影响开发雨水系统应具备控制常年降雨的功能。屋面、硬化地面、水面上的雨水需要拦截控制，防止流失。透水下垫面上的雨水可就地渗入土壤，不应再设收集拦截设施，避免过度控制。

【现行规范（标准）的相关规定】

（1）国家标准《城镇给水排水技术规范》GB 50788—2012

5.4.1 雨水利用工程建设应以拟建区域近期历年的降雨量资料及其他相关资料作为依据。

（2）国家标准《建筑与小区雨水控制及利用工程技术规范》GB 50400—2016

3.1.3 建设用地内应对雨水径流峰值进行控制，需控制利用的雨水径流总量应按下式计算。当水文及降雨资料具备时，也可按多年降雨资料分析确定。

$$W = 10(\Psi_c - \Psi_0)h_y F \qquad (3.1.3)$$

式中：W——需控制及利用的雨水径流总量（m^3）；

Ψ_c——雨量径流系数；

Ψ_0——控制径流峰值所对应的径流系数，应符合当地规划控制要求；

h_y——设计日降雨厚度（mm）；

F——硬化汇水面面积（hm^2），应按硬化汇水面水平投影面积计算。

3.1.5 设计日降雨量应按常年最大 24h 降雨量确定，可按本规范第 3.1.1 条的规定或按当地降雨资料确定，且不应小于当地年径流总量控制率所对应的设计降雨量。

【《规范》编制时的修改】

本条系由国家标准《城镇给水排水技术规范》GB 50788—2012 第 5.4.1 条（强制性条文）、《建筑与小区雨水控制及利用工程技术规范》GB 50400—2016 第 3.1.3 条（非强制性条文）及第 3.1.5 条（非强制性条文）改编而成。

把历年降雨资料改为常年降雨条件，常年降雨的诸多参数均是根据多年（或历年）的降雨资料统计加工形成的。二者意义相近。明确雨水控制的是硬化面上的雨水，开发建设使地面硬化，造成雨水不能下渗，形成流失。雨水控制针对的是这类雨水。未硬化的透水下垫面相当于建设开发前的地面，没有因开发建设而流失雨水，不应再设收集拦截设施，避免过度控制。

【实施与检查控制】

雨水控制及利用需要的常年降雨资料主要有年降雨量、最大 24h 降雨量等，各地的水文手册中一般也具备，可以使用。不透水的硬化面除了屋面、路面广场外，水面上的落雨也无法入渗截留，应注意收集储存利用。降落在草地绿地上以及透水下垫面上的雨水会形成入渗，不应再设控制设施拦截蓄存，计算小区内需控制的雨量时也不应再包含绿地面积。避免造成过度控制。

检查设计文件及竣工图，查看降雨设计参数、需控制雨量的计算汇水面积以及雨水控制设施的设置，查看硬化面的雨水是否进入了雨水控制设施而不是进入外排水系统，查看透水下垫面上是否做了不应有的雨水控制设施及其控制雨量计算。

4.5.14 雨水控制利用设施的建设应充分利用周边区域的天然湖塘洼地、沼泽地、湿地等自然水体。

【编制说明】

本条规定了低影响开发雨水系统应遵循的途径。在建设用地内或周边有天然的湖塘洼地、沼泽地、湿地等自然水体时，不应将上述的自然水体破坏、填埋，要充分利用作为雨水的入渗、净化或储存的设施。

【现行规范（标准）的相关规定】

（1）国家标准《城镇给水排水技术规范》GB 50788—2012

5.4.3 雨水利用设施的建设应充分利用城镇及周边区域的天然湖塘洼地、沼泽地、湿地等自然水体。

（2）国家标准《建筑与小区雨水控制及利用工程技术规范》GB 50400—2016

4.1.4 雨水控制及利用设施的布置应符合下列规定：

1 应结合现状地形地貌进行场地设计与建筑布局，保护并合理利用场地内原有的水体、湿地、坑塘、沟渠等；

2 应优化不透水硬化面与绿地空间布局，建筑、广场、道路周边宜布置可消纳径流雨水的绿地；

3 建筑、道路、绿地等竖向设计应有利于径流汇入雨水控制及利用设施。

【《规范》编制时的修改】

本条系由国家标准《城镇给水排水技术规范》GB 50788—2012 第 5.4.3 条（强制性条文）、《建筑与小区雨水控制及利用工程技术规范》GB 50400—2016 第 4.1.4 条（非强制性条文）改编而成，未对原强制性条文进行修改。

【实施与检查控制】

小区内具有天然湖塘洼地、沼泽地、湿地等自然水体时，建设开发过程中应保留并利用。小区周边具有这类天然水体时，若用于小区的雨水控制，则需要向市政相关部门沟通协调，获得同意。不可自行确定利用这些自然水体，因该水体处于设计红线之外。

检查给水排水设计说明、给水排水总平面图等设计文件和竣工图，应有对周边自然水体的描述或交代，并说明是否利用及其依据。

4.5.15 雨水入渗不应引起地质灾害及损害建筑物和道路基础。下列场所不得采用雨水入渗系统：

1 可能造成坍塌、滑坡灾害的场所；

2 对居住环境以及自然环境造成危害的场所；

3 自重湿陷性黄土、膨胀土、高含盐土和黏土等特殊土壤地质场所。

【编制说明】

本条规定了不得设置雨水入渗的场所。自重湿陷性黄土在受水浸湿并在一定压力下土结构迅速破坏，产生显著附加下沉；高含盐量土壤当土壤水增多时会产生盐结晶；建设用地中发生上层滞水可使地下水位上升，造成管沟进水、墙体裂缝等危害。

【现行规范（标准）的相关规定】

国家标准《建筑与小区雨水控制及利用工程技术规范》GB 50400—2016

4.1.6 雨水入渗不应引起地质灾害及损害建筑物。下列场所不得采用雨水入渗系统：

1 可能造成坍塌、滑坡灾害的场所；

2 对居住环境以及自然环境造成危害的场所；

3 自重湿陷性黄土、膨胀土和高含盐土等特殊土壤地质场所。

【《规范》编制时的修改】

本条来自国家标准《建筑与小区雨水控制及利用工程技术规范》GB 50400—2016第4.1.6条（强制性条文），未对原强制性条文进行修改。

【实施与检查控制】

建筑项目用地位于自重湿陷性黄土、膨胀土、高含盐土和黏土等特殊土壤地质场所时，不应采用雨水花园、生态滞留设施、渗透管沟、入渗井、入渗池、渗透管排放系统等雨水入渗系统。对于可能造成坍塌、滑坡灾害的场所及对居住环境以及自然环境造成危害的场所也不能采用雨水入渗系统。

检查设计说明，应有对地质勘探的土壤性质、地下水位、含水层的描述及给水排水平面图等资料。

4.5.16 连接建筑出入口的下沉地面、下沉广场、下沉庭院及地下车库出入口坡道雨水排放，应设置水泵提升装置排水。

【编制说明】

本条规定了室外雨水提升加压排除的功能要求。这些场所的雨水大部分不能重力自流排入雨水管网，为保证安全，规定应采用压力排水。当下沉场所的汇水面高于外部场地的接纳雨水管顶时，为了确保当外部接纳雨水管道发生堵塞或外部场地积水时不造成倒灌，也应采取机械加压排水。

【现行规范（标准）的相关规定】

（1）国家标准《城镇给水排水技术规范》GB 50788—2012

4.2.4 下沉式广场、地下车库出入口等不能采用重力流排出雨水的场所，应设置压力流排水排水系统，保证雨水及时安全排出。

（2）国家标准《建筑与小区雨水控制及利用工程技术规范》GB 50400—2016

5.4.7 室外下沉式广场、局部下沉式庭院，当与建筑连通时，其雨水排水系统应采用加压提升排放系统；当与建筑物不连通且下沉深度小于1m时，可采用重力排放系统，并应确保排水出口为自由出流。处于山地或坡地且不会雨水倒灌时，可采用重力排放系统。

（3）行业标准《建筑屋面雨水排水系统技术规程》CJJ 142—2014

8.1.1 地下室车库出入口坡道、与建筑相通的室外下沉式广场、局部下沉式庭院、露天窗井等场所应设置雨水加压提升排放系统。当排水口及汇水面高于室外雨水检查井盖标高时，可直接重力排入雨水检查井。

【《规范》编制时的修改】

本条系由国家标准《城镇给水排水技术规范》GB 50788—2012 第 4.2.4 条（强制性条文）、《建筑与小区雨水控制及利用工程技术规范》GB 50400—2016 第 5.4.7 条（非强制性条文）、行业标准《建筑屋面雨水排水系统技术规程》CJJ 142—2014 第 8.1.1 条（非强制性条文）修编。删除重力流排出的选择，规定应采用水泵提升排水。同时缩小场所范围，增加限定词"连接建筑出入口的"。

与建筑出入口连通的下沉地面、广场、庭院，暴雨时积水会进入建筑内，需严禁小区中非下沉地面的雨水倒灌进这些下沉区域。因此不可采用重力流排水管道与非下沉区的雨水管道连接，避免暴雨时雨水倒灌。

【实施与检查控制】

本条列出的这些局部下沉场所如果用重力流管道接至室外雨水管网，则在超室外雨水设计重现期降雨时，因室外地面雨水积水，将通过该重力流管道倒灌进这些下沉区。即使管道水力计算时下沉区重力排水管道的标高能够接入室外雨水管网，也不得连接，应采用水泵提升排水。

地下车库出入口坡道雨水可排放至地下室后由提升装置排水。水泵提升装置类似于消防水泵，属于长时间备而不用的设备，在雨季到来时，应检查水泵生锈堵转、短路和断路等问题。也可在控制器上设有自动巡检功能，能自动进行水泵故障诊断并报警，从根本上解决水泵生锈堵转、短路和断路等多种问题，便于操作运行人员第一时间发现故障及设备隐患，处理设备故障于萌芽状态，实现真正意义上的"养兵千日，用兵一时"。其控制器平时应处于自动启泵状态，以应对突发水灾。

检查下沉地面、广场、庭院的平面图，下沉的地面上是否有出入口进入建筑内。若有，即可判定为与建筑的出入口连通。如果连通，则检查该下沉区域的雨水排出方式，在下沉区域和小区室外雨水管道之间，或与市政雨水管道之间，不得有重力流雨水管道连接。

4.5.17 连接建筑出入口的下沉地面、下沉广场、下沉庭院及地下车库出入口坡道，整体下沉的建筑小区，应采取土建措施禁止防洪水位以下的客水进入这些下沉区域。

【编制说明】

本条规定了有水灾危险的下沉区防止客水进入应采取土建措施。客水进入这些区域就会出现水淹灾害，应严格禁止。防止客水进入的措施是采用土建措施挡水，挡水高度不得低于防洪水位。排水措施无法排除客水，因为客水的水量是无法计算的。土建措施由土建专业完成，给水排水专业应向土建专业提出要求。

【现行规范（标准）的相关规定】

行业标准《建筑屋面雨水排水系统技术规程》CJJ 142—2014

8.1.3 连接建筑出入口的下沉地面、下沉广场、下沉庭院及地下车库出入口等，应采取防止设计汇水面以外的雨水进入的措施。

【《规范》编制时的修改】

本条系由行业标准《建筑屋面雨水排水系统技术规程》CJJ 142—2014 第8.1.3条（非强制性条文）改编升级而成。与建筑出入口相连通的下沉区域指下沉区地面可出入建筑，当被雨水淹时通过出入口灌入建筑内，造成建筑内人员伤亡事故，国内已经发生多起。有客水进入下沉区，其提升设施无能力排除，必然造成水淹事故，因此将非强制性条文升级为强制性条文。

【实施与检查控制】

客水进入这些区域就会出现淹水灾害，须严格禁止。防止客水进入的措施是采用土建措施挡水，下沉区域的四周应设置挡水坎，挡水高度不得低于防洪水位。有道路通向下沉区域时，则在下坡之前先上坡，坡顶的高度为防洪水位。人行路下坡前也可设挡水台阶。注意用排水沟及排水管道无法替代挡水坎。注意，排水措施无法排除客水，客水的水量因汇水面积无限延伸而无法计算。土建措施由土建专业完成，给水排水专业应向该专业提出要求。

检查设计说明、下沉区域的平面图及竣工图，查看是否有防止客水进入下沉区的土建挡水措施。必要时和建筑专业的图纸核对。

5 热水系统设计

5.1 一般规定

5.1.1 热源应可靠，并应根据当地可再生能源、热资源条件，结合用户使用要求确定。

【编制说明】

据有关研究，用于生活热水的能耗约占整个建筑能耗的20%～30%，因此，热水系统的热源选择应把节能放在重要位置。近年来国内利用太阳能、热泵作生活热水热源的工程已很普及，但是存在系统过大、系统不合理，运行不好，使用效果差，有的甚而报废的问题。对此，本条提出在利用太阳能、热泵等可再生能源作热源时应结合用户的使用要求、运行工况确定。

生活热水是人们生活的必需品，不能中断，因此在选用太阳能、空调废热等不稳定或只有季节性供热的能源时，应合理配置可靠的常规热源。

【现行规范（标准）的相关规定】

（1）国家标准《城镇给水排水技术规范》GB 50788—2012

3.7.1 建筑热水定额的确定应与建筑给水定额匹配，建筑热源应根据当地可再生能源、热资源条件并结合用户使用要求确定。

（2）国家标准《建筑给水排水设计标准》GB 50015—2019

6.3.1 集中热水供应系统的热源应通过技术经济比较按下列顺序选择：

1 采用具有稳定、可靠的余热、废热、地热；当以地热为热源时，应按地热水的水温、水质和水压，采取相应的技术措施处理满足使用要求；

2 当日照时数大于1400h/a且年太阳辐射量大于4200MJ/m² 及

年极端最低气温不低于−45℃的地区，采用太阳能，全国各地日照时数及年太阳能辐照量应按本标准附录H取值；

3 在夏热冬暖、夏热冬冷地区采用空气源热泵；

4 在地下水源充沛、水文地质条件适宜，并能保证回灌的地区，采用地下水源热泵；

5 在沿江、沿海、沿湖，地表水源充足、水文地质条件适宜，以及有条件利用城市污水、再生水的地区，采用地表水源热泵；当采用地下水源和地表水源时，应经当地水务、交通航运等部门审批，必要时应进行生态环境、水质卫生方面的评估；

6 采用能保证全年供热的热力管网热水；

7 采用区域性锅炉房或附近的锅炉房供给蒸汽或高温水；

8 采用燃油、燃气热水机组、低谷电蓄热设备制备的热水。

【《规范》编制时的修改】

《规范》综合上述现行规范、标准的相关条款做部分修订，内容更完整地阐述热源的选用原则。

【实施与检查控制】

设计师应配合业主研讨，确定合理的热源及制热系统。

核查选择的热源是否符合国家政策要求、经济的合理性及是否稳定、可靠。

5.1.2 老年照料设施、安定医院、幼儿园、监狱等建筑中的沐浴设施的热水供应应有防烫伤措施。

【编制说明】

老年照料设施、安定医院、幼儿园等均为弱势群体为主体的建筑，沐浴者自行调节控制冷热水混合水温的能力差，为保证沐浴者不被热水烫伤，热水供应系统应设恒温混合阀等保证配水终端热水水温的阀件或采取其他有效措施。监狱的热水供应亦需采取此措施是为了防止犯人自残、自杀。温度控制范围可为38℃~42℃。

【现行规范（标准）的相关规定】

（1）国家标准《城镇给水排水技术规范》GB 50788—2012

3.7.3 建筑热水水温应满足使用要求，特殊建筑内的热水供应应采取防烫伤措施。

（2）国家标准《建筑给水排水设计标准》GB 50015—2019

6.3.9 老年人照料设施、安定医院、幼儿园、监狱等建筑中为特殊人群提供沐浴热水的设施，应有防烫伤措施。

【《规范》编制时的修改】

《规范》将特殊群体按国家标准《建筑给水排水设计标准》GB 50015—2019 的条文予以细化，使用的热水供应系统须采取防烫伤措施的建筑类型作了更明确的规定。

【实施与检查控制】

设计师应对本条涉及场所的沐浴设施采取防烫伤措施：设置恒温混合阀、恒温混水罐等设施，控制用水点处的水温。集中热水供应系统应提供安全稳定的供水温度。

核查给水排水设计说明、设计图纸中是否考虑了防烫伤措施；项目竣工验收时，工程监理应验收此项措施。

5.1.3 集中热水供应系统应设热水循环系统，居住建筑热水配水点出水温度达到最低出水温度的出水时间不应大于 15s，公共建筑配水点出水温度不应大于 10s。

【编制说明】

集中热水供应的循环系统涉及热水供应的水质、水温、节能及使用效果，因此，凡设集中热水供应系统的建筑均应设热水循环系统，热水循环系统必须采取保证循环效果的有效措施，其具体措施有：热水供回水管道同程布置，设温控循环阀，流量平衡阀、小循环泵、导流三通、大阻力短管等循环阀件、泵、管件。规定配水点最低出水温度出水的时间，居住建筑不应大于 15s，公共建筑不应大于 10s，是为了满足节水、节能和使用要求，其措施是控制入户热水支管的长度，当支管过长时，应采取自调控电伴热保温或支管循环措施。

【现行规范（标准）的相关规定】

（1）国家标准《住宅建筑规范》GB 50368—2005

8.2.5 采用集中热水供应系统的住宅，配水点的水温不应低于45℃。

（2）国家标准《建筑给水排水设计标准》GB 50015—2019

6.3.10 集中热水供应系统应设热水循环系统，并应符合下列规定：

1 热水配水点保证出水温度不低于45℃的时间；居住建筑不应大于15s，公共建筑不应大于10s。

【《规范》编制时的修改】

本条系国家标准《住宅建筑规范》GB 50368—2005及《建筑给水排水设计标准》GB 50015—2019的局部改写，规定了配水点出水的最低温度及时间，条文更完整。

【实施与检查控制】

设集中热水供应系统的建筑均应设热水循环系统。热水循环系统必须采取保证循环效果的有效措施，采取的具体措施有：（1）小区集中热水供应系统应设热水回水总管和总循环水泵保证供水总管的热水循环；（2）当小区集中热水供应系统的各单栋建筑的热水管道布置相同，且不增加室外热水回水总管时，宜采用同程布置的循环系统，当无此条件时，宜根据建筑物的布置、各单体建筑物内热水循环管道布置的差异等，在单栋建筑回水干管末端设分循坏水泵、温度控制或流量控制的循环阀件；（3）单栋建筑的集中热水供应系统应设热水回水管和循环水泵保证干管和立管中的热水循环；（4）单栋建筑的集中热水供应系统的热水供回水管道宜同程布置，循环管道异程布置时，在回水立管上应设温控循环阀、流量平衡阀、导流三通、大阻力短管等循环阀件、管件；（5）住宅应控制入户热水支管的长度，当支管过长时，应采取自调控电伴热保温或支管循环措施。设置要求可按照现行国家标准《建筑给水排水设计标准》GB 50015等相关标准的要求执行。

核查给水排水设计说明、热水系统图、热水机房大样图等设计文件，项目竣工验收时，工程监理还应验收系统运行效果，实测用水点的出水温度及时间。

5.2 水量、水质、水温

5.2.1 热水用水定额的确定应与建筑给水定额匹配，应根据当地水资源条件、使用要求等因素确定。

【编制说明】

现行国家标准《建筑给水排水设计标准》GB 50015 中规定了设计选用的热水用水定额，是热水供应系统热水用水量计算的设计依据。水资源匮乏是一个全球性的问题，我国是一个缺水的大国，北方地区更是严重缺水，因此设计计算选用热水定额时，既要满足基本使用要求，又要体现"节水"的国策，缺水地区应选热水定额的低值。

【现行规范（标准）的相关规定】

（1）国家标准《城镇给水排水技术规范》GB 50788—2012

3.7.1 建筑热水定额的确定应与建筑给水定额匹配，建筑热源应根据当地可再生能源、热资源条件并结合用户使用要求确定。

（2）国家标准《建筑给水排水设计标准》GB 50015—2019

6.2.1 热水用水定额根据卫生器具完善程度和地区条件应按表 6.2.1-1确定。

【《规范》编制时的修改】

本条系由国家标准《城镇给水排水技术规范》GB 50788—2012 及《建筑给水排水设计标准》GB 50015—2019 的改写，设计选用的热水用水定额，是热水供应系统热水用水量计算的设计依据。生活用热水与冷水（建筑给水）密切相关，本条补充了采用热水用水定额应与建筑给水定额匹配的内容。

【实施与检查控制】

设计师应根据工程所在地域使用要求、项目类型等合理选用用水定额等设计参数。

核查设计说明等设计文件，核实设计选用的相关用水定额等参数，并核实是否在给水定额内。

5.2.2 生活热水水质应符合表 5.2.2-1、表 5.2.2-2 的规定。

表 5.2.2-1　生活热水水质常规指标及限值

项目		限值	备注
常规指标	总硬度（以 $CaCO_3$ 计）（mg/L）	300	—
	浑浊度（NTU）	2	—
	耗氧量（COD_{Mn}）（mg/L）	3	—
	溶解氧（DO）（mg/L）	8	—
	总有机碳（TOC）（mg/L）	4	—
	氯化物（mg/L）	200	—
微生物指标	菌落总数（CFU/mL）	100	—
	异养菌数（HPC）（CFU/mL）	500	—
	总大肠菌群（MPN/100mL 或 CFU/100mL）	不得检出	
	嗜肺军团菌	不得检出	采样量 500mL

表 5.2.2-2　消毒剂指标及余量

消毒剂指标	管网末梢水中余量
游离余氯（采用氯消毒时）（mg/L）	≥0.05
二氧化氯（采用二氧化氯消毒时）（mg/L）	≥0.02
银离子（采用银离子消毒时）（mg/L）	≤0.05

【编制说明】

冷水加热成热水及热水贮存，输配水过程中随着水温的升高，三卤甲烷含量增加，电导率升高，余氯降低可能导致有机物和微生物数量的增加，产生军团菌及其他细菌，水质发生变化。据国内有关科研设计单位对 14 个包含住宅小区、高级宾馆、医院及高校的集中热水供应系统的热水采样检测结果显示：

85.71%的热水系统出水 TOC（总有机碳）、DOC（溶解性有机碳）、COD_{Mn}（化学需氧量）、UV_{254}（有机物在 254mm 波长紫外光下的吸光度）的平均检测值均高于相应的给水（源水）系统，为微生物及细菌的繁殖提供了条件，危及热水供应系统的水质安全。为此，中国建筑设计研究院作为主编单位编制了现行行业标准《生活热水水质标准》CJ/T 521，生活热水的水质应符合此标准的要求。

【现行规范（标准）的相关规定】

（1）国家标准《城镇给水排水技术规范》GB 50788—2012

3.7.2 建筑热水供应应保证用水终端的水质符合现行国家生活饮用水水质标准的要求。

（2）国家标准《建筑给水排水设计标准》GB 50015—2019

6.2.2 生活热水的原水水质应符合现行国家标准《生活饮用水卫生标准》GB 5749 的规定，生活热水的水质应符合现行行业标准《生活热水水质标准》CJ/T 521 的规定。

（3）行业标准《生活热水水质标准》CJ/T 521

4.1 生活热水水质应符合下列基本要求：

b）生活热水水质应符合表1、表2的卫生要求。

表 1　常规指标及限值

项目		限值	备注
常规指标	水温/℃	≥46	—
	总硬度（以 $CaCO_3$ 计）/（mg/L）	≤300	
	浑浊度/（NTU）	≤2	
	耗氧量（COD_{Mn}）/（mg/L）	≤3	
	溶解氧[a]（DO）/（mg/L）	≤8	
	总有机碳[a]（TOC）/（mg/L）	≤4	
	氯化物[a]/（mg/L）	≤200	
	稳定指数[a]（Ryznar Stability Index, R.S.I）	6.0<R.S.I ≤7.0	需检测：水温、溶解性总固体、钙硬度、总碱度、pH 值

续表 1

项目		限值	备注
微生物指标	菌落总数/（CFU/mL）	≤100	
	异养菌数ᵃ（HPC）/（CFU/mL）	≤500	
	总大肠菌群/（MPN/100mL 或 CFU/100mL）	不得检出	
	嗜肺军团菌	不得检出	采样量 500mL

注：稳定指数计算方法参见附录 A。

ᵃ 指标为试行。试行指标于 2019 年 1 月 1 日起正式实施。

表 2 消毒剂余量及要求

消毒剂指标	管网末梢水中余量
游离余氯（采用氯消毒时测定）/（mg/L）	≥0.05
二氧化氯（采用二氧化氯消毒时测定）/（mg/L）	≥0.02
银离子（采用银离子消毒时）/（mg/L）	≤0.05

【《规范》编制时的修改】

生活热水的源水为制备生活热水的冷水，生活热水与冷水同一使用对象，因此两者对水质的基本要求应一致，均应符合现行国家标准《生活饮用水卫生标准》GB 5749 的要求。本条综合国家标准《城镇给水排水技术规范》GB 50788—2012 第 3.7.2 条及《建筑给水排水设计标准》GB 50015—2019 第 6.2.2 条的要求改写，并给出热水水质指标及限值要求。

【实施与检查控制】

集中生活热水系统的原水应采用符合国家标准《生活饮用水卫生标准》GB 5749 的自来水，热水系统设计时应采取合理可靠的灭菌措施或设施保证水质达标。

核查设计说明、给水排水平面图、热水系统图及水加热器大样图等设计文件，核实热水原水是否采用自来水及灭菌消毒措施；工程验收应核查热水水质保障的相应技术措施及设备等是否能发挥作用；使用过程中按要求由卫生防疫部门检测集中生活热水系统的微生物指标等。

5.2.3 集中热水供应系统应采取灭菌措施。

【编制说明】

由于生活热水在加热制备、贮存，输、配水过程中有可能滋生致病细菌，因此集中热水供应系统应采取消灭致病菌的有效措施，使其符合行业标准《生活热水水质标准》CJ/T 521 中水质要求。其具体措施有：

（1）水加热设备、设施的供水温度不低于 60℃。

（2）当上述条件不能满足或不合理时应采取如下措施：

1）设置能有效消灭致病菌的设施，如紫外光催化二氧化钛（AOT）消毒装置、银离子消毒器等；

2）系统定时升温灭菌。

（3）选用无冷、温水区的水加热设备。

（4）保证热水循环系统的有效循环，无滞水段。

水加热设备的永久性冷温水滞水区指设备的冷水、系统回水从其中部引入，热水从其顶部引出，中下部储存的冷温水不能循环变成滋生繁殖细菌的滞水区，其防治措施为：

（1）不选用带永久性冷温水滞水区的水加热设施。

（2）设计水加热设施进出水管口时应保证设施内储水不短路滞水。

【现行规范（标准）的相关规定】

（1）国家标准《城镇给水排水技术规范》GB 50788—2012

3.7.2 建筑热水供应应保证用水终端的水质符合现行国家生活饮用水水质标准的要求。

（2）国家标准《建筑给水排水设计标准》GB 50015—2019

6.2.4 集中热水供应系统的水加热设备出水温度不能满足本标准第 6.2.6 条的要求时，应设置消灭致病菌的设施或采取消灭致病菌的措施。

【《规范》编制时的修改】

本条系由国家标准《城镇给水排水技术规范》GB 50788—2012 第 3.7.2 条、《建筑给水排水设计标准》GB 50015—2019

第 6.2.4 条改编而成，对集中热水系统明确提出了应采取消毒灭菌措施的要求。

【实施与检查控制】

集中热水供应系统采取的灭菌措施有：

（1）保证热水供水水温≥55℃且保证全系统无冷温水滞水区可不采取其他措施；

（2）保证全系统无冷温水滞水区之措施：

采用无冷温水滞水区的加热、制热设施：

1）存在冷温水滞水区的加热设备如图 3-1、图 3-2 所示；

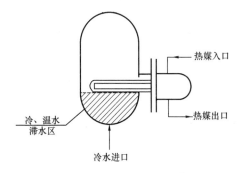

图 3-1　容积式热水加热器图示

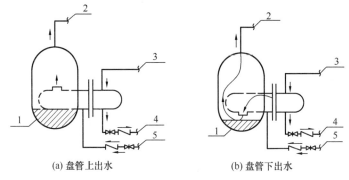

（a）盘管上出水　　　　　　（b）盘管下出水

图 3-2　不合格半容积式热水加热器图示

1—永久性冷温水滞水区；2—热水供水管；3—热媒供水管；

4—热媒回水管；5—冷水补水管

2）存在冷温水滞水区的连管设施如图3-3、图3-4所示；

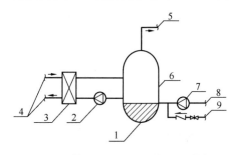

图 3-3　贮热水罐接管错误造成冷温水滞水区图示
1—永久性冷温水滞水区；2—循环泵；3—板式换热器；4—太阳能、
热泵等低密度热源；5—热水供水管；6—贮热水罐；7—循环泵；
8—热水回水管；9—冷水补水管

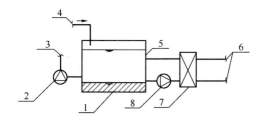

图 3-4　热水水箱接管错误造成冷温水滞水区图示
1—永久性冷温水滞水区；2—循环泵；3—接辅助热源
或热水供水管；4—冷水补水管；5—贮热水罐；6—太阳
能、热泵等低密度热源；7—板式换热器；8—循环泵

3）无冷温水滞水区水加热设备如图3-5所示；

4）贮热水箱（罐）连管改进如图3-6、图3-7所示；

采取前述保证循环效果的措施，消除冷温水滞水区。

（3）供水水温＜55℃应采取灭菌措施：

1）热力灭菌

热力灭菌的原理如图3-8所示，在使用工况时，被加热水通过恒温混合阀与冷水混合达到设定出水温度（50℃左右）后为配水管网供水；消毒工况时水加热器旁通电磁阀开启，恒温混合阀

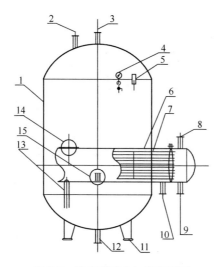

图 3-5　半容积式水加热器图示

1—罐体；2—安全阀接管口；3—热水出水管管口；4—压力表；
5—温度计；6—内置换热器；7—U 形换热管；8—热媒入口管口；
9—热媒出水管管口；10—冷水进水管管口；11—支座；12—排污泄
水管口；13—热水下降管；14—温包管管口；15—人孔

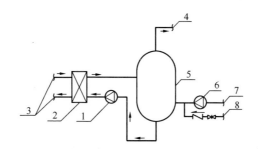

图 3-6　贮热水罐正确配管图示

1—循环泵；2—板式换热器；3—太阳能、热泵等低密度热源；
4—热水供水管；5—贮热水罐；6—循环泵；7—热水回水管；
8—冷水补水管

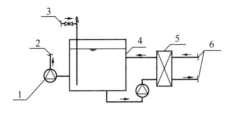

图 3-7　贮热水箱正确配管图示

1—循环泵；2—循环泵；3—接辅助热源或热水供水管；4—冷水补水管；

5—贮热水罐；6—太阳能、热泵等低密度热源

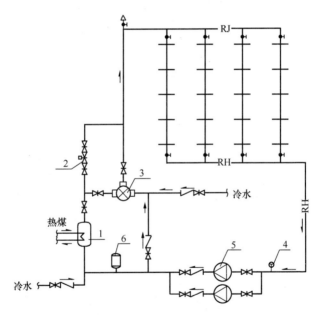

图 3-8　定时热力灭菌系统图示

1—水加热器或贮热水罐；2—电磁阀；3—恒温混合阀

（配高温灭菌系统功能）；4—温度传感器；5—循环水泵；6—膨胀罐

出水端自动关闭，此时配水管网内充满高温热水，循环泵后回水也进入水加热器二次加热，待消毒工况结束后旁通电磁阀关闭，恒温混合阀开启工作。

2）紫外光催化二氧化钛（AOT）灭菌装置

AOT 主要对水消毒，即在水流经过紫外光催化二氧化钛灯管时瞬时杀灭水中的军团菌等微生物，其特点是瞬间性、高效性。AOT 在集中生活热水系统应用中有两种，安装在供水管上时所有进入系统的水都经过消毒器彻底消毒，采用此种安装方式时，AOT 按设计秒流量选用，设备管径较大，但系统一天使用过程中达到秒流量的工况时间较短，因此设备的利用率较低，不经济；安装在循环管道上，按循环流量选择，减小了设备选型管径，但是此种设置方式仅对回水进行消毒。对于医院类建筑（有易感人群驻留的建筑）的集中生活热水系统消毒设施应安装在供水管上，除此外综合考虑，当冷水水质有保障且系统中没有冷温水死水区的情况下，安装在循环管道上不仅可以保证循环效果，经济性较高，并且回水温度相对低，结垢可能性小，有助于延长AOT 的使用寿命，在设备投入使用后要定期对设备和管壁进行清洗、更换。

3）银离子消毒器

银离子消毒器消毒效果具有长效性，因此银离子消毒器的消毒模式和控制方式也有别于 AOT。银离子类似于热力消毒，是针对管网的消毒，通过消灭、抑制管壁生物膜的形成，从而对热水水质起到保障作用。该消毒模式，只有将系统循环运行 2h～3h 才能起到 100%灭菌的作用，因此银离子消毒器只能装在循环管道上。

核查设计说明、给水排水平面图、热水系统图及水加热器大样图等设计文件，热水系统是否采用灭菌消毒措施。

5.2.4 集中热水供应系统的水加热设备，其出水温度不应高于 70℃，配水点热水出水温度不应低于 46℃。

【编制说明】

水加热设备的最高出水温度不得高于 70℃ 的理由，其一是节能和延长系统使用寿命，其二是防止发生烫伤人的事故。配水点热水出水温度指热水水嘴或混合阀单出热水时的出水水温，不应低于46℃。配水点热水水温过低一是表明热水系统水温过低，易滋生细菌，二是管道保温差，热损耗大。另外过低的水温影响使用，增大热水用水量和用户负担。水温不低于46℃是采用英国标准的数值。

【现行规范（标准）的相关规定】

（1）国家标准《住宅建筑规范》GB 50368—2005

8.2.5 采用集中热水供应的住宅，配水点的水温不应低于45℃。

（2）国家标准《建筑给水排水设计标准》GB 50015 —2019

6.2.6 集中热水供应系统的水加热设备出水温度应根据原水水质、使用要求、系统大小及消毒设施灭菌效果等确定，并应符合下列规定：

1 进入水加热设备的冷水总硬度（以碳酸钙计）小于120mg/L 时，水加热设备最高出水温度应小于等于70℃；冷水总硬度（以碳酸钙计）大于等于 120 mg/L 时，最高出水温度应小于或等于60℃；

2 系统不设灭菌消毒设施时，医院、疗养所等建筑的水加热设备出水温度应为 60℃～65℃，其他建筑水加热设备出水温度应为 55℃～60℃；系统设灭菌消毒设施时水加热设备出水温度均宜相应降低5℃；

3 配水点水温不应低于45℃。

【《规范》编制时的修改】

本条将配水点热水出水温度不应低于45℃改为46℃是与国际上的相应标准一致。

【实施与检查控制】

针对不同热源采用合适的水加热设备，制热系统应保证供水温度≥50℃，医院等建筑≥55℃；水加热设施采取安全、可靠、灵敏的温控装置，保证安全稳定的供水水温。

核查设计说明、给水排水平面图、热水系统图及水加热器大样图等设计文件，制热设备及设施的换热能力应满足出水温度的要求。工程验收时应实测水加热器的出水温度及配水点水温。

5.3 设备与管道

5.3.1 水加热器必须运行安全、保证水质，产品的构造及热工性能应符合安全及节能的要求。

【编制说明】

（1）导流型容积式水加热器、半容积式水加热器在使用过程中有可能产生90℃以上的高温热水和蒸汽，因此这些设备属于压力容器控制的范围，应按现行国家标准《压力容器》GB 150和《热交换器》GB/T 151设计、制造和检验，以保证使用安全。

（2）U形换热管束导流型容积式水加热器、半容积式水加热器的构造及热工性能应满足现行行业标准《导流型容积式水加热器和半容积式水加热器》CJ/T 163的要求；浮动盘管型容积式水加热器、半容积式水加热器的热工性能应满足现行行业标准《导流型容积式水加热器和半容积式水加热器》CJ/T 163的要求；U形管导流型容积式水加热器、半容积式水加热器是传统容积式水加热器的革新换代产品，其构造具有缩减或消除水加热器中冷、温水区保证热水水质的特点，其热工性能较传统产品有明显提高，节能效果好，行业标准《导流型容积式水加热器和半容积式水加热器》CJ/T 163对这两种产品的构造及热工性能作了明确规定。因此，同类设备的构造及热工性能应满足该标准的要求。同时导流型容积式水加热器、半容积式水加热器体量大，一般安装运行后很难移出机房检修，而其水加热管束运行中因结垢、腐蚀、振动等易局部损坏及加热功能迅速衰减，因此，本条规定此类水加热器应留有供人进出容器检修的检查孔，水加热管束应能抽出检修。浮动盘管型容积式、半容积式水加热器的热工性能及检修条件应等同U形管水加热器。

（3）半即热式水加热器的构造及热工性能应满足现行行业标

准《半即热式换热器》CJ/T 467 的要求。半即热式水加热器系引进美国的 ELCO 公司半即热式水加热器国产化的设备。由浮动盘管换热元件配完善的控温、控流量组件组成，具有体型很小（贮热容积约 1min～2min 设计小时耗热量）、快速换热、供水水温较稳定的特点。能满足供水安全的要求。行业标准对其构造及热工性能作了明确规定，因此同类设备的构造及热工性能应满足该标准的要求。

（4）电热水器应符合现行国家标准《储水式电热器》GB/T 20289 和《家用和类似用途电器的安全储水式热水器的特殊要求》GB 4706.12 的要求；燃气热水器应符合现行国家标准《燃气容积式热水器》GB 18111 的要求。电热水器广泛用于家庭制备和供应热水，其用电用水安全尤为重要，因此其产品必须符合相应的国家标准。《英国建筑条例》（指南）规定："热水存储容器应符合 BS 853—1：1996《加热系统用容器规范　第 1 部分：集中供热和供热水站用水加热器和储存容器》，BS 1566—1：2002《家用铜制间接热水罐　第 1 部分：开口式铜制热水罐　要求和试验方法》或 BS 3198：1981《家用铜质组合式热水贮存装置规范》或适用的其他相关英国国家现行标准的规定。"燃气热水器亦广泛用于家庭制备和供应热水，其用气用水安全亦很重要，因此，其产品必须符合相应的国家标准。

（5）水加热设备的涉水部件应采用食品级耐腐蚀的材质制造；水加热设备是制备热水的专用设备，如使用中，涉水的水加热器本体或附件等生锈，不仅会出红锈水，而且锈垢处易滋生细菌，危及使用者健康与安全。因此，此条对水加热设备材质作了明确规定，其措施是使用不锈钢（一般用 316L）、444 铁素体不锈钢单一材质制造。当用碳钢衬不锈钢或铜时应有保证两种材质粘合严密一体无渗水进夹层。

（6）水加热器必须配套设置灵敏可靠的控制水温的阀件，保证出水温度不大于 70℃，且出水温度波动范围不大于 5℃。水加热器如无配套设置灵敏可靠的控制水温的阀件，则设备制热水时，水温无法稳定控制，容易造成烫伤人的事故，因此规定本条。

【现行规范（标准）的相关规定】

（1）**国家标准《城镇给水排水技术规范》GB 50788—2012**

3.7.4 水加热、储热设备及热水供应系统应保证安全、可靠地供水。

（2）**国家标准《建筑给水排水设计标准》GB 50015—2019**

6.5.1 水加热设备应根据使用特点、耗热量、热源、维护管理及卫生防菌等因素选择，并应符合下列规定：

1 热效率高，换热效果好，节能，节省设备用房；

2 生活热水侧阻力损失小，有利于整个系统冷、热水压力的平衡；

3 设备应留有人孔等方便维护检修的装置，并应按本标准第6.8.9条、第6.8.10条配置控温、泄压等安全阀件。

6.5.6 燃气热水器、电热水器必须带有保证使用安全的装置。严禁在浴室内安装直接排气式燃气热水器等在使用空间内积聚有害气体的加热设备。

6.8.9 水加热设备的出水温度应根据其贮热调节容积大小分别采用不同温级精度要求的自动温度控制装置。当采用汽水换热的水加热设备时，应在热媒管上增设切断汽源的电动阀。

6.8.10 水加热设备的上部、热媒进出口管上、贮热水罐、冷热水混合器上和恒温混合阀的本体或连接管上应装温度计、压力表；热水循环泵的进水管上应装温度计及控制循环水泵开停的温度传感器；热水箱应装温度计、水位计；压力容器设备应装安全阀，安全阀的接管直径应经计算确定，并应符合锅炉及压力容器的有关规定，安全阀前后不得设阀门，其泄水管应引至安全处。

（3）**《英国建筑条例》（2010年版）**

G3（2）热水系统，包括向热水系统中供应水或接收膨胀水的任何水箱或其他容器，其设计、建造和安装应保证其具有耐温和耐压性（在正常使用中可能发生的温度和压力或者发生合理预期的故障时），并具有充分支撑。

【《规范》编制时的修改】

本条是在国家标准《城镇给水排水技术规范》GB 50788—2012 第 3.7.4 条的基础上，结合国家标准《建筑给水排水设计标准》GB 50015—2019 相关条文，对制备热水的核心设备、产品作出了保证安全节能的规定。

【实施与检查控制】

工程中选用的水加热器的生产企业应具备压力容器制造资质，产品应有相关质量证书、热工性能测试报告。

查看设计说明、给水排水平面图、热水系统图及水加热器大样图等设计文件，核实水加热设备等的选用参数。

工程验收应对产品质量、构造、热工性能检测报告等内容进行检测。

5.3.2 严禁浴室内安装燃气热水器。

【编制说明】

浴室一般空间小且无外窗，使用时水雾弥漫，如将燃气热水器安装在内，燃气或有害气体泄漏时将发生人员中毒，甚而造成爆炸的事故，因此，浴室不得装任何燃气热水器。

【现行规范（标准）的相关规定】

国家标准《建筑给水排水设计标准》GB 50015—2019

6.5.6 燃气热水器、电热水器必须带有保证使用安全的装置。严禁在浴室内安装直接排气式燃气热水器等在使用空间内积聚有害气体的加热设备。

【《规范》编制时的修改】

本条是在国家标准《建筑给水排水设计标准》GB 50015—2019 第 6.5.6 条的基础上，作出了更为严格的规定。

【实施与检查控制】

设计文件中应明确燃气热水器安装位置。

查看设计说明、给水排水平面图等设计文件，核实燃气热水器的安装位置是否在卫生间内。

188

5.3.3 热水系统和热媒系统采用的管材、管件、阀件、附件等均应能承受相应系统的工作压力和工作温度。

【编制说明】

热水系统内的热水温度为 50℃～70℃，热媒系统内的介质温度为 60℃～200℃，不同的热水系统、热媒系统有不同的工作压力，而不同的管材、管件、阀件、附件亦有相应的许用压力和工作温度，如选用不当，轻则漏水，影响使用，重则将发生管道爆裂，造成人员伤害及淹水破坏财产等严重事故。

【现行规范（标准）的相关规定】

（1）国家标准《城镇给水排水技术规范》GB 50788—2012

3.7.4 水加热、储热设备及热水供应系统应保证安全、可靠地供水。

（2）国家标准《建筑给水排水设计标准》GB 50015—2019

6.6.5 集热系统附属设施的设计计算应符合下列规定：

9 开式太阳能集热系统应采用耐温不小于 100℃ 的金属管材、管件、附件及阀件；闭式太阳能集热系统应采用耐温不小于 200℃ 的金属管材、管件、附件及阀件。直接太阳能集热系统宜采用不锈钢管材。

6.8.1 热水系统采用的管材和管件，应符合国家现行标准的有关规定。管道的工作压力和工作温度不得大于国家现行标准规定的许用工作压力和工作温度。

（3）《英国建筑条例》（2010 年版）

G3（2）热水系统，包括向热水系统中供应水或接收膨胀水的任何水箱或其他容器，其设计、建造和安装应保证其具有耐温和耐压性（在正常使用中可能发生的温度和压力或者发生合理预期的故障时），并具有充分支撑。

【《规范》编制时的修改】

本条综合现行规范（标准）的相关条款的内容，对热水、热媒系统采用管材提出了总体要求。

【实施与检查控制】

设计文件对选用管材、管件、阀件、附件等的承压和耐温作出的明确规定。

查看设计说明、给水排水平面图、设备材料表、热水系统图、热交换间大样图等设计文件，核查管材、管件、阀件及附件等的承压和耐温要求是否满足系统的工作压力及工作温度。

5.3.4 热水管道系统应有补偿管道热胀冷缩的措施；热水系统应设置防止热水系统超温、超压的安全装置，保证系统功能的阀件应灵敏可靠。

【编制说明】

水加热时产生容重变轻，体积膨胀，热水管道会伸长，降温时热水管道收缩，如果不采取补偿其热胀冷缩的措施，管道内承受的压力升高甚而超过其许用的内应力，会使管道弯曲，严重时使管道破裂。因此热水供应系统的管道应有补偿管道热胀冷缩的措施。其具体措施一是通过管道转弯自然补偿，二是设置管道伸缩器。

水加热设备配置温度控制阀是为保证热水系统正常运行工况下供热水温度满足《规范》第5.1.3条的要求。一般水—水换热的水加热器的热媒进水或出水管上应装一个自力式或电动温度控制阀，汽—水换热的水加热器热媒进汽管或出水（汽）管上应装一个自力式或电动温度控制阀，一个超温电动切断阀。

家用电热水器、燃气热水器按产品标准要求配置温度控制阀、组合式燃气控制阀和超温切断阀。温度控制阀应符合行业标准《自力式温度调节阀》JB/T 11048 的要求。当采用国外产品时，温度控制阀应符合相应国际通用标准的要求。

恒温混合阀是一种控制热水系统供水温度恒定的安全节能阀件也是防烫伤的重要阀件。国外应用较为普及，国内亦有不少项目的集中热水供应系统应用或选用。

目前恒温混合阀大都产自美国、德国、意大利等国家，因此，其产品标准应符合相应的国际通用标准。

温控循环阀、流量平衡阀是近年来一些集中热水循环系统用来保证系统循环效果的专用阀件，它具有节能、省材和易于保证循环效果保证水质的优点。目前国内尚无此类质量可靠的产品，因此，本条规定了这些产品应符合国际通用标准的要求。

安全阀是热水系统常用的泄压阀件。集中热水供应系统的水加热器一般配一个压力安全阀，局部热水供应系统的电热水器配一个温度安全阀，燃气热水器应设温度/压力组合安全阀。采用国产安全阀时其产品应符合现行国家标准《安全阀一般要求》GB/T 12241的要求，采用国外产品时，其产品应符合国际通用标准的要求。安全阀泄水（汽）管应就近将其引至设备机房地沟、地漏等处，间接将泄水（汽）排至排水系统，以防泄水（汽）时伤人和防止与排水系统直接连接污染容器中热水水质。

【现行规范（标准）的相关规定】

国家标准《建筑给水排水设计标准》GB 50015—2019

6.8.3 热水管道系统应采取补偿管道热胀冷缩的措施。

6.8.9 水加热设备的出水温度应根据其贮热调节容积大小分别采用不同温级精度要求的自动温度控制装置。当采用汽水换热的水加热设备时，应在热媒管上增设切断汽源的电动阀。

6.8.10 水加热设备的上部、热媒进出口管上、贮热水罐、冷热水混合器上和恒温混合阀的本体或连接管上应装温度计、压力表；热水循环泵的进水管上应装温度计及控制循环水泵开停的温度传感器；热水箱应装温度计、水位计；压力容器设备应装安全阀，安全阀的接管直径应经计算确定，并应符合锅炉及压力容器的有关规定，安全阀前后不得设阀门，其泄水管应引至安全处。

【《规范》编制时的修改】

本条是在综合现行标准内容基础上，对热水系统的安全措施提出了总体要求。

【实施与检查控制】

设计图纸、设计说明中应给出管道采取补偿热胀冷缩的措施，换热设备应标出所用安全装置；设备制造企业应针对不同热媒设备提出相应安全可靠、灵敏的控温抗超压阀件等。

查看设计说明、给水排水平面图、设备材料表、热水系统图、热交换间大样图等设计文件，热水系统是否有补偿管道热胀冷缩的措施，热水系统是否设置了防止热水系统超温、超压的安全装置，核查所选用阀件参数。工程验收对设备及配套阀件等按产品标准的参数及设计要求验收。

5.3.5 膨胀管上严禁设置阀门。

【编制说明】

热水系统产生的热水膨胀量应通过膨胀罐吸收或通过膨胀管、安全阀、泄压阀泄水管泄出，以保证系统的安全使用。当系统采用膨胀管泄压时，膨胀管上不得设阀门，否则，当此阀门误闭时，系统内膨胀量不能及时泄出，引起系统压力骤升超压而产生安全事故。

【现行规范（标准）的相关规定】

国家标准《建筑给水排水设计标准》GB 50015—2019

6.5.20 膨胀管上严禁装设阀门。

【《规范》编制时的修改】

本条与国家标准《建筑给水排水设计标准》GB 50015—2019 第 6.5.20 条保持一致。

【实施与检查控制】

设计中严禁在膨胀管上设阀门。

查看设计说明、给水排水平面图、热水系统图、热交换间大样图等设计文件，核查膨胀管上是否设置了阀门。工程验收时核查膨胀管。

6 游泳池及娱乐休闲设施水系统设计

6.1 水 质

6.1.1 人工游泳池的池水水质卫生标准应符合表 6.1.1-1、表 6.1.1-2的规定。

表 6.1.1-1 人工游泳池池水水质常规检验项目及限值

序号	项 目	限 值
1	浑浊度（散射浊度计单位）（NTU）	≤0.5
2	pH	7.2～7.8
3	尿素（mg/L）	≤3.5
4	菌落总数（CFU/mL）	≤100
5	总大肠菌群（MPN/100mL 或 CFU/100mL）	不得检出
6	水温（℃）	23～30
7	游离性余氯（mg/L）	0.3～1.0
8	化合性余氯（mg/L）	<0.4
9	氰尿酸（$C_3H_3O_3$）（mg/L）（使用含氰尿酸的氯化合物消毒剂时）	<30（室内池） <100（室外池和紫外消毒）
10	臭氧（mg/m³）	<0.2（水面上 20cm 空气中）， <0.05（池水中）
11	过氧化氢（mg/L）	60～100
12	氧化还原电位（mV）	≥700（采用氯和臭氧消毒时） 200～300（采用过氧化氢消毒时）

注：第 7 项～第 12 项为根据所使用的消毒剂确定的检测项目及限值。

表 6.1.1-2　人工游泳池池水水质非常规检验项目及限值

序号	项　　目	限　　值
1	三氯甲烷（μg/L）	≤100
2	贾第鞭毛虫（个/10L）	不应检出
3	隐孢子虫（个/10L）	不应检出
4	三氯化氮（采用氯消毒时）（mg/m³）	<0.5（水面上 30cm 空气中）
5	异养菌（CFU/mL）	≤200
6	嗜肺军团菌（CFU/200mL）	不应检出
7	总碱度（以 CaCO₃ 计）（mg/L）	60～180
8	钙硬度（以 CaCO₃ 计）（mg/L）	<450
9	溶解性总固体（mg/L）	与原水相比，增量不大于 1000

【编制说明】

本条是对游泳池的池水水质卫生的规定。游泳池的池水应洁净舒适，不产生交叉感染疾病，不危害游泳和戏水者的卫生健康。现行行业标准《游泳池水质标准》CJ/T 244 中的水质卫生标准仅适用于人工建造的室内外游泳池、水上游乐池、文艺演出水池。一般游泳池运行时只需控制常规检测项目，如果池水发生污染，常规检验微生物超标或使用中的游泳池池水影响健康，非常规检测项目可作为池水附加水质检测内容。水质监测要求应符合现行行业标准《游泳池给水排水工程技术规程》CJJ 122 的相关规定。

水是游泳池、游乐按摩池及文艺演出池的主体，它是供人们在水中进行各种活动的载体，它的质量关系到：

（1）卫生健康：确保池水中的人不发生感染疾病的危害；

（2）最佳的舒适度：确保池水对人体不产生任何刺激和不适；

（3）清澈透明的洁净度：确保竞赛、表演、戏水等活动观众能清晰可见；

（4）确保池岸救护人员判别水中是否有失常动作，以便及时救护。

本条是对游泳池及类似水环境池水的卫生要求，并明确规定了人工游泳池池水水质卫生标准由常规检验项目和限值、非常规检验项目和限值两部分组成。

人工游泳池指以钢筋混凝土、石块、钢制板材和塑料板材等按照一定规格尺寸浇筑、砌筑、拼装而成的池体，且内壁粘贴有表面光洁的表层及各种配水、回水、溢流水等管道，专用配件组织的能使池水有序循环流动功能的水池。

人工游泳池包含：1）竞赛用途类游泳池；2）专用培训及训练类游泳池；3）公共成人和儿童类健身类游泳池；4）水上游乐和惊险类水池；5）水中文艺类表演水池。

【现行规范（标准）的相关规定】

（1）国家标准《公共场所卫生管理规范》GB 37487—2019

4.7.2 人工游泳场所池水循环净化、消毒、补水等设施设备应正常运行，每日补充足量新水，发生故障时应及时检修，游泳池水质应符合 GB 37488 的要求。儿童池营业期间应持续供给新水。

（2）国家标准《公共场所卫生指标及限值要求》GB 37488—2019

4.4.1.1 人工游泳池水质标准应符合表 4 的要求，其原水及补充用水应符合 GB 5749 的要求。

表 4　人工游泳池水质指标卫生要求

指标	要求	备注
游泳池水浑浊度/NTU	≤1	—
pH	7.0～7.8	—
游离性余氯/(mg/L)	0.3～1.0	使用氯气及游离氯制剂消毒时要求
化合性余氯/(mg/L)	≤0.4	使用氯气及游离氯制剂消毒时要求
浸脚池游离性余氯/(mg/L)	5～10	—
臭氧/(mg/m³)	≤0.2	使用臭氧消毒时要求，水面上方 20cm 空气中浓度
氧化还原电位(ORP)(mV)	≥650	采用氯和臭氧消毒时
氰尿酸(mg/L)	≤50	使用二氯异氰尿酸钠和三氯异氰尿酸消毒时采用

续表4

指标	要求	备注
尿素(mg/L)	≤3.5	—
菌落总数(CFU/mL)	≤200	—
大肠菌群/(CFU/100mL 或 MPN/100mL)	不得检出	—
其他毒理指标	按 GB 5749 执行	根据水质情况选择

（3）国家标准《公共场所设计规范 第3部分：人工游泳场所》GB 37489.3—2019

7.4 应设余氯、浑浊度、pH、氧化还原电位等指标的水质在线监控装置。

（4）国家标准《建筑给水排水设计标准》GB 50015—2019

3.10.1 游泳池和水上游乐池的池水水质标准应符合现行行业标准《游泳池水质标准》CJ/T 244 的规定。

3.10.2 举办重要国际竞赛和有特殊要求的游泳池池水水质，除应符合本标准第3.10.1条的规定外，尚应符合相关专业部门的规定。

（5）行业标准《游泳池水质标准》CJ/T 244—2016

4.2 游泳池水质标准

4.2.1 游泳池池水的感官性状应良好。

4.2.2 游泳池水中不应含有病原微生物。

4.2.3 游泳池水中所含化学物质不应危害人体健康。

4.2.4 常规检验项目及限值见表1。

表1 游泳池池水水质常规检验项目及限值

序号	项目	限值
1	浑浊度(散射浊度计单位)/NTU	≤0.5
2	pH	7.2～7.8

序号	项目	限值
3	尿素/(mg/L)	≤3.5
4	菌落总数/(CFU/mL)	≤100
5	总大肠菌群/(MPN/100mL 或 CFU/100mL)	不应检出
6	水温/℃	20～30
7	游离性余氯/(mg/L)	0.3～1.0
8	化合性余氯/(mg/L)	<0.4
9	氰尿酸 $C_3H_3N_3O_3$ (使用含氰尿酸的氯化合物消毒时)/(mg/L)	<30(室内池) <100(室外池和紫外消毒)
10	臭氧(采用臭氧消毒时)/(mg/m³)	<0.2(水面上20cm空气中) <0.05mg/L(池水中)
11	过氧化氢/(mg/L)	60～100
12	氧化还原电位/mV	≥700(采用氯和臭氧消毒时) 200～300 采用过氧化氢消毒时)

4.2.5 游泳池池水水质非常规检验项目及限值见表2。

表2 游泳池池水水质非常规检验项目及限值

序号	项目	限值
1	三氯甲烷/(μg/L)	≤100
2	贾第鞭毛虫/(个/10L)	不应检出
3	隐孢子虫/(个/10L)	不应检出
4	三氯化氮(加氯消毒时测定)/(mg/m³)	<0.5(水面上30cm空气中)
5	异养菌/(CFU/mL)	≤200
6	嗜肺军团菌/(CFU/200mL)	不应检出
7	总碱度(以 $CaCO_3$ 计)/(mg/L)	60～180
8	钙硬度(以 $CaCO_3$ 计)/(mg/L)	<450
9	溶解性总固体/(mg/L)	与原水相比，增量不大于1000

(6) 国家标准《景观娱乐用水水质标准》GB 12941—91

2.1 标准的分类

A 类：主要适用于天然浴场或其他与人体直接接触的景观、娱乐水体。

B 类、C 类：略。

2.2 标准值

各类水质标准项目及标准值列于表 1。

注：本实施指南略，设计时设计人应自行在该标准寻找。

(7) 行业标准《游泳池给水排水工程技术规程》CJJ 122—2017

3.2.1 游泳池的池水水质应符合现行行业标准《游泳池水质标准》CJ/T 244 的规定。

3.2.2 举办重要国际游泳竞赛和有特殊要求的游泳池池水水质，应符合国际游泳联合会及相关专业部门的要求。

(8) 《国际游泳联合会（FINA）游泳设施规则》（2017 年～2021 年版）

FR1.4 为确保以健康、训练、比赛为目的的游泳池设施使用者的健康、安全，公共游泳池及训练、比赛用游泳池的所有者，必须遵守游泳池所在地法律和卫生机构的相关设置要求。

FR8.4 在奥运会及世界锦标赛中，只能使用含盐量小于 3g/L 的池水。

关于池水温有如下规定：

FR2.12 游泳池水温应为 25℃～28℃；

FR5.3.9 跳水池水温应不低于 26℃；

FR7.3 水球池水温应为 26℃±1℃；

FR10.6 花样游泳池水温应为 27℃±1℃。

(9) 世界卫生组织(WHO)《游泳池、按摩池及类似水环境安全指导准则》（以下简称《准则》）

第 C.0.1 条 《准则》的主要目的：

1)《准则》讨论了有关游泳池、按摩池及类似水环境使用中应注意的危害，特别是人为伤害、微生物污染和化学品的暴露。并提出了与健康相关物理、化学、微生物学的相关参数，以减少娱乐水环境所造成的危害。

2)《准则》主要目的是保护公众的健康，使休闲娱乐水的处理设备尽可能安全地使用，使最多人的使用得到最大利益。

3)《准则》指定作为讨论休闲娱乐水环境中遇到的控制危害问题的基础。所提供的信息适用于室内、室外公共和半公共的新鲜水、海水和温泉水的游泳池。所含信息也与公共、半公共和家庭热水浴池以及天然温泉和矿泉水按摩池有关。

4）如果决定采用本《准则》，还应根据所在国家和地区因地制宜的作出相应的变化。

第 C.0.4 条 水和空气质量管理（摘录与本规范有关内容）

1 在公共健康的管理中，水和空气质量最基本的要求是：

1）控制清晰度，使损伤和伤害降到最低；

2）控制水质，防止传染疾病的传播以及控制来自消毒副产物的潜在危害；

3）频繁不间断加入新鲜水，稀释水处理不能去除的物质。

5 保证游泳安全，在水面波动的情况下，从救生员所处位置处，能看到池底落水者的可能，故池水浊度的最高指导值定为 0.5NTU。

6 新鲜水应添加到消毒后的游泳池池水中，且每一位游泳者不应小于 30L。

10 公共及半公共游泳池在设计负荷规定条件运行时池水中游离性余氯控制参数：

1）保持 1mg/L 能达到常规适当消毒；

2）氯与臭氧或紫外线（VU）联合消毒系统时，采用 0.5mg/L 或以下低浓度游离性余氯是可行的；

3）热水浴池需要 2mg/L～3mg/L 较高浓度的游离性余氯；在公共及半公共游泳池总溴浓度不应超过 4mg/L；热水浴池池水中总溴浓度为 5mg/L。

13 游泳池和类似水环境池水中 pH 的控制：

1）控制目的：保证有效的消毒和防止对池体结构的破坏；确保使用者的舒适性。

2）控制参数：氯消毒时，pH 应保持在 7.2～7.8 之间；溴基和其他非氯消毒处理时，pH 应保持在 7.2～8.0 之间。

14 游泳池和类似水环境池水中保持在适当的剩余消毒剂浓度，可以防止污染和疾病。

注：1）该条还提出对池水中异养菌、耐热大肠菌或埃氏大肠菌、铜绿假单胞菌和军团菌等进行监控，但未提出控制参数值。

2）上述各项参数值在其条文中均以条文形式进行叙述。列项和编号为编者所编。

【《规范》规定与相关国际标准规定的对比】

（1）表达方式不同

1）《规范》对游泳池池水卫生项目指标和限值以表格方式表示；

2）国际组织对游泳池池水卫生项目指标和限值以条文方式表示。

（2）检验项目和限值的差异

1）池水浑浊度、三氯化氮在空气中的允许浓度与《规范》规定一致；

2）池水温度、池水中游离性余氯浓度、池水 pH 等比《规范》要求更细化；

3）池水中的总含盐量表示方式不同，但《规范》表示方式的总含盐量优于相关国际标准；

4）池水水质卫生检验项目数《规范》优于国际相关标准；

5）池水中总溴浓度《规范》未有此项要求；

6）池水采用臭氧消毒时臭氧在空气中的浓度比《规范》要求严格，但此参数值为指导值。

（3）对比结论

《规范》对池水卫生检验项目和限值的确定，是北京工业大学在北京恒动环境技术公司和中国建筑设计研究院的配合下，对影响池水卫生、健康、安全的池水净化处理工艺技术结合行业标准《游泳池水质标准》CJ 244—2007修编进行了课题研究。认为池水水质卫生的检测项目和限值保证是池水循环净化处理工艺技术。通过实验和全国各大型游泳馆进行管理者的经验和教训提出相关项目和限值的建议。

【《规范》编制时的修改】

本条系由现行国家标准、行业标准、地方标准和国际标准中强制性条文、非强制性的相关条文或指导原则综合改编而成。

（1）将"游泳池水质标准"改为"人工游泳池池水水质卫生标准"。"水质"的含义比较广泛，对游泳池来讲还包括补水。"游泳池"还包括天然游泳池（场），如河、湖、海滨、水库等水域设置隔离，其中部分水域作为游泳之用，为确保游泳者、休闲戏水和游乐者的安全、卫生、健康，其水质卫生要求与人工游泳池不一致，国家标准《公共场所卫生指标及限值要求》GB 37488—2019第4.4.2条有详细规定。

（2）将《规范》第6章章名"游泳池及娱乐休闲设施水系统设计"中的"休闲设施"包括"水上游乐池、文艺表演池"，在条文中统称为"人工游泳池"。

（3）将国家标准《建筑给水排水设计标准》GB 50015—2019及行业标准《游泳池给水排水工程技术规程》CJJ 122—2017的相关条文提升为强制性条文。

【实施与检查控制】

卫生监督部门、行业行政主管部门等应按相关法律法规、游泳池池水卫生标准的卫生项目和限值规定，对池水卫生进行管理和监督。

不同用途和类型的游泳池、休闲娱乐池的各项池水水质卫生监测项目和限值参数均应各自独立设置线上监测仪器仪表。

池水水质卫生检验项目和限值参数是确定池水循环净化处理工艺技术参数、设备配置和材料造型、运行管理、监督与监测的基础，设计、施工、系统运行、行政和行业等主管部门均应认真执行。

建设行政主管部门应对工程设计说明中下列各项进行检查：设计依据中是否列有《规范》；池水监测监控系统是否各自独立设置游泳池、休闲娱乐池；池水水质卫生线上和线下监测内容和频率是否与当地卫生监督部门、行政主管部门规定和要求一致。

卫生监督部门、运营管理部门应核查下列各项：运营管理部门应严格控制池水中人数负荷是否超过标准规定；每个开放场次运营前应对池水线上水质卫生监测仪表、仪器及线路和灵敏度进行巡视；每个开放场次结束后，应监督操作人员是否对池岸进行清洁和浸脚消毒池水进行更换；每个开放场次中，应按设计要求对池内新鲜水的补充量进行均衡控制。

6.1.2 公共热水按摩池的池水卫生标准应符合表 6.1.2 的规定。

表 6.1.2　公共热水按摩池池水水质检验项目及限值

序号	项　目	限　值
1	浑浊度（NTU）	$\leqslant 1$
2	pH	$6.8 \sim 8.0$
3	总碱度（mg/L）	$80 \sim 120$
4	钙硬度（以 $CaCO_3$ 计）（mg/L）	$150 \sim 250$
5	溶解性总固体（TDS）（mg/L）	$\leqslant$原水 TDS$+1500$
6	氧化还原电位（ORP，mV）	$\geqslant 650$
7	游离性余氯（使用氯类消毒剂时测定）（mg/L）	$0.4 \sim 1.0$
8	化合性余氯（使用氯类消毒剂时测定）（mg/L）	$\leqslant 0.5$
9	总溴（使用溴类消毒剂时测定）（mg/L）	$1.0 \sim 3.0$
10	氰尿酸（使用二氯或三氯消毒时测定）（mg/L）	$\leqslant 100$

续表 6.1.2

序号	项　目	限　值
11	二甲基海因(使用溴氯海因消毒时测定)(mg/L)	≤200
12	臭氧(使用臭氧消毒时测定)(O₃，池水中，mg/L) (O₃，水面上20cm空气中，mg/m³)	≤0.05 ≤0.2
13	菌落总数(36℃±1℃，48h)(CFU/mL)	≤100
14	总大肠菌群(36℃±1℃，24h)(MPN/100mL 或 CFU/100mL)	不得检出
15	嗜肺军团菌(CFU/200mL)	不得检出
16	铜绿假单胞菌(MPN/100mL 或 CFU/100mL)	不得检出

【编制说明】

本条是对公共热水按摩池的池水卫生标准的规定。公共热水按摩池的池水应卫生健康，确保对按摩者不产生交叉感染疾病和防止军团菌的产生，能够保持良好的水环境，确保池水无挥发性不良气体和在池壁、设备、管道内不产生生物膜。池内池水温度不应超过42℃，确保按摩者舒适、安全。水质监测要求应符合现行行业标准《公共浴场给水排水工程技术规程》CJJ 160 的相关规定。

公共热水按摩池是供多个浴疗者在同一池内选用不同水疗设施的场所。在水疗过程中水疗者为静态，而且持续时间较长，一般为 10min~15min。对池水水质卫生要求的目的是保证池内众多浴疗不发生传染疾病的交叉感染，且舒适、安全。

公共热水按摩池的构造材质与《规范》第 6.1.1 条游泳池的材质基本上相同，但池体比游泳池小，并在池内沿池内壁设有浴疗者使用的座台或成品浴疗椅。

公共热水按摩池的池内水质可分为：1）符合现行国家标准《生活饮用水卫生标准》GB 5749 的淡水；2）含盐量超过350mg/L 的人造海水或符合国家标准《海水水质标准》GB 3097—1997 中的第二类水质标准；3）药物水，即向浴池水中添加对人体有理疗和保健功能的相关药物的溶剂，供浴疗者选用。

公共热水按摩池水温根据健身效果分为：1）40℃～42℃热水；2）35℃～38℃温水；3）7℃～13℃冷水，可供浴疗者选用。

公共热水按摩池在池座台上部沿池内壁、池底、座椅上及池岸上安装有不同压力、不同形式的喷水、气-水混合等喷水嘴、喷水盒，可对人体不同部位进行冲击按摩，以供浴疗者选用。

公共热水按摩池只供成年人使用，应设池水浑浊度、pH、余氯（或总溴、臭氧、ORP 等）在线监控设备。

【现行规范（标准）的相关规定】

（1）国家标准《公共场所卫生指标及限值要求》GB 37488—2019

4.4.3.1 沐浴用水中不得检出嗜肺军团菌，池水浊度不应大于5NTU，池水原水及补充用水应符合 GB 5749 的要求。

4.4.3.2 沐浴池水温宜在38℃～40℃之间。

（2）行业标准《公共浴池水质标准》CJ/T 325—2010

5.2 热水浴池水质检验项目及限值应符合表2的规定。

表2 热水浴池水质检验项目和限值

序号	项　目	限　值
1	浑浊度(NTU)	≤1
2	pH 值	6.8～8.0
3	总碱度/(mg/L)	80～120
4	钙硬度(以 $CaCO_3$ 计)/(mg/L)	150～200
5	溶解性总固体(TDS)/(mg/L)	≤原水 TDS+1500
6	氧化还原电位(ORP)/(mV)	≥650
7	游离性余氯(使用氯类消毒剂时测定)/(mg/L)	0.4～1.0
8	化合性余氯(使用氯类消毒剂时测定)/(mg/L)	≤0.5
9	总溴（使用溴类消毒剂时测定)/(mg/L)	1.0～3.0
10	氰尿酸(使用二氯或者三氯消毒时测定)/(mg/L)	≤100

续表2

序号	项 目	限 值
11	二甲基海因(使用溴氯海因时测定)/(mg/L)	≤200
12	臭氧(使用臭氧时测定)(O₃,水中,mg/L)	≤0.05
	(O₃,水面上,mg/m³)	≤0.2
13	菌落总数(36℃±1℃,48h)(CFU/mL)	≤100
14	总大肠菌群(36℃±1℃,24h)(MPN/100mL 或 CFU/100mL)	不得检出
15	嗜肺军团菌(CFU/200mL)	不得检出
16	铜绿假单胞菌(MPN/100mL 或 CFU/100mL)	不得检出

(3) 行业标准《公共浴场给水排水工程技术规程》CJJ 160—2011

3.2.1 公共浴池的池水水质允许限值和检验项目应符合现行行业标准《公共浴池水质标准》CJ/T 325 的规定。

3.2.2 公共热水浴池和温泉水浴池各种水质的检测方法应符合现行行业标准《公共浴池水质标准》CJ/T 325 的规定。

(4) 世界卫生组织(WHO)《游泳池、按摩池及类似环境安全指导准则》实施纲要(2006年版)

第 C.0.1 条 《准则》主要目的:

本规范第 6.1.1 条实施指南中该规定适用于本条要求。

第 C.0.4 条 水和空气质量管理:

1 本规范第 6.1.1 条实施指南中第 1 条中的 1)～3)项适用于本条。

2 本规范第 6.1.1 条实施指南中第 11 条中的第 3)、5)项适用于本条。

3 本规范第 6.1.1 条实施指南中第 13 条中第 1 款和第 14 条适用于本条。

(5) 澳大利亚《SPA、POOL 水质标准》(2004年版)

1) pH:7.2～7.8;

2）总碱度：80mg/L～200mg/L（以 $CaCO_3$ 计）；

3）钙硬度：100mg/L～200mg/L；

4）总溶解固体：原水＋1000mg/L，或小于 3000mg/L。

（6）英国 SPATA 标准中"按摩浴池（SPA、POOL）水质标准"（2001 年版）

1）pH：7.2～7.6；

2）总碱度：100mg/L～200mg/L（以 $CaCO_3$ 计）；

3）钙硬度：100mg/L～400mg/L；

4）总溶解固体：小于 1500mg/L 或 4 倍原水值。

（7）日本厚生省关于公共浴池水质标准指标（2003 年版）

1）色度：不得大于 5 度；

2）浊度：不得大于 2NTU；

3）pH：5.8～8.6 之间；

4）高锰酸钾消耗量：不得大于 10 mg/L；

5）大肠菌群（革兰氏阴性无芽孢杆菌可以分解乳糖形成酸和气的好氧或兼性菌）：每 50mL 水中不得检出；

6）军团菌：不得检出。

【《规范》规定与相关国际标准规定的对比】

（1）表达方式不同

《规范》对公共热水按摩池池水水质卫生检验项目和限值以表格形式表示，国际组织和国外相关标准对池水水质卫生检验项目和限值以条文形式表示。

（2）检验项目和限值的差异

对池水卫生检验项目数量的规定《规范》优于国际相关标准；对池水浑浊度要求《规范》优于国际相关标准；国际相关标准对池水色度、高锰酸钾消耗量有要求，《规范》未作要求。

【《规范》编制时的修改】

本条系根据国家标准、行业标准和国际相关标准、规定中的相关规定综合改编而成。本条将行业标准《公共浴场给水排水工程技术规程》CJJ 160—2011 两款条文提升为强制性条文。

明确了公共热水按摩池的类型和相应的原水水质、水温等相应技术参数。明确了公共热水按摩池的功能设施特征及使用对象。

【实施与检查控制】

卫生监督部门、行政主管部门等应按相关法律法规、公共热水按摩池池水卫生标准的卫生项目和限值规定，对池水卫生管理和监督。不同用途和类型的公共热水按摩池的各项池水水质卫生监测项目和限值参数均应各自独立设置线上监测仪器仪表。池水水质卫生检验项目和限值参数是确定池水循环净化处理工艺技术参数、设备配置和材料造型、运行管理、监督与监测的基础，设计、施工、系统运行、行政和行业等主管部门均应执行。

卫生主管部门、建设行政主管部门等应对工程设计说明中下列各项进行检查：

1）池水监测监控系统是否各自游泳池、休闲娱乐池为独立设置；

2）池水水质卫生线上和线下监测内容和频率是否与当地卫生监督部门、行政主管部门规定和要求一致。

卫生监督部门、运营管理部门应核实下列各项：

1）运营管理部门应严格控制池水中人数负荷是否超过标准规定；

2）每个开放场次运营前应对池水线上水质卫生监测仪表、仪器及线路和灵敏度进行巡视；

3）每个开放场次结束后，应监督操作人员是否对池岸进行清洁和浸脚消毒池池水进行更换；

4）每个开放场次中，应按设计要求对池内新鲜水的补充量进行均衡控制。

6.1.3 温泉水浴池的池水卫生标准应符合表 6.1.3 的规定。

表 6.1.3　温泉水浴池池水水质检验项目和限值

序号	项目	限值
1	浑浊度（NTU）	≤1，原水与处理条件限值时为5
2	耗氧量（以高锰酸钾计）（mg/L）	≤25
3	总大肠菌群（36℃±1℃，24h，MPN/100mL 或 CFU/100mL）	不得检出
4	铜绿假单胞菌（MPN/100mL 或 CFU/100mL）	不得检出
5	嗜肺军团菌（CFU/200mL）	不得检出

【编制说明】

本条是对温泉水浴池的池水卫生标准的规定。使用温泉水洗浴时应保证不破坏温泉原水的各项有益成分，而且池内水质应防止交叉感染传染疾病，不滋生军团菌和无不良气味。

本条规定了温泉浴池池水卫生标准检验项目和限值。温泉浴池指以钢筋混凝土、石块、钢制板材和塑料板材等按照一定规格尺寸浇筑、砌筑、拼装而成的池体，且内壁粘有表面光洁的表层及各种配水、回水、溢流水等管道专用配件组织的能使池内水有序循环流动功能的水池。应设池水浑浊度、所有消毒剂允许浓度、pH、ORP 等指标在线监控装置。

温泉水是指雨水、天然水系渗入地面层以下深度层位处受地温加热及长期浸泡，使地层中各种丰富的矿物质溶解在水中，使水中含有一种或多种不同矿物质，化学元素和放射性成分等数量能达到或超过对人体无害，并具有一定辅助医疗效果和保健功能，且水温不低于 34℃ 的矿泉水。

【现行规范（标准）的相关规定】

（1）国家标准《地热资源地质勘查规范》GB/T 11615—2010 理疗热矿水水质标准见表 E.1。

表 E.1 理疗热矿水水质标准   单位为毫克每升

成分	有医疗价值浓度	矿水浓度	命名矿水浓度	矿水名称
二氧化碳	250	250	1000	碳酸水
总硫化氢	1	1	2	硫化氢水
氟	1	2	2	氟水
溴	5	5	25	溴水
碘	1	1	5	碘水
锶	10	10	10	锶水
铁	10	10	10	铁水
锂	1	1	5	锂水
钡	5	5	5	钡水
偏硼酸	1.2	5	50	硼水
偏硅酸	25	25	50	硅水
氡/(Bq/L)	37	47.14	129.5	氡水
温度/（℃）	≥34	—	—	温水
矿化度	<1000	—	—	淡水

注：本表依据 GB/T 13727—92《天然矿泉水地质勘探规范》（附录 B 医疗矿泉水水质标准），略作修改，主要是取消了锰、偏砷酸、偏磷酸、镭 4 个意义不明或对人体有害的矿水类型。

（2）行业标准《公共浴场给水排水工程技术规程》CJJ 160—2011

3.2.1 公共浴池的池水水质允许限值和检验项目应符合现行行业标准《公共浴池水质标准》CJ/T 325 的规定。

3.2.2 公共热水浴池和温泉水浴池各种水质检验项目的检测方法应符合现行行业标准《公共浴池水质标准》CJ/T 325 的规定。

（3）行业标准《公共浴池水质标准》CJ/T 325—2010

5.1 温泉水浴池水质检验项目及限值应符合表 1 的规定。

注：该表 1 与《规范》第 6.1.3 条表 6.1.3 完全一致，本实施指南不再重复。

（4）行业标准《温泉旅游泉质等级划分》LB/T 070—2017

中附录 A 和附录 B（均为规范性附录）

表 A.1 给出了温泉泉质等级划分的依据。

表 A.1　温泉泉质等级划分表

单位：mg/L

成分	医疗价值浓度	矿水浓度	命名矿水浓度	矿水名称
二氧化碳	250	250	1000	碳酸水
总硫化氢	1	1	2	硫化氢水
氟	1	2	2	氟水
溴	5	5	25	溴水
碘	1	1	5	碘水
锶	10	10	10	锶水
铁	10	10	10	铁水
锂	1	1	5	锂水
钡	5	5	5	钡水
偏硼酸	1.2	5	50	硼水
偏硅酸	25	25	50	硅水
氡 Bq/L	37	47.14	129.5	氡水

表 B.1 给出了温泉泉质非特征性指标及其限值。

表 B.1　温泉泉质非特征性指标及限值

单位：mg/L

指标		限值
氰化物(以 CN-计)/(mg/L)	≤	0.2
汞(Hg)/(mg/L)	≤	0.001
砷(As)/(mg/L)	≤	0.05
铅(Pb)/(mg/L)	≤	0.05
镉(Cb)/(mg/L)	≤	0.005
滴滴涕/(mg/L)	≤	1.0
六六六/(mg/L)	≤	0.06
四氯化碳/(mg/L)	≤	0.002
挥发性酚类(以苯酚计)/(mg/L)	≤	0.005
阴离子合成洗涤剂/(mg/L)	≤	0.2

【《规范》编制时的修改】

本条系由现行国家标准、行业标准强制性条文和非强制条文综合改编而成。将行业标准《公共浴池水质标准》CJ/T 325—2010 中表 1 的名称由"温泉水浴水质检验项目及限值"改为"温泉水浴池池水检验项目和限值";将行业标准的非强制性条文升级为强制性规定。

【实施与检查控制】

池水水质卫生检验项目和限值均以《规范》规定要求为执行标准。设计部门应根据温泉水勘察部门提供的不同温泉水特性各自独立设置温泉水浴池。卫生主管部门、行政主管部门等应按相关法律法规对温泉浴池的设计、池水卫生检验项目和限值进行审查、监督和管理。温泉水浴池经营部门应在不同温泉水浴池旁公布温泉水水质特性表。

卫生监督部门、行政主管部门应对工程设计说明中下列各项进行检查:

1)池水监测监控系统是否各自游泳池、休闲娱乐池为独立设置;

2)池水水质卫生线上和线下监测内容和频率是否与当地卫生监督部门、行政主管部门规定和要求一致。

卫生监督部门、运营管理部门应检查下列各项:

1)运营管理部门应严格控制池水中人数负荷是否超过标准规定;

2)每个开放场次运营前应对池水线上水质卫生监测仪表、仪器及线路和灵敏度进行巡视;

3)每个开放场次结束后,应监督操作人员是否对池岸进行清洁和浸脚消毒池池水进行更换;

4)每个开放场次中,应按设计要求对池内新鲜水的补充量进行均衡控制。

6.1.4 与人体直接接触的喷泉水景水质应符合现行国家标准

《生活饮用水卫生标准》GB 5749 的要求。

【编制说明】

本条是对喷泉水景工程中水体水质卫生的规定，其主要目的是确保与人体直接接触的水景水（含高压水雾）的水质对人体不发生卫生、健康的伤害。

水景用水分为与人体直接接触和与人体不直接接触两种情况，与人体直接接触的水景水质和形成可吸入水雾的水景水质，必须确保水质卫生安全，不能危害人体健康。

与人体直接接触指：1）与人体全身接触；2）通过人体鼻腔及口腔吸入的人造水雾。

【现行规范（标准）的相关规定】

（1） 行业标准《喷泉水景工程技术规程》CJJ/T 222—2015

4.2.5 喷泉水景工程的水体水质应符合下列规定：

3 高压人工造雾设备的出水水质应符合现行国家标准《生活饮用水卫生标准》GB 5749 的有关规定。

4.2.6 喷泉水景工程的水体水质不能达到本规程第 4.2.5 条规定的水质标准时，应采取水质净化处理措施。

【《规范》编制时的修改】

本条根据现行行业标准《喷泉水景工程技术规程》CJJ/T 222—2015 中第 4.2.5 条改编而成，增加"与人体直接接触"。

现行工程实例中有利用水景喷水的特殊水流状态，以适合儿童好动、好奇的亲水特征，使他们可以穿过水景水流到达可以兼作儿童戏水池的水池，并保证喷泉水景的水体卫生、健康和对人体无伤害。

【实施与检查控制】

喷泉水景工程设计建设时，对设有与人体全身直接接触的水景造型时，其喷水水质应按生活饮用水水质标准执行。用于人可以通过的喷泉水景，其通道地面应采用防滑面层；兼作儿童戏水池的喷泉水戏水池应按儿童戏水池要求确定。

卫生监督部门和运行经营管理部门应对喷泉水景水质按《规

范》进行检测和监督。

6.2 系 统 设 置

6.2.1 不同用途的游泳池、公共按摩池、温泉泡池应采用独立循环给水的供水方式，同一池内的池水循环净化处理系统应与功能循环给水系统分开设置。

【编制说明】

为了节约水资源和能源，游泳池必须采用循环供水方式，并应设置池水净化处理系统。不同用途的游泳池、公共按摩池、温泉泡池对水温、循环周期或水质要求往往不同，因此应该分别独立设置循环给水系统。功能循环给水系统一般指按摩池中的水力按摩系统、滑道池中的滑道润滑水系统、游乐池中的水娱乐系统等，这些系统一般直接从水池中抽水循环，不需要经过净化处理，因此应与池水循环净化处理系统分开设置。

本条是对不同用途的游泳池、公共按摩池、温泉泡池等池水循环净化处理系统和功能给水系统应独立设置的规定，目的是：1）节约水资源；2）确保不同用途的池内池水供水水质卫生和使用功能要求，方便监督各自系统正常运行、维护与管理；3）确保不同用途的池内池水均能满足各自同时使用要求，且不发生互相干扰；4）确保公共按摩池、温泉水浴池、药物水浴池等各自水质卫生，水温和各自功能的水质不被破坏。

池水循环净化处理工艺流程应包括池水循环，池水过滤净化、池水消毒杀菌及池水加热维温等 4 部分。

不同用途游泳池指竞赛池、准备热身池、跳水池、公共成人池、儿童池、专用池及各种水上游乐、娱乐池。

功能给水系统指跳水池池底和水面制波系统、公共浴池中对人体不同部位进行按摩的不同水力按摩装置的供水系统。

池水净化处理系统指由池水循环、过水过滤、池水消毒、加热器和相连接的管道及控制仪表灯组成的系统。

【现行规范（标准）的相关规定】

（1）国家标准《建筑给水排水设计标准》GB 50015—2019

3.10.6 不同使用功能的游泳池应分别设置独立的循环系统。水上游乐池循环水系统应根据水质、水温、水压和使用功能等因素，设计成一个或若干个独立的循环系统。

3.10.7 循环水应经过滤、消毒等净化处理，必要时应进行加热。

（2）行业标准《游泳池给水排水工程技术规程》CJJ 122—2017

4.1.1 游泳池必须采用循环给水的供水方式，并应设置池水循环净化处理系统。

4.1.3 不同使用要求的游泳池应设置各自独立的池水循环净化处理系统。

（3）行业标准《公共浴场给水排水工程技术规程》CJJ 160—2011

4.1.2 以休闲放松、养生保健、美容护肤、康复等为目的，并采用生活饮用水或温泉水为水源的浴池用水系统，应采用循环式给水系统。

4.3.4 使用功能和水质要求不同的浴池池水循环净化处理系统应分开设置，并应与浴池专业工艺设计密切配合，确保经济合理、安全适用。

6.2.10 当一座公共浴池设有多种功能循环水系统时，应符合下列规定：

　　1 每组功能系统的管道应独立设置；

　　2 每组功能系统应在喷头附近设置高于浴池水面的触摸开关。

（4）行业标准《喷泉水景工程技术规程》CJJ/T 222—2015

4.2.12 各类封闭的人工水体用水应循环使用，并应符合下列规定：

　　1 水量在100m³以下时，不宜设置单独的水质处理循环系统；

2 水量在 100m³～500m³ 时，宜设置独立的水质处理循环系统；

3 水量在 500m³ 以上其水质不能达标时，应设置独立的水质处理循环系统；

4 旱泉应设置在水质处理系统。

（5）美国《公共游泳池国家标准》（ANSI/NSTI-1）（2003年版）

3.11.2 系统设计。循环系统由水泵、管道、返回进水口和出水口过滤器和其他必要的设备提供完整的循环水。泳池和温泉应有独立的专门过滤系统。

（6）美国公共卫生部俄勒冈卫生局关于池水循环的规定（1971 年）

333-060-0120 池水再循环系统：

1）所有公共游泳池和戏水池应具有附带管道、泵、过滤器、消毒等设备的循环和过滤系统，以保持规定所需要的水质。

【《规范》编制时的修改】

本条是由国家标准、行业标准和国际相关标准中相关条文综合改编而成，对池水循环水系统设置的要求基本一致。将行业标准《喷泉水景工程技术规程》CJJ/T 222—2015 中第 4.2.12 条升级为强制性条文，确保节约水资源。

【实施与检查控制】

游泳池工程设计时，按本条规定设置游泳池的循环给水方式。

建设行政主管部门、卫生监督部门等应对下列各项内容进行检查：

（1）设计图纸中各种水池是否采用了各自独立的循环给水供水系统；

（2）有功能设施或装置的水池是否将功能用水系统与池水净化循环供水分开设置；

（3）功能设施或装置取水是否为净化处理后的池内水。

6.2.2 池水循环的水流组织应确保净化后的池水有序交换，不得出现短流、涡流或死水区。

【编制说明】

本条是对池水循环的水流组织的规定。水流组织要确保池内水体可以均匀地得到循环净化处理，不能出现一部分水循环水流较快，另一部分水循环水流较慢甚至得不到循环的现象。游泳池内的死水区水质会很快恶化，影响游泳者的健康，池内如果产生漩涡甚至会给游泳者带来生命危险。游泳池内的水流组织不均还会导致池内不同区域的水温差异，降低游泳池的舒适度。因为池水的大部分污染物集中在池水表面，所以游泳池循环的水流组织还要特别注意表面水的更新。池水循环的具体要求应符合现行行业标准《游泳池给水排水工程技术规程》CJJ 122 的规定。

本条规定是确定池内给水和回水在池内相流动的水流组织方式的基本要求，明确要求游泳池、水上游乐池、文艺表演池及各种按摩浴疗池等能将循环净化处理后的洁净水均匀地送入池内，并置换出池内每个部位未被净化的池水，确保池内各部位的水质卫生条件一致。

池内水流组织指净化后送至池内进水和池内待净化处理池水回水及溢流回水口等配件设置位置供水流有序置换和混合的方法。池水循环方式指池内进水和回水的水流状态，且两者的水流流量应相同。

【现行规范（标准）的相关规定】

（1）行业标准《游泳池给水排水工程技术规程》CJJ 122—2017

4.3.1 池水循环水流组织应符合下列规定：

1 经净化处理的池水与池内待净化处理的池水应能有序更新、交换和混合；

2 水池的给水口和回水口的布置应被净化后的水流在池内不同水深区域分布均匀，不应出现短流、涡流和死水区；

3 应有利于保持水池周围环境卫生；

4 应满足池水循环水泵自灌式吸水；

5 应方便循环给水、回水管道及附件、设施或装置的施工安装、维修。

4.3.2 池水的循环方式应符合下列规定：

1 竞赛类游泳池、专用类游泳池和文艺表演池，应采用逆流式或混合流式的池水循环方式；

2 公共类游泳池宜采用逆流式或混合流式的池水循环方式；

3 季节性室外游泳宜采用顺流式池水循环方式；

4 水上游乐池宜采用顺流式或混流式池水循环方式。

4.3.3 混合流式池水循环方式应符合下列规定：

1 从池水表面溢流回水的水量不应小于池水循环流量的60%，从池底流回的回水量不应大于池水循环流量的40%；

2 从池底回水口回流的循环回水管不得接入均衡水池，应设置独立的循环水泵。

（2）行业标准《公共浴场给水排水工程技术规程》CJJ 160—2011

4.3.1 公共浴池循环水净化处理工艺流程应根据原水水质、池水卫生标准、消毒剂类型及使用要求经技术经济比较后确定。

4.3.4 使用功能和水质要求不同的浴池池水循环净化处理系统应分开设置，并应与浴池专业工艺设计密切配合，确保经济合理、安全适用。

（3）美国公共卫生部俄勒冈州行政规定《公共游泳池》

333-060-0120 再循环系统：

3）溢流回水不得少于总再循环水量的50%。

333-060-0150 池水入口：

1）池水入口的布置必须设置，其规格、数量和布置应产生水的均匀循环，……；

5）全部再循环水入口必须是可调流速产品。

再循环回水：

1）回水口和回水沟（渠）应设在池底面最低点，采用回水口再循环时，数量不得少于2个，且尺寸必须大于再循环水流量所需尺寸。回水口应有防头发纠缠措施。

（4）英国《游泳池水处理标准和质量》（1999年版）

第11章　水循环

水循环设计应保证：

1　经处理过的水应与整个池水能切实有效混合；其给（进）水口可以安装在池壁上或池底；

2　应有效地清除池水表面层污染最严重的表面水；

3　应有有效安全的出水口（即泄水口）；

4　应通过重力将池水注入到池水循环水泵。

（5）美国卫生部《2018年水环境卫生标准》（第3版）

4.7.1.1.3　循环系统：应提供由一个或多个泵、管道、给水口、回水口、水箱、过滤器和其他必要设备组成的池水循环系统。

4.7.1.3.1.1　水流平衡：循环系统的设计应具有足够的灵活性，以实现确保水流的分配：1）处理后的池水的有效分配；2）在整个水环境运动场所保持统一的消毒剂余量和pH。

4.7.1.3.1.3　水流充分混合：游泳池应使用池壁或池底给水口，以提供充分的水流混合。

4.7.1.3.2.1　池底给水口应等间距隔开，以便有效地将处理过的水分配到整个池水中。

4.7.1.3.2.2　池底给水口应与池底表面相平。

4.7.1.3.2.2.1　池水给水口之间的距离不得大于20英尺（6.1m）。

4.7.1.3.2.2.2　回排池底给水口应位于各侧池壁15英尺（4.6m）范围内。

4.7.1.3.2.3　与池壁给水口联合使用的池底给水口与最近池壁的间距不得大于25英尺（7.6m）。

4.7.1.3.3.1 池壁给水口应能有效地混合池水。

4.7.1.3.3.2 池壁给水口应可调节水流方向，以提供有效的布水分配。

4.7.1.3.3.3 池壁给水口的间距不得超过 20 英尺（6.1m）。

4.7.1.3.3.3.1 池壁给水口应距撇沫器至少 5 英尺（0.5m）。

4.7.1.6.2.1 池底至少设置两个水流平衡的带格栅的回水口。

【《规范》编制时的修改】

本条由现行国家标准、行业标准和国际相关标准中相关条文综合改编而成。与国际标准相关要求基本一致，但给水口、回水口设置间距有差异。将国家行业标准中非强制性要求提升为强制性规定。

【实施与检查控制】

工程设计按本实施指南中引用的国家行业标准相关条文规定操作执行。

建设行政主管部门、行业行政主管部门、卫生监督部门等应对下列各项进行检查：

（1）设计引用的规范、标准是否准确；

（2）设计所采用的各项规定内容和相应的措施是否达到《规范》的要求。

6.2.3 水上游乐池滑道润滑水系统的循环水泵，应设置备用泵。

【编制说明】

水上游乐池滑道如无润滑水会导致滑行者的擦伤等皮肤伤害，因此所有水滑道设施必须设置润滑水系统，而且只要滑道在运行中，就必须保证润滑水的流量。为了防止由于润滑水系统循环泵故障导致润滑水流中断，要求该循环系统必须设置备用泵。

本条明确要求水上游乐池设有滑道、滑板等戏水设施时，必须设置滑道、滑板表面润滑水供水系统，且润滑水供水泵应设置备用水泵。目的是保证该设施在开放使用时间段内能连续不断地供水，以防止断水使休闲游乐者从顶部下滑时发生皮肤擦伤。

滑道润滑水系统为功能循环水系统。儿童滑板润滑水系统宜采用直流水系统。

滑道包括：直流滑道、封闭式螺旋滑道、敞形螺旋滑道、儿童滑板等。滑道构造：1）直流滑道的坡度为30°～45°，顶部设有监控起滑平台；2）螺旋式滑道，它的设置坡度一般为15°，构造形式为圆筒形状，而且又分为全封闭型和半封闭半敞开型，滑行长度较长。

滑板形式单一，设置坡度不超过30°，润滑水可采用跌水池池水净化处理系统净化后的循环水，宜在池水循环给水管道单独设支管或在池水补水管上单独设置接水支管。

滑道供成人游乐；滑板供儿童游乐。滑道、滑板设施构造：1）设有滑行起滑准备平台和滑行者至该平台的上行扶梯；2）起滑顶端设有润滑水布水装置；3）准备平台滑道及滑板一般采用塑料材质。

滑道润滑水备用水泵应配置自动切换投入运行的可靠装置。滑道、滑板的润滑水量，布水方式由滑道设备专业公司提供。

【现行规范（标准）的相关规定】

(1) 国家标准《建筑给水排水设计标准》GB 50015—2019

3.10.10 水上游乐池滑道润滑水系统的循环水泵，必须设置备用泵。

(2) 行业标准《游泳池给水排水工程技术规程》CJJ 122—2017

4.6.4 水上游乐池设施的功能循环水泵的设置应符合下列规定：

1 供应滑道润滑水的水泵应设置备用水泵，并应能交替运行。

【《规范》编制时的修改】

本条系根据国家现行标准《建筑给水排水设计标准》GB 50015、《游泳池给水排水工程技术规程》CJJ 122 相关条文综合改编而成。

【实施与检查控制】

滑道、滑板构造形式、设置数量等由建设单位与滑道设计单位协商确定。滑道润滑水量、滑板润滑水量由滑道、滑板设计专业公司提供。滑道、滑板的供水系统应由滑道专业公司进行二次深化设计。水上游乐池滑道润滑水系统的循环水泵必须设置备用泵。

建设单位、行业行政主管部门、安全主管部门等应对滑道、滑板润滑水供水系统二次深化细化设计进行审查。核查润滑水供水系统是否符合《规范》规定；润滑水供水系统是否为每条滑道、滑板独立配置；滑道润滑水系统是否设有备用循环水泵以及自动切换不间断供水装置。

6.3 池 水 处 理

6.3.1 游泳池的池水循环净化处理系统应设置池水过滤净化工艺工序和消毒设施。

【编制说明】

本条是对游泳池池水循环净化处理系统设置的规定。游泳池池水循环净化处理系统的功能是保证池水的清洁、舒适、卫生、健康和安全，过滤和消毒是该系统必备的工艺。其中过滤系统的主要作用是拦截池水中悬浮胶质、无机污染颗粒及部分细菌、病毒，保证池水透明度、洁净、清澈，减少消毒剂投加量；消毒系统的主要作用是有效杀灭水中病原微生物，防止传染性疾病传播。具体要求应符合行业标准《游泳池给水排水工程技术规程》CJJ 122—2017 的规定。

本条包括两部分要求：

（1）条文明确要求设置过滤净化工艺的目的：有效地去除游泳者、游乐戏水者、水疗按摩者带入和环境中落入池水中的污染颗粒油脂等悬浮杂物和固体颗粒杂物，确保池水在水面波动条件下池水透明、洁净；去除池水中部分病原微生物，减少后续消毒工艺工序消毒剂用量；提高游泳者、游乐戏水者及水疗按摩者卫生、健康的安全感。

（2）条文明确了设置消毒设施的目的：有效而迅速地杀死池水中的细菌、病毒等有害的病原微生物，以消除池水可能引起的交叉感染疾病；消毒不可能做到池水中无任何病原微生物，而是将它在水中存在的数量降低到无危害标准。消毒设施包括：①消毒剂；②消毒剂溶解成溶液的装置；③投加消毒剂溶液的计量泵及配套管道；④控制消毒溶液浓度、投加量及池水中剩余浓度等相关卫生指标的在线监测监控装置。

池水过滤工艺工序由预过滤（即毛发捕捉器）和精细过滤（即各种类型过滤器）两道工序组成。工艺指除了过滤设备本体外，还应包括相应的配套装置，如压力表、负压表或真空压力两用表、水过滤、反冲洗管道及相应的阀门；过滤器分压力型、真空型、重力型。工序指出了过滤设备在池水循环净化处理系统中的位置。消毒设施指消毒剂溶液容器、投加计量泵、控制仪器仪表、管道、线路等成套装置。

【现行规范（标准）的相关规定】

【池水过滤】

（1）国家标准《建筑给水排水设计标准》GB 50015—2019

3.10.11 循环水过滤宜采用压力过滤器，压力过滤器应符合下列规定：

1 过滤器的滤速应根据泳池的类型、滤料种类确定；

2 过滤器的个数及单个过滤器面积，应根据循环流量的大小、运行维护等情况，通过技术经济比较确定，且不宜少于2个；

3 过滤器宜采用水进行反冲洗或气、水组合反冲洗。过滤器反冲洗宜采用游泳池水；当采用生活饮用水时，冲洗管道不得与利用城镇给水管网水压的给水管道直接连接。

（2）行业标准《游泳池给水排水工程技术规程》CJJ 122—2017

5.2.1 池水过滤设备的选用应符合下列规定：

1 过滤速率应高效，过滤精度应确保滤后出水水质应稳定。

5.2.2 过滤器可不设备用，每座大、中型游泳池的过滤设备不应少于2台，其总过滤能力不应小于1.10倍的池水循环水流量。

（3）行业标准《公共浴场给水排水技术规程》CJJ 160—2011

4.1.4 循环式浴池给水系统应设置浴池水循环的净化、加热和消毒等设备。

9.2.2 循环式公共浴池给水排水系统的过滤器选用应符合下列规定：

1 过滤器应采用压力过滤器，且滤后水质应符合本规程第3.2.1条的规定；

5 不同公共浴池的过滤器应分开设置。

（4）世界卫生组织（WHO）《游泳池、按摩池和类似水环境安全指导准则》（2006年版）

5.1 过滤：过滤功能是去除池水中的浊度，使池水达到适当澄清度，池水的澄清度是保障游泳者安全的关键因素。

（5）英国《游泳池水处理和质量标准》（1999年版）

第12章 过滤

游泳池水浊度不清有如下不良后果：1）发生安全事故的时间危险；2）游泳者会感到不舒适；3）降低池水消毒效果；4）浊度0.5NTU是使用上限；5）过滤速率越高，过滤效果越低。

（6）美国卫生部《2018年水环境卫生标准》（第3版）

4.7.2.1 所有水环境运动场所的池水都要进行过滤。

4.7.2.1.3 所选过滤器的介质，必须达到水环境场馆使用的最大清晰度和使用寿命。

4.7.2.3.3.2 预涂过滤器介质排放应按当地国家法律、法规的规定进行处理。

【池水消毒】

（1）国家标准《建筑给水排水设计标准》GB 50015—2019

3.10.13 游泳池和水上游乐池的池水必须进行消毒处理。

（2）行业标准《游泳池给水排水工程技术规程》CJJ 122—2017

6.1.1 游泳池的循环水净化处理处理系统必须设置池水消毒工艺工序。

（3）行业标准《公共浴场给水排水技术规程》CJJ 160—2011

7.1.1 公共浴池循环水净化处理工艺流程中必须配套设置池水消毒工艺。

（4）世界卫生组织（WHO）《游泳池、按摩池和类似水环境安全指导准则》（2006 年版）

6.1 消毒：消毒功能是杀死池水中的各种细菌、病原微生物，使池水中的病原微生物达到对游泳者无健康伤害的关键因素。

（5）英国《游泳池水处理和质量标准》（1999 年版）

第 1 章 游泳池水处理

消毒是指消除感染风险，承认池水不可能做到无菌。消毒目的是将少数活微生物降低到无害的最少数量。

（6）美国卫生部《2018 年水环境卫生标准》（第 3 版）

4.7.3.1.1 消毒剂和 pH 化学品均应通过循环系统自动投加。

4.7.3.1.1.1 消毒剂、pH 化学品均应设置在线监控装置。

【《规范》编制时的修改】

本条由现行国家标准、行业标准和国际相关标准改编而成，将现行国家标准、行业标准等标准中关于池水过滤条文提升为强制性条文，消毒条文规定与现行国家标准、行业标准的规定一致。

【实施与检查控制】

游泳池工程设计应严格执行在池水循环净化处理工艺流程配置池水过滤、池水消毒两个工序。池水过滤是拦截池水中各污染杂物保证池水洁净、透明、提高感官等不可缺少的工序，池水消毒是保证池水水体卫生、健康、不发生交叉感染疾病等不可缺少的最后保障工艺工序。

卫生监督部门、行政主管部门、工程建设部门等应对下列各项工作进行检查：

（1）审查设计图纸中所示池水循环处理系统工艺流程图中是否设置了池水过滤净化工序单元和池水消毒工序单元。

（2）对工程中标单位提供的池水循环净化处理系统工艺流程图、细化设计中设两项工序单元所配置的设备、设施等进行下列审查：

1）过滤设备及控制装置是否完整，效能是否符合设计要求，质量是否满足产品标准要求；

2）消毒设施中消毒剂品种、溶液配制、投加设备和参数控制、调整装置是否齐全，质量是否可靠，各项指标是否符合《规范》相关规定和设计要求。

6.3.2 游泳池、公共按摩池不应采用氯气（液氯）、二氧化氯和液态溴对池水进行消毒。

【编制说明】

本条是对游泳池、公共按摩池等池水消毒剂选用的规定。氯气、液氯和液溴属于危险化学品，不易运输和存储，一旦泄漏容易造成毒害和爆炸，所以一般在城市中禁止使用氯气和液氯消毒。二氧化氯必须现场制备，研究表面其容易聚集在水表面，而且毒性和腐蚀性较大，属于危险化学品，所以也不应用于游泳池和公共按摩池。

本条明确规定了液态氯、二氧化氯和液态溴不得用于游泳池、按摩水疗池等池水的消毒。禁用原因：（1）气体氯（液氯）属于压缩性气体，运输要求条件特别严格；设置和贮存环境均应有详细的安全规则，并应获得当地安全部门的批准和监督；投加系统有风险，对操作者有较高的技术要求；pH 极低对水质平衡要求高，否则达不到有效的消毒效果。（2）二氧化氯毒性很大，且不稳定，容易爆炸，故应用时必须现场制备，制备过程会产生氯气，同时还产生腐蚀设备的氢氧化钠（NaOH）；密度大于水、小于空气，池水停止循环净化处理时它会从水中浮出水面形成一个二氧化氯层，泳池再次开放时会对游泳者造成中毒伤害。（3）具有较强的毒性和腐蚀性，是高度危险品；使用操作复杂，一旦出现故障，处理难度较高。

游泳池一词包含水上游乐休闲池、文艺表演池。公共按摩池一词包含温泉水疗池、药物水疗池。

【现行规范（标准）的相关规定】

（1）行业标准《公共浴场给水排水工程技术规程》CJJ 160—2011

7.1.5 公共浴池严禁采用液态氯和液态溴对池水进行消毒。

（2）英国《按摩池 SPA POOL 水质标准》（2001 年版）

由于液态溴有毒性，且难以处理，不允许在按摩池（SPA POOL）水处理中使用。

注：该标准无条文编号。

（3）美国卫生部《2018 年水环境卫生标准》（第 3 版）

4.7.3.2.4.1 禁止在新建和对原有设施进行改造的水环境运动场所使用压缩氯气。

4.7.3.2.8.1 消毒、加化学品系统必须安装自动控制器，以便用于检测、监测和打开或关闭所有水环境活动场所用于 pH 和消毒剂的化学投药设备。

【《规范》编制时的修改】

本条系由国家标准、国家行业标准及国际相关标准综合改编而成，将相关条文仅作文字综合处理，无原则上的修改。

【实施与检查控制】

设计和运行管理部门应严格执行《规范》的规定，不采用氯气（液氯）、二氧化氯和液态溴对池水进行消毒。

卫生监督部门、行政主管部门、安全管理等部门应严格按《规范》规定执行，并进行一票否决。

6.3.3 臭氧消毒应采用负压方式将臭氧投加在水过滤器后的循环水中；应采用全自动控制投加系统，并应与循环水泵联锁。严禁将消毒剂直接注入游泳池、公共浴池。

【编制说明】

本条是对臭氧消毒的规定。臭氧一般现场制备，其具有一定毒性，对人体的呼吸系统危害较大。为防止臭氧泄漏，用于游泳池消毒时要求用负压抽吸的方式投加臭氧。与水泵联锁是为了保证循环系统停止时，系统不再吸入臭氧，臭氧发生器也应该自动停机。

因消毒剂均具有较强的腐蚀性，如直接投入池水中，会使池水中消毒剂不均匀。给游泳者、入浴者带来刺激，如呼吸困难、眼睛疼痛、灼伤皮肤等伤害。

本条由臭氧消毒剂的投加方式和其他消毒不能直接注入池水这两部分组成，其目的是确保消毒剂投加系统操作者和池水使用者的安全。

游泳池包含竞赛池、热身池、跳水池、公共成人池和儿童池、水上游泳休闲池、文艺表演池、各种按摩水疗和温泉水泡池。

本条最后一句的消毒剂是指除臭氧消毒剂的其他所有消毒剂。与水泵联锁指消毒剂投加系统设备和装置的工作运行应与池水净化处理系统的循环水泵联锁。联锁指两者应同时运行、同时停止控制。

【现行规范（标准）的相关规定】

（1）国家标准《建筑给水排水设计标准》GB 50015—2019

3.10.15 使用臭氧消毒时，臭氧应采用负压方式投加在过滤器之后的循环水管道上，并应采用与循环水泵联锁的全自动控制投加系统。严禁将氯消毒剂直接注入游泳池。

（2）国家标准《公共场所设计卫生规范 第3部分：人工游泳场所》GB 37489.3—2019

7.6 消毒剂投入口位置应设在游泳池水质净化过滤装置出水口与游泳池给水口之间。

（3）行业标准《游泳池给水排水工程技术规程》CJJ 122—2017

6.2.4 臭氧的投加应符合下列规定：

　　1 应采用负压方式投加在水过滤器滤后的循环水中；

　　2 应采用全自动控制投加系统，并应与循环水泵联锁。

6.3.3 严禁将氯消毒剂直接注入游泳池内的投加方式。

　　（4）行业标准《公共浴场给水排水工程技术规程》CJJ 160—2011

7.1.5 公共浴池严禁采用液态氯和液态溴对池水进行消毒。

7.3.2 臭氧应采用负压方式投加在过滤设备之前或过滤设备之后的循环水管道上。

　　【《规范》编制时的修改】

　　本条是由现行国家标准、行业标准相关条文综合改编而成。

　　【实施与检查控制】

　　工程设计中应严格按《规范》规定执行。臭氧投加系统的组成和投加量应按行业标准《游泳池给水排水工程技术规程》CJJ 122—2017 中第 6.2.1 条和第 6.2.2 条规定执行。

　　建设行业主管部门、行政主管部门、卫生监督部门等应按下列各项要求进行检查：

　　（1）设计图纸中的设计说明、池水臭氧消毒工序设备及配套装置大样图纸是否符合《规范》规定；

　　（2）工程中标实施单位的二次细化设计是否满足设计和《规范》的规定；

　　（3）工程中标实施单位的二次细化设计池水消毒剂投加系统图的消毒剂投加点是否符合国家相关标准要求，以及是否有将消毒剂直接投加到池水的违反《规范》规定的问题。

6.3.4 游泳池、公共按摩池应采取水质平衡措施。

　　【编制说明】

　　在游泳池水处理过程中，池水水质的一些成分之间可以形成一定的稳定关系，这就是水质平衡。对于水质平衡主要有两种说法：一种认为水质平衡是指池水既不析出水垢，也不溶解水垢的中间状态；另一种认为水质平衡是指水的物理和化学性质和成分保持在一定的稳定水平上。从本质上看，这两种说法的核心是水质稳定。

影响水质平衡的主要因素有五个：pH、钙硬度、总碱度、溶解性总固体和水温。不平衡的水质可能造成结垢或腐蚀，给游泳池及其维护管理带来危害，还有可能出现水浑浊、增大消毒剂的消耗量和其他问题导致游泳池使用的问题，因此在游泳池的运行维护中必须加以重视。

本条明确规定了池水应采取水质平衡措施。水质平衡的要素：1）确保池水始终处于中性状态，确保池水不析出沉淀，不对设备、管道、水池构筑物造成水垢，也不对它们造成腐蚀；2）确保池水水体有良好的感官水环境效果；3）对影响池水平衡的主要要素 pH、总碱度、钙硬度、溶解性总固体、水温等相关消毒剂、化学品的选用和使用量等进行有效控制。

【现行规范（标准）的相关规定】

（1）国家标准《公共场所设计卫生规范　第3部分：人工游泳场所》GB 37489.3—2019

7.4 应设余氯、浑浊度、pH、氧化还原电位等指标的水质在线监控装置。循环给水管上的监控点应设在循环水泵之后过滤设备工艺之前；循环回水管上的监控点应设在絮凝剂投加点之前。

（2）行业标准《游泳池给水排水工程技术规程》CJJ 122—2017

8.1.1 游泳池应进行水质平衡设计。

8.1.3 池水水质平衡使用的化学药品应符合下列规定：

1 应对人体健康无害，且不应对池水产生二次污染；

2 应能快速溶解，且方便检测；

3 应符合当地卫生监督部门的规定。

（3）行业标准《公共浴场给水排水工程技术规程》CJJ 160—2011

7.7.1 热水浴池池水应进行水质平衡设计，并应符合下列规定：

1 浴池水 pH 的维持范围应符合下列规定：

　　1） 当采用氯制品消毒时，pH 应在 7.2～7.8 范围内；

　　2） 当采用其他消毒剂时，pH 应在 7.2～8.0 范围内。

2 浴池水的总碱度应维持在 80mg/L～120mg/L 范围内；

3 浴池水的钙硬度应维持在 100mg/L～200mg/L 范围内；

4 浴池水的溶解性总固体量不应超过原水溶解性总固体量加 1500mg/L。

（4）英国《游泳池水处理和质量标准》（1999 年版）

第 13 章　化学品控制

水平衡从技术上讲就是让池水既不形成水垢，也不具有腐蚀性，即不出现沉淀或溶解硬度盐的强烈趋势，因此：

1）只有 pH 维持在标准建议范围内，池水才会平衡；

2）池水消毒使用的消毒剂要与池水水源相适应；

3）只有在 pH 和（或）池水碱度与推荐的数值不同时它才显得重要。

【《规范》编制时的修改】

本条是由现行国家标准、行业标准相关条文综合改编而成，基本原则要求是一致的。相关参数有差异，但与池水原水水质相关。

【实施与检查控制】

工程设计中应严格按《规范》执行。工程设计具体操作应按照《规范》引用国家行业标准中的具体规定要求执行。

建设行政主管部门、卫生监督部门等应对下列各项进行检查控制：

（1）设计图纸、设计总说明是否明确引用了《规范》，图纸表示内容是否符合本指南中引用的国家标准及行业标准中所规定的水质平衡具体要求和技术参数的规定。

（2）工程招标中标单位的二次深化细化设计是否符合实际和招标文件要求。

（3）水质平衡所用化学药品是否符合所在地规定以及各项指

标参数是否设有在线监控。

6.4 安　全　防　护

6.4.1 公共热水浴池的补充水水温不应超过池水使用温度，进水口必须位于浴池水面以下，其补水管道上应采取有效防污染措施。

【编制说明】

为了防止公共热水浴池的补充水温度过高造成烫伤，要求补充水的温度不能超过池水的使用温度，这也意味着不能采用补充新水保持公共热水浴池的温度的方式，而必须采用循环加热的方式。

为了防止补充水进入浴池时产生大量的水花和水雾，为军团菌的扩散提供媒介，要求公共浴池的补水水口必须位于浴池水面以下。为了防止池水倒流污染补充水水源，要求补水管道上必须采取防污染措施，一般采用倒流防止器或者用补水水箱形成空气隔断。

本条由补充水水温要求、补充水进水管位置要求和防污染要求3部分组成。补充水水温规定是防止补充水水温过高造成池水水体局部温度过高而给入浴水疗者带来烫伤伤害；规定补充水进水管管口低于池内有效水位是防止热水中军团菌扩散的措施；规定池水补充水进水管道上采取防污染措施是因为热水浴池补水水质为城镇供水管网水，防止因补充水管道水压不稳定而使池内池水倒流污染补水系统水质。

具体技术措施：（1）补水管直接接入热水浴池时，应在补水管道上设置倒流防止器；（2）浴疗池设有补水水箱时，应将补水管接入补水水箱，其位置应高于水箱内有效水面上至少150mm间距；（3）多座相同池水水质的浴池可共用一台补水水箱并应符合下列规定：1）各自浴疗池的补水管应独立设置；2）补水管应设控制阀，控制阀的启用和控制应与相应浴疗池的水位控制联锁；（4）补水管上应设置计量水表。

【现行规范（标准）的相关规定】

（1）**国家标准《公共场所设计卫生规范 第 3 部分：人工游泳场所》GB 37489.3—2019**

7.1 应安装游泳池补水计量专用水表。

7.2 宜安装水表远程监控在线记录装置。

（2）**国家标准《建筑给水排水设计标准》GB 50015—2019**

3.10.3 游泳池和水上游乐池的初次充水和使用过程中的补充水水质，应符合现行国家标准《生活饮用水卫生标准》GB 5749 的规定。

（3）**行业标准《游泳池给水排水工程技术规程》CJJ 122—2017**

3.4.3 游泳池的充水和补水方式应符合下列规定：

1 应通过平（均）衡水池及缓冲池间接向池内充水和补水；

2 当未设置均（平）衡水池时，宜设置补水水箱向池内充水和补水；

3 充水管、补水管的管口设置应符合现行国家标准《建筑给水排水设计规范》GB 50015 的规定；

4 充水管、补水管应设水量计量仪表。

注：本条第 3 款国家标准已更名为《建筑给水排水设计标准》GB 50015。

（4）**行业标准《公共浴场给水排水工程技术规程》CJJ 160—2011**

6.2.3 公共热水浴池充水和补水的进水口必须位于浴池水面以下，其充水和补水管道上应采取有效防污染措施。

（5）**《澳大利亚建筑技术法规》（2015 年版）**

P2.5.4 游泳池水循环系统

游泳池水循环系统必须采取相应安全措施，以避免人员陷入或人员伤害。

【《规范》编制时的修改】

本条系由国家标准、行业标准中相关条文综合改编而成，增加补充水水温的限定要求。

【实施与检查控制】

按《规范》所引用的国家标准、行业标准中相关条文中的具体措施和参数执行。

建设行政主管部门、安全监督部门等应按《规范》的具体规定对下列各项内容进行检查：

（1）设计图纸中设计说明是否有《规范》；

（2）设计图纸表示内容要求是否符合《规范》引用国家行业标准相关条文的具体措施和技术参数规定；

（3）工程项目招标中标单位的二次深化细化设计和所供产品是否符合设计和招标文件要求；

（4）各项控制指标参数是否设有在线监控。

6.4.2 游泳池、公共按摩池和温泉泡池等循环水系统应采取防止负压抽吸对人员造成伤害的措施。

【编制说明】

本条是对游泳池、公共按摩池和温泉泡池等循环水系统安全措施的规定。池底回水口与池水循环水泵直接连接时，应采取下列措施：

（1）每座池内池底回水口应不少于 2 个，且间距应大于 1.0m，当池体平面不能满足 1.0m 间距要求时，另一个回水口可设在池壁的下端，其中一个回水口被遮堵时，另一个回水口能正常工作，分散负压吸附力。

（2）池底每个回水口与池水循环水泵吸水管保持相同行程接管，确保回水量均匀。

（3）采用防漩流、防吸入、防卡发的池底回水口。

（4）池底回水口盖板格栅空隙（孔）及水流速度应符合下列规定：

1）成人池格栅空隙不应大于 8mm；

2）儿童池、幼儿池格栅不应大于 6mm；

3）格栅（孔）水流速度不应大于 0.2m/s。

（5）设置池水循环水泵紧急停止运行按钮，其位置应符合下列规定：

1）游泳池应设在位于池岸安全救护人员座椅附近的墙壁上；

2）公共按摩池应设在距按摩池 1.50m 处的墙壁上。

（6）池水循环水泵的吸水管上安装真空释放阀。

本条规定是保证游泳池、公共按摩池和温泉泡池等人员在使用时，池中人员不因池水循环水泵从池内吸水不间断运行，而发生安全事故作的规定。

游泳池是包括各类型泳池和水上游乐池、文艺演出池。公共按摩池包括药物浴池。

【现行规范（标准）的相关规定】

（1）国家标准《建筑给水排水设计标准》GB 50015—2019

3.10.22 游泳池和水上游乐池的进水口、池底回水口和泄水口应配设格栅盖板，格栅间隙宽度不应大于 8mm。泄水口的数量应满足不会产生对人体造成伤害的负压。通过格栅的水流速度不应大于 0.2m/s。

（2）现行行业标准《游泳池给水排水工程技术规程》CJJ 122—2017

4.10.2 池底回水口的设置及安装应符合下列规定：

1 应具有防旋流、防吸入、防卡入功能；

2 每座水池的池底回水口数量不应少于 2 个，间距不应小于 1.0m，且回水流量不应小于池子的循环水流量；

3 设置位置应使水池各给水口的水流至回水口的行程一致；

4 应配置水流通过的顶盖板，盖板的水流孔（缝）隙尺寸不应大于 8mm，孔（缝）隙的水流速度不应大于 0.2m/s。

（3）行业标准《公共浴场给水排水工程技术规程》CJJ 160—2011

6.2.9 公共浴池循环进水口与出水口的布置应符合下列规定：

1 进水口与回水口的位置应满足浴池内循环水流能均匀有

序流动、不出现短流和漩涡流的要求；

2 回水口不宜少于2个；回水口应设置格栅盖板，且格栅空隙的水流速度应控制在0.2m/s～0.5m/s的范围内。

3 进水口应设置在水面以下的池壁上，并应选择可调进水量且带有格栅保护盖的进水口；

4 进水口和回水口的格栅保护盖应有足够的强度和耐腐蚀性能，并不得对循环水造成二次污染。

6.2.13 公共浴池应设置下列装置并应符合下列规定：

2 浴池临近1.5m范围内明装位置处应设置紧急停止循环水泵的按钮。

（4）《澳大利亚建筑技术法规》（2015年版）

2.5.4 游泳池水循环水系统必须采取相应安全措施，以避免人员陷入或造成人员伤害。

（5）美国《游泳池、儿童池、按摩浴池、热水浴池和集水池避免吸住标准》ANSI/APSP-7（2006年版）（摘录部分用图示形式）

1.1 总则

防止在住宅及公共游泳池、按摩池、热水浴池和集水池被吸住的危害。

4.3 危害

由于丢失或损坏吸排水盖（格栅）而没有备用是危险的。如果发现任意一个盖（格栅）已损坏或丢失，该游泳池或按摩池应立即对游泳者、水疗者关闭。

4.4 水流速度

现场施工的管道中，水流速度取决于系统最大流量。当2个吸水排水口中1个堵塞时（见图7中的粗线），支管吸水管内的最大水流速度应限制在1.8m/s。在正常运行情况下，吸水支管流速应是0.9m/s。对于公共泳池所有其他吸水管流速为1.8m/s；对于住宅池应为2.4m/s（见图7中的细线）。

4.6 每个吸水口的流量见表1。

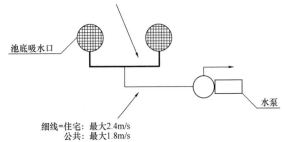

粗线=2个吸水口流量的最大流速是1m/s

池底吸水口

水泵

细线=住宅：最大2.4m/s
公共：最大1.8m/s

图 7　管内流速

注：在图 7 中，通向吸水管的每个单独的管道应控制水泵的流速在 1.8m/s。

表 1　吸水排水盖（格栅）的允许流量

每个系统吸水排水盖（格栅）的个数	每个吸水排水盖（格栅）的最小流量为系统最大流量（％）
1	100
2	100
3	66.7
4	50
5	40
6	33.3

4.6.3　警告

在同一个系统中使用表 1 中不同流量的盖（格栅）时，最低的使用量应通过计算确定。

5.3　2 个吸水口的接管图

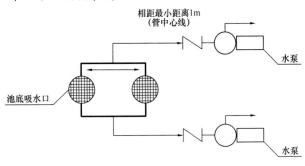

相距最小距离 1m
（管中心线）

水泵

池底吸水口

水泵

图 8　2 个水泵平行双口

5.4 3个或更多吸水口接管图

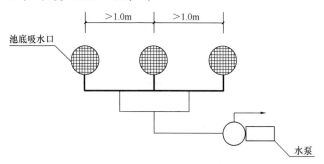

图9 3个或更多的吸水排水口平行的相对称的连接

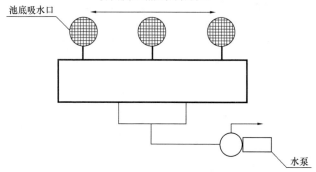

图10 3个或更多平行吸水排水口环形连接

按摩池池底面若满足不了池底吸水口间距要求可采用不同平面接管方式。

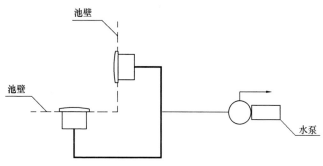

图11 不同平面上的2个吸水排水口

图例说明：粗线为支管，所有吸水口最大流速10m/s。细线为吸水管，最大流速：①住宅2.4m/s；②公共建筑1.8m/s。

【《规范》编制时的修改】

本条系根据国家标准和国际相关标准中的相关条文综合改编而成，基本性能要求一致。国外标准较我国相关行业标准具体执行措施更加具体、细化，但某些细化条款不属于给水排水专业内容。

【实施与检查控制】

按本指南中引用的国家标准及行业标准的相关规定执行。

建设行政主管部门、安全监督部门等应按《规范》的具体规定对下列各项内容进行检查：

（1）设计图纸中设计说明是否有《规范》；

（2）设计图纸表示内容要求是否符合《规范》引用国家行业标准相关条文的具体措施和技术参数规定；

（3）工程项目招标中标单位的二次深化细化设计和所供产品是否符合设计和招标文件要求。

6.4.3 跳水池应设置池底喷气水面起波和池岸喷水水面制波装置。

【编制说明】

本条是对跳水池设置水面起波、制波装置的规定。为使跳水者跳水时能准确、清晰地判断出池水水面的位置，必须将平静的水面打破，防止其反光、眩光和造成倒影，所以必须设置制波装置。制波主要采取两种方式：池底制波通过供给池底喷气嘴喷压气体产生气泡上升至水面形成波浪；水面制波通过池岸喷射水流到池水表面形成波浪，两种制波方式应同时使用。具体要求应符合现行行业标准《游泳池给水排水工程技术规程》CJJ 122 的规定。

跳水池池底喷气水面制波和池岸喷水水面制波是两条独立水面制波系统，是功能循环水给水系统。池水表面制波目的是确保运动员在跳台、跳板下跳时能准确判断出水面位置，以便有效地控制在空中的动作节奏而不发生失误及安全事故。池水表面制波是跳水竞赛规定的内容。

跳水池指跳水竞赛池和跳水训练池。水面指跳水池的设计水面。

【现行规范（标准）的相关规定】

（1）国家标准《建筑给水排水设计标准》GB 50015—2019

3.10.25 比赛用跳水池必须设置水面制波和喷水制波。

（2）行业标准《游泳池给水排水工程技术规程》CJJ 122—2017

11.1.1 跳水池必须设置池底喷气水面制波和池岸喷水水面制波装置。

【《规范》编制时的修改】

本条由国家标准、行业标准及跳水竞赛规则相关条文综合改编而成。

【实施与检查控制】

跳水训练池及跳水池兼作训练池时还应设置安全保护气浪。

跳水池（含训练用跳水池）"水面制波"和"安全保护气浪"的具体设计要求，应按行业标准《游泳池给水排水工程技术规程》CJJ 122—2017 中第 11.1 节、第 11.2 节、第 11.3 节和第 11.4 节等的条文规定执行。

建设行政主管部门、安全监督部门等应按本规范本条的具体规定对下列各项内容进行检查：

（1）设计图纸中设计说明是否列有《规范》；

（2）设计图纸表示内容要求是否符合《规范》引用国家行业标准相关条文的具体措施和技术参数规定；

（3）工程项目招标中标单位的二次深化细化设计和所供产品是否符合设计和招标文件要求。

6.4.4 公共按摩浴池在池岸上的按摩设施电动启动按钮应设置

有明显识别标志、有延时设定功能、电压不应高于12V、防护等级不应低于IP68的触摸开关。

【编制说明】

本条是对公共按摩浴池设置安全保障的规定。公共按摩浴池的按摩者都是浸没在池水中，身体与池水、池体或池体内功能设施如按摩浴床、按摩喷嘴、喷水冲击浴装置等都是紧密接触，而这些设施均由按摩者自行操作设在池岸上的触摸开关运行的；按摩者操作触摸开关时，手上均带水滴，为防止按摩者被电击造成伤害事故发生，要求使用12V安全电压，电器开关的防护等级不应低于IP68。

按摩水疗装置指按摩喷水嘴及气-水混合喷嘴、按摩座椅、按摩床、喷水冲击按摩喷水嘴、脚部按摩喷水盒等。

【现行规范（标准）的相关规定】

行业标准《公共浴场给水排水工程技术规程》CJJ 160—2011

6.2.10 当同一座公共浴池设有多种功能循环水系统时，应符合下列规定：

  1 每组功能系统的管道应独立设置；

  2 每组功能系统应在喷头附近设置高于浴池水面的触摸开关。

6.2.12 当公共浴池设有触摸开关时，应符合下列规定：

  1 应具有明显的识别标志；

  2 应具有延时设定功能；

  3 应使用12V电压；

  4 防护等级为IP68。

【《规范》编制时的修改】

在行业标准《公共浴场给水排水工程技术规程》CJJ 160—2011第6.2.12条的基础上，将第6.2.10条第2款的要求纳入。

【实施与检查控制】

工程设计应按《规范》规定执行，喷水制波设置位置应明确设在池岸上。

工程建设主管部门、行业行政主管部门等应对下列各项进行检查：

（1）设计图纸中设计说明中是否列有《规范》；

（2）工程招标单位二次深化设计图纸是否符合设计和《规范》各项规定。

6.4.5 顺流式循环供水方式的游泳池和公共按摩池，应在位于池岸安全救护员座位及公共按摩池附近的墙壁上安装带有玻璃保护罩的紧急停止循环水泵运行的按钮，且供电电压不应高于36V。

【编制说明】

本条是对顺流式循环供水方式的游泳池和公共按摩池设置安全保障的规定。游泳池及公共按摩池采用顺流式循环时，由循环水泵直接从池底回水口吸水，循环水泵的抽吸会在池底回水口处形成一定的负压抽吸力，当池中的人员身体遮挡住回水口时，循环水泵的负压抽吸力会造成溺水或严重的人身伤害，在工程实践中发生过此种安全事故。因此当采用顺流式循环方式的循环水泵直接从池底回水口吸水时，应在游泳池安全救护员座位及公共水力按摩池附近的墙壁上设置紧急停止水泵运行的按钮，此按钮应有保护的措施并以不高于36V的安全电压操作。

本条规定了池岸安全救护员发现池中游泳、休闲戏水、按摩水疗等人员出现危险时应采取的首要救护操作装置。

循环水泵包括循环净化处理用水泵及功能循环用水泵。

【现行规范（标准）的相关规定】

（1）行业标准《游泳池给水排水工程技术规程》CJJ 122—2017

4.3.4 当池水采用顺流式池水循环方式时，应在位于安全救护员座位的附近墙壁上安装带有玻璃保护罩的紧急停止循环水泵的装置。其供电电压不应超过36V。

（2）行业标准《公共浴场给水排水技术规程》CJJ 160—2011

6.2.13 公共浴池应设置下列装置并应符合下列规定：

1 应设置浴池水位监测和自动调节装置；

2 浴池临近 1.5m 范围内明装位置处应设置紧急停止循环水泵的按钮；

3 溢流式浴池循环系统应设置均衡水池，均衡水池有效容积应按工作水泵 5min 的流量确定，且不得小于系统设备、设施和管道的总水容积；

4 顺流式浴池循环系统应设置补水箱，补水箱有效容积不得小于 $2.0m^3$。

【《规范》编制时的修改】

本条款根据国家相关行业标准中相关条文规定综合改编而成。将行业标准《公共浴场给水排水技术规程》CJJ 160—2011 中的规定提升为强制性规定，将紧急停泵按钮明确设置在墙面上。

【实施与检查控制】

在项目的工程设计中应按《规范》规定严格执行，紧急停泵按钮应设在墙面上。

建设行政主管部门、经营管理部门、行业行政主管部门应按下列各项要求进行检查：

（1）设计图纸中设计说明是否引用《规范》；

（2）本工程招标中标单位的二次深化设计是否满足设计、招标文件和《规范》的规定。

6.4.6 旱喷泉、水旱喷泉的构造及喷射水流不应危及人身安全，天然水体中的喷泉不应影响原水体防洪及航运通行。

【编制说明】

本条是对旱喷泉、水旱喷泉构造的规定，目的是保障景观人员的安全，且在河流中设置喷泉不得影响正常的航运通行。旱喷泉、水旱喷泉供儿童涉水部分的池底应有防滑措施。无护栏景观水体近岸 2.0m 范围内及园桥、徒步附近 2.0m 范围内水深不应大于 0.7m。天然水体中喷泉应在湖泊、河流岸一侧或两侧设置警戒线和警示标志。

喷泉构造包括设置位置。

【现行规范（标准）的相关规定】

行业标准《喷泉水景工程技术规程》CJJ/T 222—2015

4.1.6 自然水体中建（构）筑物的维修通道应符合下列规定：

1 水上建（构）筑物不应影响防洪功能、航运通行，并宜设置维修通道。

2 通道地坪标高应根据喷泉水景水体大小、风浪等因素确定；当无资料参考时，应高出通道所在位置水体设计（高）水位标高 0.5m。

3 通道宽度不应小于 0.8m，当有设备运输时，其宽度应满足设备运输要求。

4 通道两侧应设置人行栏杆。栏杆材料、间距、高度等应满足通行人员安全要求。

5 通道应设置限制游人攀爬的警示标志。

4.1.7 喷泉水景水体的安全防护措施应符合下列规定：

1 旱喷泉、水旱喷泉的地面和水喷泉供儿童涉水部分的池底应采取防滑措施，喷泉水流不得危及人身安全；

2 无护栏景观水体的近岸 2m 范围内及园桥、汀步附近 2m 范围内，水深不应大于 0.5m；

3 在湖泊、河流等天然水体上建造喷泉水景时，应在其覆盖范围内的湖泊、河流一侧或两岸设置警戒线和警示标志。

【《规范》编制时的修改】

本条根据现行行业标准《喷泉水景工程技术规程》CJJ/T 222 相关条文综合改编而成。为保证观景人员安全和天然水域不影响航运通行，将非强制性条文提升为强制性条文。

【实施与检查控制】

工程设计应严格执行本条规定，符合本条指南所引用行业标准中相关条文的具体规定。

建设行政主管部门、工程运营部门、航运主管部门等，应对下列各项进行检查和控制：

（1）工程设计图纸中设计说明是否明确引用《规范》；

（2）航运部门对设置在天然河流、湖泊等的喷泉水景位置、安全措施是否符合《规范》所引用行业标准中的具体规定进行核查；

（3）环境保护部门应对设在陆地上的喷泉水景是否符合所在地环保要求进行核查。

6.4.7 臭氧发生器间、次氯酸钠发生器和盐氯发生器间应设置检测臭氧、氯泄漏的安全报警装置及尾气处理装置。

【编制说明】

本条是对消毒制取设备房间的规定。臭氧是有毒气体，次氯酸钠发生器和盐氯发生器产生的氯气也是有毒气体，其副产物氢气泄漏容易发生爆炸，因此都必须设置泄漏监测和保障装置。臭氧在空气中的浓度超过 0.25mg/L 会对人体产生强烈的刺激性，并造成呼吸困难。臭氧是一种有特殊气味的气体，人们的嗅觉判断不出它的具体浓度。因为臭氧难溶于水，所以其消毒后的尾气必须进行处理脱除臭氧后再排放。

臭氧发生器间应在位于距该设备水平距离不大于 1.0m，高度不超过 2.0m 处的墙壁上设置臭氧气体浓度检测传感报警器 1 个。

次氯酸钠发生器间应设置下列安全报警装置：（1）每 20m² 应在位于设备水平距离不大于 1.0m、高度不超过 2.0m 处的墙壁上设置氢气浓度检测传感报警器 1 个，且发生器产生的氢气应以独立的管道引至室外排入大气，并采取防止风压倒灌入室内的措施；（2）每 20m² 应在位于设备水平距离不大于 1.0m、高度 0.5m 处的墙壁上设置氯气浓度监测传感报警器 1 个。

盐氯发生器的产氯量超过 50g/h 时，所产生的氢气也应以独立的氢气管道引到室外排入大气，并采取防止风压倒灌入室内的措施。

本条明确规定了各种现场制消毒剂的设备房间应设置相应的检测及安全报警装置，确保设备及时获得检修信息。

【现行规范（标准）的相关规定】

（1）国家标准《公共场所设计卫生规范　第3部分：人工游泳场所》GB 37489.3—2019

7.8　放置、加注净化、消毒剂区域应设在游泳池下风侧并设置警示标识。

7.9　游泳池水处理机房应设与池水净化消毒加热相配套的检测报警装置，并设明确标识。

（2）行业标准《游泳池给水排水工程技术规程》CJJ 122—2017

14.1.2　池水循环净化处理设备机房设计应符合下列规定：

　2　消毒设备与加药间、化学药品库、配电和控制间应有独立的分隔和进排风系统。

14.1.5　臭氧发生器间、次氯酸钠发生器间和盐氯发生器间应有下列安全装置：

　1　臭氧发生器房间应在位于该设备水平距离 1.0m 内，不低于地面上 0.3m 且不超过设备高度的墙壁上设置臭氧气体浓度检测传感报警器 1 个；

　2　次氯酸钠发生器房间应设置下列安全报警装置：

　　1）每 20m² 应在位于设备水平距离 1.0m 内、不应低于顶板下 0.5m 高度的墙壁上设置氢气浓度检测传感报警器 1 个，且发生器产生的氢气应以独立的管道引至室外排入大气，并采取防止风压倒灌入室内的措施；

　　2）每 20m² 应在位于设备水平距离 1.0m 内、不低于地面上 0.3m 且不超过地面之上 0.5m 高度的墙壁上设置氯气浓度监测传感报警器 1 个。

　3　无氯消毒剂制取机和盐氯发生器的产氢量超过 50g/h 时，两种设备所产生的氢气应以独立的氢气管道引到室外排入大气，并采取防止风压倒灌入室内的措施。

（3）行业标准《公共浴场给水排水工程技术规程》CJJ 160—2011

11.4.3 氯系消毒设备、臭氧消毒设备的布置以及臭氧发生器房间的环境要求应符合现行行业标准《游泳池给水排水工程技术规程》CJJ 122 的相关规定。

（4）英国《不列颠哥伦比亚游泳池设计准则》B·C296/2010

8.9 化学储存区（摘要）

1）不相容的化学物质应单独存放；2）要有检测滴漏和泄漏措施。

（5）英国《游泳池水处理和质量标准》（1999年版）

第3章 设计和组织工作（摘要）

处理设备间：1）化学品要存放在单独的房间内；2）电气控制、化学品投加控制设备、臭氧发生器等应设在干净干燥的地方，其安装高度应高于地面混凝土基座，并远离化学品库房。

【《规范》规定与国外规范、标准的比较】

防护要求原则一致。

【《规范》编制时的修改】

本条系由国家标准、行业标准及国际相关标准有关条文综合改编而成，与国际相关标准防护要求原则一致，目的是确保消毒剂制取设备操作及管理人员的安全。

【实施与检查控制】

工程设计应严格执行《规范》的规定。

建设行业行政主管部门和安全主管部门等应对下列各项进行检查：

(1)工程设计图纸中设计说明中是否引用了《规范》；

(2)工程招标中标单位的二次深化设计是否符合《规范》规定。

7 非传统水源利用设计

7.1 一般规定

7.1.1 民用建筑采用非传统水源时，处理系统出水必须保障用水终端的日常供水水质安全可靠，严禁对人体健康和室内卫生环境产生负面影响。

【编制说明】

本条明确了民用建筑采用非传统水源的原则。民用建筑采用非传统水源时，处理出水的水质应根据不同的用途，满足不同的国家现行水质标准。采用中水时，如用于冲厕、道路清扫、消防、城市绿化、车辆冲洗、建筑施工等杂用，其水质应符合现行国家标准《城市污水再生利用　城市杂用水水质》GB/T 18920 的规定；用于景观环境用水，其水质应符合现行国家标准《城市污水再生利用　景观环境用水水质》GB/T 18921 的规定。雨水回用于上述用途时，应符合现行国家标准《建筑与小区雨水控制及利用工程技术规范》GB 50400 的相关规定。严禁中水、雨水进入生活饮用水给水系统。采用非传统水源中水、雨水时，应有严格的防止误饮、误用的措施。中水处理必须设有消毒设施。

【现行规范(标准)的相关规定】

国家标准《民用建筑节水设计标准》GB 50555—2010

5.1.2 民用建筑采用非传统水源时，处理出水必须保障用水终端的日常供水水质安全可靠，严禁对人体健康和室内卫生环境产生负面影响。

【《规范》编制时的修改】

本条由国家标准《民用建筑节水设计标准》GB 50555—2010 第 5.1.2 条（强制性条文）直接引用而来，条文未做原则修改。

【实施与检查控制】

民用建筑采用非传统水源时，处理出水的水质应根据不同的用途，满足不同的国家现行水质标准。采用中水时，如用于冲厕、道路清扫、消防、城市绿化、车辆冲洗、建筑施工等杂用，其水质应符合国家标准《城市污水再生利用　城市杂用水水质》GB/T 18920 的规定；用于景观环境用水，其水质应符合国家标准《城市污水再生利用　景观环境用水水质》GB/T 18921 的规定。雨水回用于上述用途时，应符合国家标准《建筑与小区雨水控制及利用工程技术规范》GB 50400 的相关规定。严禁非传统水源直接接入生活饮用水给水系统，采用非传统水源时，应有严格的防止误饮、误用的措施，公共场所及绿化的中水取水口应设带锁装置等，防止非传统水源对人体健康和室内卫生环境产生负面影响。

检查设计要求及非传统水源处理设施运行后的出水水质情况，检查非传统水源供水系统与其他给水系统有无连通，以及非传统水源对人体健康和室内卫生环境产生负面影响的其他情况。

7.1.2 非传统水源供水系统必须独立设置。

【编制说明】

本条强调非传统水源供水系统的独立性，是为了防止对生活给水系统的污染，非传统水源系统不能以任何形式与自来水系统连接，单流阀、双阀加泄水等连接都是不允许的。同时也是在强调非传统水源系统的独立性功能，非传统水源系统一经建立，就应保障其使用功能，生活给水系统只能是应急补给，并应有确保不污染生活给水系统的措施。

【现行规范（标准）的相关规定】

国家标准《建筑中水设计标准》GB 50336—2018

5.4.1 中水供水系统与生活饮用水给水系统应分别独立设置。

【《规范》编制时的修改】

本条由国家标准《建筑中水设计标准》GB 50336—2018 第5.4.1条（强制性条文）改编而成。"中水"改为"非传统水源"，根据《规范》编制结构，覆盖对象为"非传统水源"，修改简化了条文表述，但条文含义未变。

【实施与检查控制】

为了防止对生活给水系统的污染，非传统水源系统不能以任何形式与自来水系统连接，单流阀、双阀加泄水等连接都是不允许的。非传统水源系统一经建立，就应保障其使用功能，生活给水系统只能是应急补给，并应有确保不污染生活给水系统的措施。

检查设计图纸和建成后的管道系统，查看非传统水源供水系统是否是独立系统，有无与其他给水系统相连通的情况。

7.1.3 非传统水源管道应采取下列防止误接、误用、误饮的措施：

1 管网中所有组件和附属设施的显著位置应设置非传统水源的耐久标识，埋地、暗敷管道应设置连续耐久标识；

2 管道取水接口处应设置"禁止饮用"的耐久标识；

3 公共场所及绿化用水的取水口应设置采用专用工具才能打开的装置。

【编制说明】

本条强调非传统水源安全使用要求。防止非传统水源误接、误饮、误用，保证非传统水源的使用安全是非传统水源设计中必须特殊考虑的问题，也是采取安全防护措施的主要内容，设计时必须给予高度的重视。非传统水源供水管网中所有组件和附属设施应在显著位置设置明显耐久的非传统水源内容（如中水、雨水或海水）标志，避免与其他管道混淆。非传统水源管道埋地后，为防止后期维护误接，埋地管道应作连续标志。管道取水口处设置"禁止饮用"的耐久标识，另外，对于设在公共场所及绿化用水的非传统水源取水口，还应设置采用专用工具才能打开的装置，是为了防止任何人，包括不识字人群误用。

【现行规范（标准）的相关规定】

国家标准《建筑中水设计标准》GB 50336—2018

8.1.5 中水管道应采取下列防止误接、误用、误饮的措施：

1 中水管网中所有组件和附属设施的显著位置应配置"中水"耐久标识，中水管道应涂浅绿色，埋地、暗敷中水管道应设置连续耐久标志带；

2 中水管道取水接口处应配置"中水禁止饮用"的耐久标识；

3 公共场所及绿化、道路喷洒等杂用的中水用水口应设带锁装置；

4 中水管道设计时，应进行检查防止错接；工程验收时应逐段进行检查，防止误接。

【《规范》编制时的修改】

本条由国家标准《建筑中水设计标准》GB 50336—2018 第 8.1.5 条（强制性条文）改编而成。"中水"改为"非传统水源"，根据《规范》编制结构，覆盖对象为"非传统水源"；取消管道颜色的规定，管道颜色在其他标准中统一规定；将工程验收时的逐段要求，调整到《规范》的第 8 章中；修改了条文表述，但条文含义未变。

【实施与检查控制】

非传统水源供水管网中所有组件和附属设施应在显著位置设置明显耐久的非传统水源内容（如中水、雨水或海水）标志，不得与其他管道混淆。取水接口处应设置耐久性的提升标识，如"中水，禁止饮用"等。非传统水源管道埋地后，为防止后期维护误接，埋地管道应作连续的耐久标志。

检查设计图纸及非传统水源供水管网建成后的情况，设计图纸应对防止非传统水源误接、误饮、误用提出明确要求，建成后非传统水源供水管网应符合《规范》要求。

7.2 建筑中水利用

7.2.1 建筑中水水质应根据其用途确定，当分别用于多种用途时，应按不同用途水质标准进行分质处理；当同一供水设备及管道系统同时用于多种用途时，其水质应按最高水质标准确定。

【编制说明】

本条提出建筑中水水质确定的原则，对中水应符合相应的国家水质标准提出要求。中水用于不同用途时，应符合相应的国家标准。中水同时用于多种用途时，供水水质可按最高水质标准要求确定；实施时也可根据用水量最大用户的水质标准要求综合考虑确定，对于个别水质要求更高的用户，可采取深度处理措施后单独供应，达到其水质要求。

【现行规范（标准）的相关规定】

国家标准《建筑中水设计标准》GB 50336—2018

4.2.6 中水用于多种用途时，应按不同用途水质标准进行分质处理；当中水同时用于多种用途时，其水质应按最高水质标准确定。

【《规范》编制时的修改】

本条由国家标准《建筑中水设计标准》GB 50336—2018 第4.2.6 条改编而成，增加建筑中水水质确定的原则的表述。

【实施与检查控制】

建筑中水用于不同用途时，其水质应符合相应的国家标准。中水用于多种用途时，供水水质应按不同用途水质标准进行分质处理。当中水同时用于多种用途时，可按最高水质标准要求确定或按用水量最大用户的水质标准要求确定，对于个别水质要求更高的用户，可通过深度处理措施达到其水质要求。

检查设计要求及中水设施运行后的出水水质情况，当中水用于多种用途时，检查中水水质是否均能满足要求。

7.2.2 建筑中水不得用作生活饮用水水源。

【编制说明】

本条是新增加的规定要求。中水不得用于生活饮用水水源,主要基于用水安全和人们心理因素考虑。中水主要用于绿化、冲厕、冲洗车辆、浇洒道路、建筑施工和消防等方面,且需要经过严格的消毒,由于中水处理过程中产生各类物质对人体健康的影响还需要深入研究,中水用作生活饮用水源在我国尚无先例,其他国家通常情况下也没有用作生活饮用水源。另外,中水的水源是各类排水,考虑到人们的心理因素,故对此作出规定。

【现行规范(标准)的相关规定】

国家标准《建筑中水设计标准》GB 50336—2018

4.1.2 建筑中水应主要用于城市污水再生利用分类中的城市杂用水和景观环境用水等。

【《规范》编制时的修改】

本条是在国家标准《建筑中水设计标准》GB 50336—2018第4.1.2条的基础上新增加的内容。

【实施与检查控制】

生活饮用水水源的选用,特别是在净化水制备方面,不得采用中水作为水源,主动选用或误用都是不允许的,工程设计和运行管理中要严格执行。

对生活饮用水供应和制备的设计图纸,以及设施使用后的运行管理环节进行检查,查看是否有采用中水作为水源的情况。

7.2.3 医疗污水、放射性废水、生物污染废水、重金属及其他有毒有害物质超标的排水,不得作为建筑中水原水。

【编制说明】

本条提出建筑中水水质确定的原则,国家标准《综合医院建筑设计规范》GB 51039—2014已明确规定医疗污水不得作为中水原水。放射性废水、生物污染废水、重金属及其他有毒有害物质超标的排水对人体造成的危害程度更大,考虑到安全因素,中水设施建设时这几种排水不得作为中水原水。

【现行规范（标准）的相关规定】

国家标准《建筑中水设计标准》GB 50336—2018

3.1.6 下列排水不得作为中水原水：

1 医疗污水；

2 放射性废水；

3 生物污染废水；

4 重金属及其他有毒有害物质超标的排水。

【《规范》编制时的修改】

本条由国家标准《建筑中水设计标准》GB 50336—2018 第3.1.6 条（强制性条文）改编而成。修改了条文表述方式，但条文含义未变。

【实施与检查控制】

设计中严禁将医疗污水、放射性废水、生物污染废水、重金属及其他有毒有害物质超标的排水作为中水原水。

对设计图纸和中水设施进行检查，是否有将医疗污水、放射性废水、生物污染废水、重金属及其他有毒有害物质超标的排水作为中水原水的情况。

7.2.4 建筑中水处理工艺流程应根据中水原水的水质、水量和中水用水的水质、水量、使用要求及场地条件等因素，经技术经济比较后确定。

【编制说明】

本条提出建筑中水处理工艺流程确定的原则，中水处理工艺较多，按处理工艺方法可分为物化处理、生化处理、生化与物化处理相结合的处理工艺以及土地处理等。处理工艺的确定，主要是根据中水原水的水量、水质和要求的中水水量、水质，以及当地的自然环境条件适应情况等因素，经过技术经济比较确定。

【现行规范（标准）的相关规定】

国家标准《建筑中水设计标准》GB 50336—2018

6.1.1 中水处理工艺流程应根据中水原水的水质、水量和中水的水质、水量、使用要求及场地条件等因素，经技术经济比较后确定。

【《规范》编制时的修改】

本条由国家标准《建筑中水设计标准》GB 50336—2018 第6.1.1条改编而成。修改了条文表述，但条文含义未变。

【实施与检查控制】

处理工艺主要是根据中水原水的水量、水质和要求的中水水量、水质与当地的自然环境条件适应情况，经过技术经济比较确定。

主要是在设计阶段检查把关，采用的中水处理工艺是否进行过比选，科学性如何，是否符合工程实际。

7.2.5 建筑中水处理系统应设有消毒设施。

【编制说明】

本条对建筑中水处理工艺流程中的消毒环节提出要求，中水是由各种排水经处理后，达到规定的水质标准，并在一定范围内使用的非饮用水，中水的卫生指标是保障中水安全使用的重要指标，而消毒则是保障中水卫生指标的重要环节，因此，中水处理必须设有消毒设施，并作为强制性要求。中水工程建设时，处理单元中必须设置消毒设施。

【现行规范（标准）的相关规定】

国家标准《建筑中水设计标准》GB 50336—2018

6.2.17 中水处理必须设有消毒设施。

【《规范》编制时的修改】

本条采用国家标准《建筑中水设计标准》GB 50336—2018 第6.2.17条（强制性条文），条文未做原则上的修改。

【实施与检查控制】

中水的卫生指标是保障中水安全使用的重要指标，而消毒则是保障中水卫生指标的重要环节，因此，中水处理必须设有消毒设施。在进行中水工程设计时，处理单元中必须设置消毒设施。

消毒设施的设计应符合现行国家标准《建筑中水设计标准》GB 50336 的规定。

对设计图纸进行检查，是否设有中水消毒设施。在中水设施建设、验收及运行过程中，检查是否设有中水消毒设施。

7.2.6 采用电解法现场制备二氧化氯，或处理工艺可能产生有害气体的中水处理站，应设置事故通风系统。事故通风量应根据扩散物的种类、安全及卫生浓度要求，按全面排风计算确定。

【编制说明】

对可能产生有害气体中水处理站设施房间的事故通风要求作了明确规定。事故排风的风量，应根据扩散物的种类、安全及卫生浓度要求等工艺资料，按全面排风计算确定。通风装置应考虑防爆。

【现行规范（标准）的相关规定】

国家标准《建筑中水设计标准》GB 50336—2018

8.1.7 采用电解法现场制备二氧化氯，或处理工艺可能产生有害气体的中水处理站，应设置事故通风系统。事故通风量应根据放散物的种类、安全及卫生浓度要求，按全面排风计算确定，且每小时换气次数不应小于 12 次。

【《规范》编制时的修改】

本条由国家标准《建筑中水设计标准》GB 50336—2018 第8.1.7 条（强制性条文）改编而成。取消了换气次数要求，换气次数在国家标准《建筑环境通用规范》GB 55016—2021 中给出。

【实施与检查控制】

根据现行国家标准的规定，对可能突然产生大量有害气体或爆炸危险气体的生产厂房，应设置事故排风装置。事故排风的风量，应根据工艺设计提供的资料通过计算确定。通风装置应考虑防爆。

一是对设计图纸进行检查，此类中水处理站是否设置了事故通风系统。二是在中水设施建设、验收及运行过程中，检查处理工艺和消毒剂制备方法，对于中水处理站采用电解法现场制备二氧化氯，或处理工艺可能产生有害气体的，检查是否设置了事故通风系统，是否符合全面排风要求。

7.3 雨 水 回 用

7.3.1 传染病医院的雨水、含有重金属污染和化学污染等地表污染严重的场地雨水不得回用。

【编制说明】

本条规定了不得采用雨水回用的下垫面场地，保障卫生安全。传染病医院的雨水、含有重金属污染和化学污染等地表污染严重的场地雨水不得采用雨水收集回用系统。如果回用，处理工艺复杂、成本高。对于有特殊污染源的建筑与小区，雨水控制及利用工程应经专题论证。

【现行规范（标准）的相关规定】

国家标准《建筑与小区雨水控制及利用工程技术规范》GB 50400—2016

4.1.7 传染病医院的雨水、含有重金属污染和化学污染等地表污染严重的场地雨水不得采用雨水收集回用系统。有特殊污染源的建筑与小区，雨水控制及利用工程应经专题论证。

【《规范》编制时的修改】

本条由国家标准《建筑与小区雨水控制及利用工程技术规范》GB 50400—2016 第 4.1.7 条（非强制性条文）改编而成，把普通条款内容升级为强制性条文。这些场所的径流雨水中含有传染病菌病毒、重金属等，收集回用替代自来水有潜在的卫生安全问题。在建筑及小区中处理去除这些污染物，工艺复杂、成本高，更重要的是技术及运行管理方面难以保障出水安全指标。

【实施与检查控制】

传染病医院的雨水、含有重金属污染和化学污染等地表污染严重的场地雨水不得采用雨水收集回用系统。这些场所的降雨径流需要控制时，可采用调蓄排放或减少硬化地面如草地绿化等方式。

检查设计说明及雨水控制系统的图纸，不得设置杂用水、景观用水等方式消减雨水。

7.3.2 根据雨水收集回用的用途，当有细菌学指标要求时，必须消毒后再利用。

【编制说明】

本条规定了必须进行消毒处理的回用雨水。雨水经过一般沉淀或过滤处理后，细菌的绝对值仍可能很高，并有病原菌的可能，因此，根据雨水回用的用途，特别是与人体接触的雨水利用项目应在利用前进行消毒处理。

【现行规范（标准）的相关规定】

国家标准《城镇给水排水技术规范》GB 50788—2012

5.4.5 根据雨水收集回用的用途，当有细菌学指标要求时，必须消毒后再利用。

【《规范》编制时的修改】

本条直接引用国家标准《城镇给水排水技术规范》GB 50788—2012 第 5.4.5 条（强制性条文），没有修改。

【实施与检查控制】

雨水回用一般用于绿化、道路及广场浇洒、车库地面冲洗、车辆冲洗、循环冷却水补水、景观水补水等，其中哪些用水的水质有细菌学指标要求，可参照该专项用水的水质标准以及城市污水再生回用的水质标准确定。消毒处理方法的选择，应按相关国家现行的标准执行。

检查设计说明及雨水回用系统的设计图，看雨水回用于哪些用途或部位，只要有一项用途或部位含有细菌学指标，就必须进行消毒处理。

7.3.3 当采用生活饮用水向室外雨水蓄水池补水时，补水管口在室外地面暴雨积水条件下不得被淹没。

【编制说明】

本条规定了用生活饮用水向室外雨水蓄水池补水时的防水质污染要求。有些雨水收集回用系统不设雨水清水池，而是把雨水蓄水池中的雨水简单处理后便直接进入雨水配水管网，供向雨水用水点，这种系统的补水需要补入蓄水池。在暴雨时室外地面往往积水，向雨水蓄水池补水的补水管口若设在池内，有被雨水淹没的危险。补水口应设在池外，且不应被积水淹没。雨水蓄水池的补水口设在池内存在污染危险，一是池水水质较差，会污染补水口；二是雨水入流量随机变化，不可控制，有充满水池的可能。

【现行规范（标准）的相关规定】

国家标准《建筑与小区雨水控制及利用工程技术规范》GB 50400—2016

7.3.4 当采用生活饮用水补水时，应采取防止生活饮用水被污染的措施，并符合下列规定：

1 清水池（箱）内的自来水补水管出水口应高于清水池（箱）内溢流水位，其间距不得小于 2.5 倍补水管管径，且不应小于 150mm；

2 向蓄水池（箱）补水时，补水管口应设在池外，且应高于室外地面。

【《规范》编制时的修改】

本条系由国家标准《建筑与小区雨水控制及利用工程技术规范》GB 50400—2016 第 7.3.4 条（强制性条文）改编而成。把第 2 款内容扩展为本条，第 1 款内容与中水相应的内容合并，放入《规范》第 3.2.8 条，把"且应高于室外地面"改为"在室外地面暴雨积水条件下不得被淹没"。

室外雨水排水的设计重现期一般为 3 年～5 年，超过此标准的降雨会使小区的地面上积水，若淹没补水管口，会污染补水管。

【实施与检查控制】

当雨水收集回用系统不设雨水清水池，而是把雨水蓄水池中的雨水简单处理后供向雨水用水点时，蓄水池的自来水补水口应设在池外，高度高于室外地面的常年降雨积水高度。

检查设计说明及室外雨水蓄水池设计及竣工图纸，查看蓄水池是否设有生活饮用水补水管以及补水管口和室外地面的标高关系。

8 施工及验收

8.1 一 般 规 定

8.1.1 建筑给水排水与节水工程与相关工种、工序之间应进行工序交接，并形成记录。

【编制说明】

为保证工程整体质量，应控制每道工序的质量。相关专业、工序之间应进行交接检验，使各工序之间和各相关专业工程之间形成有机的整体且形成记录。

【现行规范（标准）的相关规定】

国家标准《建筑工程施工质量验收统一标准》GB 50300—2013

3.0.3 建筑工程的施工质量控制应符合下列规定：

1 建筑工程采用的主要材料、半成品、成品、建筑构配件、器具和设备应进行进场检验。凡涉及安全、节能、环境保护和主要使用功能的重要材料、产品，应按各专业工程施工规范、验收规范和设计文件等规定进行复验，并应经监理工程师检查认可；

2 各施工工序应按施工技术标准进行质量控制，每道施工工序完成后，经施工单位自检符合规定后，才能进行下道工序施工。各专业工种之间的相关工序应进行交接检验，并应记录；

3 对于监理单位提出检查要求的重要工序，应经监理工程师检查认可，才能进行下道工序施工。

【《规范》编制时的修改】

本条在国家标准《建筑工程施工质量验收统一标准》GB 50300—2013 第 3.0.3 条第 2 款的基础上制定，为保证工程施工质量，将非强制性条文上升为强制性条文。

【实施与检查控制】

建筑工程施工质量控制的主要方面：一是用于建筑工程的主

要材料、半成品、成品、建筑构配件、器具和设备的进场验收和重要建筑材料的复检；二是控制每道工序的质量，在每道工序的质量控制中之所以强调按企业标准进行控制，是考虑到企业标准的控制指标应严于行业和国家标准指标的因素；三是施工单位每道工序完成后除了自检、专职质量检查员检查外，还强调了工序交接检查，上道工序还应满足下道工序的施工条件和要求，同相关专业工序之间形成一个有序的整体。建设工程监督部门应依据此要求进行管理与监督。

建设工程监督部门检查施工过程中相关工种、工序之间形成的记录。

8.1.2　建筑给水排水节水工程所使用的主要材料和设备应具有中文质量证明文件、性能检测报告，进场时应做检查验收。

【编制说明】

按现行市场管理体制，增加了适应国情的中文质量证明文件及现场核查确认，进场的主要材料和设备均应核查验收。

【现行规范（标准）的相关规定】

国家标准《建筑给水排水及采暖工程施工质量验收规范》GB 50242—2002

3.2.1　建筑给水、排水及采暖工程所使用的主要材料、成品、半成品、配件、器具和设备必须具有中文质量合格证明文件，规格、型号及性能检测报告应符合国家技术标准或设计要求。进场时应做检查验收，并经监理工程师核查确认。

【《规范》编制时的修改】

本条在国家标准《建筑给水排水及采暖工程施工质量验收规范》GB 50242—2002 第 3.2.1 条的基础上修编。建筑给水排水工程所使用的主要材料和设备对建筑工程的质量起着至关重要的作用，直接影响工程完工后的使用，为保证工程施工质量，本条提出严格要求，将非强制性条文上升为强制性条文。

【实施与检查控制】

建筑给水、排水所使用的主要材料、成品、半成品、配件器具和设备在进场时均须进行中文质量合格证明文件，规格、型号及性能检测报告检查且应符合国家技术标准或设计要求并做检查验收，由监理工程师等质量控制部门核查确认。建设行业行政主管部门或建设工程监督部门应依据此要求进行管理与监督。

建设行业行政主管部门或建设工程监督部门应在建筑给水排水工程施工进场时检查所使用的主要材料和设备的中文质量证明文件、性能检测报告，并做检查验收。

8.1.3 生活饮用水系统的涉水产品应满足卫生安全的要求。

【编制说明】

凡是涉及与生活饮用水接触的输配水设备、配件、水质处理剂（器）、防护涂料和胶粘剂等设备、材料都统称为涉水产品。涉水产品的卫生质量直接关系到供水的水质安全、人民群众的身体健康和生命安全，因此，接触饮用水的涉水产品均应满足卫生安全的要求。

【现行规范（标准）的相关规定】

行业标准《二次供水工程技术规程》CJJ 140—2010

3.0.8 二次供水设施中的涉水产品应符合现行国家标准《生活饮用水输配水设备及防护材料的安全性评价标准》GB/T 17219 的规定。

【《规范》编制时的修改】

本条在行业标准《二次供水工程技术规程》CJJ 140—2010 第 3.0.8 条强制性条文的基础上修编。目的是适应市场监管的要求起草的性能要求，保证供水水质安全、人民群众的身体健康和生命安全。

【实施与检查控制】

凡是涉及与生活饮用水接触的输配水设备、配件、水质处理剂（器）、防护涂料和胶粘剂等设备、材料的卫生质量均应符合现行国家卫生标准的规定。建设行业行政主管部门或建设工程监督部门应依据此要求进行管理与监督。

建设行业行政主管部门或建设工程监督部门检查涉及与生活饮用水接触的输配水设备、配件、水质处理剂（器）、防护涂料和胶粘剂等设备、材料的卫生质量是否符合现行国家卫生标准的规定。

8.1.4 用水器具和设备应满足节水产品的要求。

【编制说明】

本条规定了选用用水器具和设备等产品时应考虑其节水性能，无论选用产品的档次多高、多低，均应是节水产品。

【现行规范（标准）的相关规定】

国家标准《民用建筑节水设计标准》GB 50555—2010

6.1.1 建筑给水排水系统中采用的卫生器具、水嘴、淋浴器等应根据使用对象、设置场所、建筑标准等因素确定，且均应符合现行行业标准《节水型生活用水器具》CJ 164 的规定。

6.2.7 洗衣机、厨房应选用高效、节水的设备。

【《规范》编制时的修改】

本条在国家标准《民用建筑节水设计标准》GB 50555—2010 第 6.1.1 条、第 6.2.7 条的基础上修编。本条为适应市场监管的要求起草的性能要求；随着我国器具及设备节水理念的普及、节水技术的发展、相关国家标准及行业标准的实施，用水器具及设备的节水产品已经占据了市场的主导，为社会所普遍接受，故将其提升为强制性要求。

【实施与检查控制】

随着国家碳达峰、碳中和的措施实施落实，建筑节能、节水已经提到非常重要的地位，工程应用中选用的卫生器具、水嘴、淋浴器等产品应满足国家现行标准《节水型产品通用技术条件》GB/T 18870、《节水型生活用水器具》CJ/T 164 等标准的要求。

建设行业行政主管部门或建设工程监督部门检查工程应用中

选用的卫生器具、水嘴、淋浴器等产品的节水能效是否满足国家现行标准《节水型产品通用技术条件》GB/T 18870、《节水型生活用水器具》CJ/T 164 的要求。

8.1.5 设备和器具在施工现场运输、保管和施工过程中，应采取防止损坏的措施。

【编制说明】

在运输、保管和施工过程中对器具和设备的保护很重要，措施不得当就有损坏和腐蚀情况，各个环节的保护措施应落实到位。

【现行规范（标准）的相关规定】

国家标准《建筑给水排水及采暖工程施工质量验收规范》GB 50242—2002

3.2.3 主要器具和设备必须有完整的安装使用说明书。在运输、保管和施工过程中，应采取有效措施防止损坏或腐蚀。

【《规范》编制时的修改】

本条在国家标准《建筑给水排水及采暖工程施工质量验收规范》GB 50242—2002 第 3.2.3 条的基础上修编。本条为适应市场监管的要求起草的技术要求。建筑工程所使用的主要器具和设备在运输、保管和施工过程中经常有磕碰损坏或放置场所的不合适或施工措施的不合适或施工工艺不当造成腐蚀、损坏等情况，给工程施工带来损失或安装后影响使用，故将其上升为强制性条文。

【实施与检查控制】

在运输、保管和施工过程中对主要器具和设备防止损坏和腐蚀的保护应有措施，各个环节的保护措施应落实到位。

建设工程监督部门检查在运输、保管和施工过程中对主要器具和设备的保护措施是否得当，各个环节的保护措施是否落实到位。

8.1.6 隐蔽工程在隐蔽前应经各方验收合格并形成记录。

【编制说明】

实际工程中隐蔽工程出现的问题较多,处理较困难。给使用者、用户和管理者带来很多麻烦,故设置此条款,以保证隐蔽工程的质量。

【现行规范(标准)的相关规定】

国家标准《建筑给水排水及采暖工程施工质量验收规范》GB 50242—2002

3.3.2 隐蔽工程应在隐蔽前经验收各方检验合格后,才能隐蔽,并形成记录。

【《规范》编制时的修改】

本条以国家标准《建筑给水排水及采暖工程施工质量验收规范》GB 50242—2002 第 3.3.2 条为基础修编。本条为适应市场监管的要求起草的技术、性能要求;工程施工中隐蔽工程出现问题的情况经常出现,造成返工或不能及时发现,给工程竣工后的使用带来隐患,直接影响工程质量甚至带来人民生命财产安全,故将其上升为强制性条文。

【实施与检查控制】

工程施工中对于隐蔽工程应在隐蔽前经各方(主要是政府质量监督部门、设计方、业主方)检验验收合格后,才能隐蔽,并形成记录。

建设工程监督部门工程在施工中检查隐蔽工程在隐蔽前的检查验收记录。

8.1.7 阀门安装前,应检查阀门的每批抽样强度和严密性试验报告。

【编制说明】

试验应在每批(同牌号、同型号、同规格)数量中抽查 10%,且不少于一个。对于安装在主干管上起切断作用的阀门,应逐个进行强度和严密性试验。采用暗埋管道的主管道应配备相应更换阀门。调研中了解到目前国内小型阀门厂很多，但质量问题也很多，对阀门做强度和严密性试验是很有必要的，国内大企业或合资企业的阀门质量相对较好。对于在暗埋主管道周边配备相应的更换阀门，一是为了阀门损坏时便于更换，二是为了避免阀门因购置问题，无法在最短时间内进行更换。阀门的强度和严密性试验应在出厂前进行，因此，阀门安装前应检查阀门强度和严密性试验报告以确保阀门质量。

【现行规范（标准）的相关规定】

国家标准《建筑给水排水及采暖工程施工质量验收规范》GB 50242—2002

3.2.4 阀门安装前，应作强度和严密性试验。试验应在每批（同牌号、同型号、同规格）数量中抽查10%，且不少于一个。对于安装在主干管上起切断作用的闭路阀门，应逐个作强度和严密性试验。

【《规范》编制时的修改】

本条在国家标准《建筑给水排水及采暖工程施工质量验收规范》GB 50242—2002 第 3.2.4 条的基础上修编。本条为适应市场监管的要求起草的性能要求。阀门对给水系统等是非常关键的附件，一旦阀门出现问题，将对系统的运行构成危害，使系统无法运行，直接影响工程质量。

【实施与检查控制】

阀门安装前，首先按进场批次，检查阀门的每批抽样强度和严密性试验报告，每批次阀门均应严格检查其强度和严密性试验报告。

建设行业行政主管部门检查阀门的每批次抽样强度和严密性试验报告，建设工程监督部门将其作为主控项目检查阀门的每批次抽样强度和严密性试验报告是否提供并满足设计要求。

8.1.8 地下室或地下构筑物外墙有管道穿过时，应采取防水措施。对有严格防水要求的建筑物，应采用柔性防水套管的措施。

【编制说明】

经过多年的实践，本条的执行有效地防止了质量事故的产生，如果忽略了本条内容或不够重视将造成严重的后果。有严格防水要求的部位，如水泵吸水管穿过水池池壁处应设置柔性防水套管。

【现行规范（标准）的相关规定】

国家标准《建筑给水排水及采暖工程施工质量验收规范》GB 50242—2002

3.3.3 地下室或地下构筑物外墙有管道穿过的，应采取防水措施。对有严格防水要求的建筑物，必须采用柔性防水套管。

【《规范》编制时的修改】

本条在国家标准《建筑给水排水及采暖工程施工质量验收规范》GB 50242—2002 第 3.3.3 条（强制性条文）的基础上修编。本条为适应市场监管的要求起草的技术、性能要求。管道的防水措施，是影响管道安装非常重要的环节。特别是对有严格防水要求的建筑物更应重视，要求采取设置柔性防水套管的措施。

【实施与检查控制】

工程施工中，在土建工程施工中地下室或地下构筑物外墙有管道穿过时，均应设置防水套管，对于与水泵等有运行振动设备连接的管道以及有严格防水要求的建筑物，均应设置柔性防水套管。

建设工程监督部门检查在地下室或地下构筑物外墙有管道穿过的地方是否设置有防水套管，并检查与水泵等有运行振动设备连接的管道以及有严格防水要求的建筑物是否设置了柔性防水套管。

8.1.9 给水、排水、中水、雨水回用及海水利用管道应有不同的标识，并应符合下列规定：

1 给水管道应为蓝色环；

2 热水供水管道应为黄色环、热水回水管道应为棕色环；

3 中水管道、雨水回用和海水利用管道应为淡绿色环；

4 排水管道应为黄棕色环。

【编制说明】

给水、排水、中水、雨水回用及海水利用管道有不同标识的要求，是为了解决在建筑物内设有中水系统或雨水回用系统，因管道没有区分的标识，给水系统与中水系统的管道采用同一种管材时，不能区分，在建筑维修或改造时，造成给水管道与中水管道的错接，发生饮用中水的情况，影响使用者的身体健康。

【现行规范（标准）的相关规定】

（1）国家标准《建筑中水设计标准》GB 50336—2018

8.1.5 中水管道应采取下列防止误接、误用、误饮的措施：

1 中水管网中所有组件和附属设施的显著位置应配置"中水"耐久标识，中水管道应涂浅绿色，埋地、暗敷中水管道应设置连续耐久标志带；

2 中水管道取水接口处应配置"中水禁止饮用"的耐久标识；

3 公共场所及绿化、道路喷洒等杂用的中水用水口应设带锁装置。

（2）行业标准《二次供水工程技术规程》CJJ 140—2010

6.4.3 二次供水管道应有标识，标识宜为蓝色。

（3）《澳大利亚建筑技术法规》（性能要求）摘要（2015年版）

BP3.1 非饮用水设施

（a）非饮用水供应必须连接到明确标识为非饮用水的出水口，并且必须限于 B3.3 中规定的用途。

（b）非饮用水设施与饮用水设施不存在交叉连接。

BP3.2 标识

非饮用水设施构成部分的管道出水口，配件、储存和储存罐必须清楚标识。

【《规范》编制时的修改】

本条将国家现行标准的强制性条文整合、修编。本条为适应市场监管的要求起草的技术、性能要求。管道标识是区别管道种类最直接有效的措施。

【实施与检查控制】

工程施工安装中，各系统管道应按以下涂色：（1）给水管道为蓝色环；（2）热水供水管道为黄色环、热水回水管道为棕色环；（3）中水管道、雨水回用和海水利用管道为淡绿色环；（4）排水管道为黄棕色环。

建设行业行政主管部门或建设工程监督部门检查施工图设计说明中对于各系统管材涂色是否明确并与《规范》一致。施工安装前核对各系统的管材、管件是否涂色到位。

8.2 施工与安装

8.2.1 给水排水设施应与建筑主体结构或其基础、支架牢靠固定。

【编制说明】

本条强调了给水设备（水泵、电开水器、热交换器、消毒设备等）和设施（水箱、隔油器等）应与建筑主体结构或其基础牢固连接，满足安全的要求。

【现行规范（标准）的相关规定】

国家标准《民用建筑太阳能热水系统应用技术标准》GB 50364—2018

4.2.6 设置太阳能集热器的坡屋面应符合下列规定：

1 屋面的坡度宜结合集热器接收阳光的最佳倾角确定，即当地纬度±10°；

2 热器宜采用顺坡镶嵌或顺坡架空设置；

3 集热器支架应与埋设在屋面板上预埋件固定牢固，并应采取防水措施；

4 集热器与屋面结合处雨水排放应通畅；

5 顺坡镶嵌的集热器与周围屋面连接部位应做好防水构造处理；

6 集热器顺坡镶嵌在屋面上，不得降低屋面整体的保温、隔热、防水等性能；

　　7　顺坡架空在坡屋面上的集热器与屋面间空隙不宜大于100mm。

4.2.7　在阳台设置太阳能集热器应符合下列规定：

　　1　设置在阳台栏板上的集热器支架应与阳台栏板上的预埋件牢固连接；

　　2　当集热器构成阳台栏板时，应满足阳台栏板的刚度、强度及防护功能要求。

4.2.8　设置太阳能集热器的墙面应符合下列规定：

　　1　低纬度地区设置在墙面的集热器宜有适当倾角；

　　2　设置集热器的墙面除应承受集热器荷载外，还应采取必要的技术措施避免安装部位可能造成的墙面变形、裂缝等；

　　3　集热器支架应与墙面上的预埋件应连接牢固，必要时在预埋件处增设混凝土构造柱；

　　4　当集热器与贮热水箱相连的管线穿墙面时，应在墙面预埋防水套管，并应对其与墙面相接处进行防水密封处理，防水套管应在墙面施工时埋设完毕，穿墙管线不宜设在结构柱处；

　　5　集热器镶嵌在墙面时，墙面装饰材料的色彩、分格宜与集热器协调一致。

6.3.2　支架应按设计要求安装在承重基座上，位置准确，与承重基座固定牢靠，并应设置检修通道。

6.3.4　支承太阳能热水系统的钢结构支架应与建筑物接地系统可靠连接。

　　【《规范》编制时的修改】

　　本条在国家标准《民用建筑太阳能热水系统应用技术标准》GB 50364—2018的相关条文的基础上修编。本条为适应市场监管的要求起草的技术要求。给水排水设施与建筑主体结构或其基础、支架的连接脱落或连接不牢靠，造成事故的情况时有发生，轻者造成系统运行出现问题，重者造成人员伤害，故将非强制性条文上升为强制性条文。

【实施与检查控制】

给水排水设计图纸中所有设施〔特别是负荷较重（包括运行荷载）的设施〕应与建筑主体结构或其基础、支架牢靠固定，施工安装中应完全满足施工图要求。

建设行业行政主管部门或建设工程监督部门检查给水排水设计图纸中是否有设施与建筑主体结构或其基础、支架牢靠固定的措施，施工安装中是否完全满足施工图要求。

8.2.2 重力排水管道的敷设坡度必须符合设计要求，严禁无坡或倒坡。

【编制说明】

生活排水一般采用重力排水，排水管必须设置坡度，坡度应满足排水量的要求，确保排水能自流排出。坡度应顺排水方向设置，禁止出现倒坡，避免产生堵塞、淤积及倒灌现象。同时，根据在结构封顶后设计控制的沉降量，排水管的坡度设计应附加该房屋建筑的沉降量，使房屋建筑沉降后排水管不至于形成平坡或倒坡。

【现行规范（标准）的相关规定】

（1）国家标准《建筑给水排水设计标准》GB 50015—2019

4.4.19 当建筑物沉降可能导致排出管倒坡时，应采取防倒坡措施。

4.5.5 建筑物内生活排水铸铁管道的最小坡度和最大设计充满度，宜按表 4.5.5 确定。节水型大便器的横支管应按表 4.5.5 中通用坡度确定。

表 4.5.5 建筑物内生活排水铸铁管道的最小坡度和最大设计充满度

管径（mm）	通用坡度	最小坡度	最大设计充满度
50	0.035	0.025	
75	0.025	0.015	
100	0.020	0.012	0.5
125	0.015	0.010	

续表 4.5.5

管径（mm）	通用坡度	最小坡度	最大设计充满度
150	0.010	0.007	0.6
200	0.008	0.005	

4.5.6 建筑排水塑料横管的坡度、设计充满度应符合下列要求：

1 排水横支管的标准坡度应为 0.026，最大设计充满度应为 0.5；

2 排水横干管的最小坡度、通用坡度和最大设计充满度应按表 4.5.6 确定。

表 4.5.6 建筑排水塑料管排水横管的最小坡度、通用坡度和最大设计充满度

外径（mm）	通用坡度	最小坡度	最大设计充满度
110	0.012	0.0040	0.5
125	0.010	0.0035	
160	0.007	0.0030	
200	0.005	0.0030	0.6
250	0.005	0.0030	
315	0.005	0.0030	

（2）国家标准《建筑给水排水及采暖工程施工质量验收规范》GB 50242—2002

10.2.1 排水管道的坡度必须符合设计要求，严禁无坡或倒坡。

检验方法：用水准仪、拉线和尺量检查。

【《规范》编制时的修改】

本条采用国家标准《建筑给水排水及采暖工程施工质量验收规范》GB 50242—2002 第 10.2.1 条。本条为适应市场监管的要求起草的技术要求。重力排水管道的敷设坡度在工程使用中非常重要，坡度不满足要求、无坡或倒坡，都会造成排水系统排水不畅，严重时还会影响建筑基础，对建筑安全构成威胁，故将非强制性条文上升为强制性条文。

【实施与检查控制】

重力排水管道在安装敷设时,严格按照设计要求的敷设坡度进行。

建设工程监督部门检查重力排水管道的敷设坡度是否符合设计要求,有无无坡或倒坡的情况存在。

8.2.3 管道安装时管道内外和接口处应清洁无污物,安装过程中应严防施工碎屑落入管中,管道接口不得设置在套管内,施工中断和结束后应对敞口部位采取临时封堵措施。

【编制说明】

施工时的管道清洁工作不仅对生活饮用水水质有重要影响,也对排水管道有较大影响。如果施工时不注意清洁,将灰尘、杂物等落入管内,一方面可能使通水量降低,严重堵塞管道;另一方面可能会使水质难以达标。接口设在套管内,一旦运行中漏水,不便发现,也不便检修、更换。管道安装时管道内和接口处应清洁无污物,安装过程中应严防施工碎屑落入管中,施工中断和结束后应对敞口部位采取临时封堵措施。

管道穿过墙壁和楼板,应设置金属或塑料套管。安装在楼板内的套管,其顶部应高出装饰地面 20mm;安装在卫生间及厨房内的套管,其顶部应高出装饰地面 50mm,底部应与楼板底面相平;安装在墙壁内的套管其两端与饰面相平。穿过楼板的套管与管道之间缝隙应用阻燃密实材料和防水油膏填实,且端面应光滑。穿墙套管与管道之间缝隙宜用阻燃密实材料填实,且端面应光滑。管道的接口不得设在套管内。

【现行规范(标准)的相关规定】

(1)行业标准《二次供水工程技术规程》CJJ 140—2010

9.3.6 管道安装时管道内和接口处应清洁无污物,安装过程中应严防施工碎屑落入管中,施工中断和结束后应对敞口部位采取临时封堵措施。

（2）国家标准《建筑给水排水及采暖工程施工质量验收规范》GB 50242—2002

3.3.13 管道穿过墙壁和楼板，应设置金属或塑料套管。安装在楼板内的套管，其顶部应高出装饰地面 20mm；安装在卫生间及厨房内的套管，其顶部应高出装饰地面 50mm，底部应与楼板底面相平；安装在墙壁内的套管其两端与饰面相平。穿过楼板的套管与管道之间缝隙应用阻燃密实材料和防水油膏填实，端面光滑。穿墙套管与管道之间缝隙宜用阻燃密实材料填实，且端面应光滑。管道的接口不得设在套管内。

【《规范》编制时的修改】

本条在国家现行标准相关条文的基础上修编。本条为适应工程监管的要求起草的技术要求。管道安装时管道内外和接口处是否清洁无污物，安装过程中是否有施工碎屑落入管中，管道接口是否设置在套管内，施工中断和结束后对敞口部位是否采取临时封堵措施，这些都会影响管道系统的安装质量，进而对工程使用造成影响，故将非强制性条文上升为强制性条文。

【实施与检查控制】

工程施工中，管道安装时管道内外和接口处应清洁无污物，安装过程中防止施工碎屑落入管中，管道接口不设置在套管内，施工中断和结束后对敞口部位采取临时封堵措施。

建设工程监督部门检查管道安装时管道内外和接口处是否清洁无污物，安装过程中是否有防止施工碎屑落入管中的措施，管道接口是否设置在套管内，施工中断和结束后对敞口部位是否采取临时封堵措施。

8.2.4 建筑中水、雨水回用、海水利用管道严禁与生活饮用水管道系统连接。

【编制说明】

严禁再生水管道与给水管道、自备水源供水系统连接，防止污染生活饮用水系统。中水、雨水回用、海水管道取水口和取水龙头处应配置"中水、雨水回用、海水不得饮用"的耐久标识。中水、雨水回用、海水管道输配水管网中所有组件和附属设施的显著位置应配置"中水、雨水回用、海水管道"耐久标识，中水、雨水回用、海水管道明装时应采用识别色，并配置"中水、雨水回用、海水管道"耐久标识。防止误接、误用、误饮的措施还包括：（1）管道外壁应按有关标准的规定涂色和标志；（2）水池（箱）、阀门、水表及给水栓、取水口均应有明显相对应的文字标志；（3）埋地管道应在管道上方设置耐久标志带；（4）公共场所及绿化的取水口应设带锁装置。

【现行规范（标准）的相关规定】

（1）国家标准《城镇污水再生利用工程设计规范》GB 50335—2016

7.1.3 再生水管道系统严禁与饮用水管道系统、自备水源供水系统连接。

7.1.4 再生水管道取水接口和取水龙头处应配置"再生水不得饮用"的耐久标识。

7.1.5 再生水输配水管网中所有组件和附属设施的显著位置应配置"再生水"耐久标识，再生水管道明装时应采用识别色，并配置"再生水管道"耐久标识，埋地再生水管道应在管道上方设置耐久标志带。

（2）国家标准《建筑中水设计标准》GB 50336—2018

8.1.5 中水管道应采取下列防止误接、误用、误饮的措施：

1 中水管网中所有组件和附属设施的显著位置应配置"中水"耐久标识，中水管道应涂浅绿色，埋地、暗敷中水管道应设置连续耐久标志带；

2 中水管道取水接口处应配置"中水禁止饮用"的耐久标识；

3 公共场所及绿化、道路喷洒等杂用的中水用水口应设带锁装置；

4 中水管道设计时，应进行检查防止错接；工程验收时应逐段进行检查，防止误接。

（3）《澳大利亚建筑技术法规》（性能要求）摘要（2015年版）

BP3.3 非饮用水设施的安装

非饮用水的设计，建造和安装，须以下列方式进行：

（a）避免污染饮用水的可能性。

【《规范》编制时的修改】

本条在现行国家标准的强制性条文基础上修编。本条为适应市场监管的要求起草的技术、性能要求。建筑中水、雨水回用、海水利用管道等非饮用水若与生活饮用水管道系统连接，会造成生活饮用水污染，对人民生命安全构成严重威胁，北京就曾发生中水与生活饮用水管道错接的情况，造成很严重的社会问题。

【实施与检查控制】

工程建设中，建筑中水、雨水回用、海水利用管道等非饮用水与生活饮用水管道系统从系统分类的涂色、安装等杜绝直接和间接连接。

建设行业行政主管部门或建设工程监督部门检查给水排水设计图纸中是否有建筑中水、雨水回用、海水利用管道等非饮用水与生活饮用水管道相连接或间接连接的情况，以及工程安装中是否存在同样的问题。

8.2.5 地下构筑物（罐）的室外人孔应采取防止人员坠落的措施。

【编制说明】

本条为保证人员安全的措施。室外地下雨水蓄水池（罐）的人孔或检查口等应设置防止人员落入水中的双层井盖或防坠落网。

【现行规范（标准）的相关规定】

（1）国家标准《建筑给水排水及采暖工程施工质量验收规

范》GB 50242—20××（报批稿）

10.3.8 室外地下雨水蓄水池（罐）的人孔或检查口应设置防止人员落入水中的双层井盖。

检查数量：全数检查。

检验方法：观察检查。

（2）国家标准《室外排水设计标准》GB 50014—2021

5.4.11 检查井应安装防坠落装置。

【《规范》编制时的修改】

本条在国家标准《建筑给水排水及供暖工程施工质量验收规范》GB 50242—20××（报批稿）和《室外排水设计标准》GB 50014—2021 相关条文的基础上修编。本条为适应市场监管的要求起草的技术、性能要求。虽然施工验收标准对于地下构筑物（罐）的室外人孔按一般项目处理，但由于其设置不当会造成人员坠落的情况，对人民生命安全构成严重威胁，故将非强制性条文上升为强制性条文。

【实施与检查控制】

地下构筑物（罐）的室外人孔应设置双层防盗井盖，避免井盖被盗。

建设行业行政主管部门或建设工程监督部门检查给水排水设计图纸中是否有地下构筑物（罐）的室外人孔设置双层防盗井盖的施工设计说明以及工程安装中是否按设计要求设置了防人员坠落的相应措施。

8.2.6 水处理构筑物的施工作业面上应设置安全防护栏杆。

【编制说明】

为防止操作维护人员坠落、滑跌，应在敞口及临边水处理构筑物上面的通道设置符合安全要求的扶手栏杆，并采用防滑地面或采取其他防滑措施。

【现行规范（标准）的相关规定】

国家标准《城镇污水再生利用工程设计规范》GB 50335—2016

7.1.2 再生水处理构筑物上面的通道，应设置安全防护栏杆，地面应有防滑措施。

【《规范》编制时的修改】

本条在国家标准《城镇污水再生利用工程设计规范》GB 50335—2016 第 7.1.2 条（强制性条文）的基础上修编。本条为适应市场监管的要求起草的技术、性能要求。水处理构筑物的施工作业面上与地下构筑物（罐）的室外人孔一样，如果在水处理构筑物上面的通道上敞口及临边部位没有设置符合安全要求的扶手栏杆同样会造成人员坠落的情况，对人民生命安全构成严重威胁。

【实施与检查控制】

水处理构筑物上面通道上敞口及临边部位设置符合安全要求的扶手栏杆，并采用防滑地面或采取其他防滑措施，以防止操作维护人员坠落、滑跌，发生危险。

建设行业行政主管部门或建设工程监督部门检查水处理构筑物上面通道上敞口及临边部位是否设置有符合安全要求的扶手栏杆，是否采用防滑地面或采取其他防滑措施。

8.2.7 施工完毕后的贮水调蓄、水处理等构筑物必须进行满水试验，静置 24h 观察，应不渗不漏。

【编制说明】

为保证贮水调蓄、水处理等构筑物的施工质量，其施工完成后必须进行满水试验。施工完毕的贮水调蓄构筑物必须进行满水试验。水处理构筑物施工完毕必须进行满水试验。消化池满水试验合格后，还应进行气密性试验。

【现行规范（标准）的相关规定】

国家标准《给水排水构筑物工程施工及验收规范》GB 50141—2008

6.1.4 水处理构筑物施工完毕必须进行满水试验。消化池满水试验合格后，还应进行气密性试验。

8.1.6 施工完毕的贮水调蓄构筑物必须进行满水试验。

【《规范》编制时的修改】

本条在国家标准《给水排水构筑物工程施工及验收规范》GB 50141—2008 第 6.1.4 条、第 8.1.6 条（强制性条文）基础上修编。本条为适应市场监管的要求起草的技术、性能要求。贮水调蓄、水处理等构筑物是否漏水必须进行满水试验，并静置 24h 观察，不渗不漏为合格，否则影响建成后的使用，严重时会对相邻的建筑基础构成威胁，水处理等构筑物还会污染周围地质环境。消化池满水试验合格后，还应进行气密性试验，以保证有毒有害气体不泄露，不污染环境，不给人民生命造成危害。

【实施与检查控制】

施工完毕后的贮水调蓄、水处理等构筑物进行满水试验，并静置 24h 观察，不渗不漏为合格；消化池在做完满水试验合格后，还应按相关标准的规定进行气密性试验。

建设行业行政主管部门或建设工程监督部门检查施工完毕后的贮水调蓄、水处理等构筑物是否进行了满水试验，其满水试验是否静置 24h 观察，是否出现渗漏；消化池在做完满水试验合格后，是否进行了气密性试验；满水试验、气密性试验是否满足相关标准的要求。

8.3 调试与验收

8.3.1 给水排水与节水工程调试应在系统施工完成后进行，并应符合下列规定：

1 水池（箱）应按设计要求储存水量；

2 系统供电正常；

3 水泵等设备单机及并联试运行应符合设计要求；

4 阀门启闭应灵活；

5 管道系统工作应正常。

【编制说明】

系统调试是给水排水工程投入运行的前提，调试中可以发现系统是否适应专业设计、使用要求以及检验系统安装中是否存在问题以便整改。给水排水系统调试应具备以下条件：（1）系统调试应在系统施工完成后进行；（2）水池（箱）已按设计要求储存水量；（3）系统供电正常；（4）水泵单机及并联试运行符合设计要求；（5）阀门启闭灵活；（6）管道系统无异常声响。

【现行规范（标准）的相关规定】

（1）国家标准《自动喷水灭火系统施工及验收规范》GB 50261—2017

7.1.1 系统调试应在系统施工完成后进行。

7.1.2 系统调试应具备下列条件：

1 消防水池、消防水箱已储存设计要求的水量。

2 系统供电正常。

3 消防气压给水设备的水位、气压符合设计要求。

4 湿式喷水灭火系统管网内已充满水；干式、预作用喷水灭火系统管网内的气压符合设计要求；阀门均无泄漏。

5 与系统配套的火灾自动报警系统处于工作状态。

（2）国家标准《消防给水及消火栓系统技术规范》GB 50974—2014

13.1.1 消防给水及消火栓系统调试应在系统施工完成后进行，并应具备下列条件：

1 天然水源取水口、地下水井、消防水池、高位消防水池、高位消防水箱等蓄水和供水设施水位、出水量、已储水量等符合设计要求；

2 消防水泵、稳压泵和稳压设施等处于准工作状态；

3 系统供电正常，若柴油机泵油箱应充满油并能正常工作；

4 消防给水系统管网内已经充满水；

5 湿式消火栓系统管网内已充满水，手动干式、干式消火栓系统管网内的气压符合设计要求；

6 系统自动控制处于准工作状态；

7 减压阀和阀门等处于正常工作位置。

（3）行业标准《游泳池给水排水工程技术规程》CJJ 122—2017

16.3.4 池水循环净化处理系统功能调试运行应符合下列规定：

1 不同用途水池的池水净化系统应分别进行；

2 应在设备满负荷工况下进行；

3 调试运行应持续72h不间断运行。

（4）行业标准《公共浴场给水排水工程技术规程》CJJ 160—2011

12.9.2 公共浴池水过滤净化系统的功能试验应符合下列规定：

1 系统功能检测试验应在各单项设备、设施、管道、阀门、附件及电气设备检测试验合格后进行；

2 水过滤设备的石英砂等过滤介质应进行清洗；

3 系统功能试验应在满设计负荷工况下进行，全系统连续运行时间不得少于72h；

4 系统功能检测试验时，应有当地质量监督部门、卫生监督部门和环境保护部门的有关人员参加并确认。

（5）《建筑给水排水及供暖工程施工质量验收规范》GB 50242—20××（报批稿）

15.3.1 水景喷泉系统调试应具备下列条件：

1 应在系统施工完成后进行；

2 水景水池已按设计图纸储存水量；

3 水处理设施调试完成；

4 系统供电正常。

【《规范》编制时的修改】

本条在国家现行标准相关条文的基础上修编。本条为适应市场监管的要求起草的技术、性能要求。系统调试是给水排水工程投入运行的前提，调试中可以发现系统是否适应专业设计、使用要求以及检验系统安装中是否存在问题以便整改，使系统能满足正常要求。如果不做调试，系统运行后出现问题则受各方面影响不便于整改。系统调试应具备一定的条件，以下各条缺一不可：

（1）水池（箱）应按设计要求储存水量；（2）系统供电正常；（3）水泵等设备单机及并联试运行应符合设计要求；（4）阀门启闭应灵活；（5）管道系统工作应正常。

【实施与检查控制】

给水排水工程投入运行应进行系统调试，但首先应满足以下各条要求：（1）水池（箱）应按设计要求储存水量；（2）系统供电正常；（3）水泵等设备单机及并联试运行应符合设计要求；（4）阀门启闭应灵活；（5）管道系统工作应正常，不满足时不能调试。通过调试可以发现系统是否适应专业设计、使用要求以及系统安装中是否存在问题，从而再做进一步整改，使系统能满足正常要求。

建设工程监督部门检查是否进行了系统调试；系统调试前是否满足以下各条要求：（1）水池（箱）是否按设计要求储存水量；（2）系统供电是否正常；（3）水泵等设备单机及并联试运行是否符合设计要求；（4）阀门启闭是否灵活；（5）管道系统工作是否正常。

8.3.2 给水管道应经水压试验合格后方可投入运行。水压试验应包括水压强度试验和严密性试验。

【编制说明】

承压管道系统和设备的水压试验以及非承压管道系统和设备的灌水试验是验证管道和设备安装情况的最好判断方式，因此提出本条要求。

当系统设计工作压力小于或等于1.0MPa时，水压强度试验压力应为设计工作压力的1.5倍，并不应低于0.6MPa；当系统设计工作压力大于1.0MPa时，水压强度试验压力应为该设计工作压力加0.5MPa，水压强度试验的测试点应设在系统管网的最低点。达到试验压力后稳压30min，管网应无泄漏、无变形，且压力降不应大于0.05MPa。

水压严密性试验应在水压强度试验和管网冲洗合格后进行。试验压力应为设计工作压力，稳压24h，应无泄漏。

生活排水管道应做灌水试验，隐蔽或埋地的排水管道必须在隐蔽前做灌水试验。

屋面雨水系统雨水斗应进行密封性试验，雨水管道应进行灌水和通水试验。

【现行规范（标准）的相关规定】

（1）国家标准《建筑给水排水及采暖工程施工质量验收规范》GB 50242—2002

3.3.16 各种承压管道系统和设备应做水压试验，非承压管道系统和设备应做灌水试验。

（2）国家标准《建筑给水排水及供暖工程施工质量验收规范》GB 50242—20××（报批稿）

11.2.7 预制直埋保温管接头安装完成后，必须全部进行气密性检验并应合格。

检验数量：全数检查。

检验方法：气密性检验应在接头外护管冷却到40℃以下进行。气密性检验的压力应为0.02MPa，保压时间不应小于2min，压力稳定后应采用涂上肥皂水的方法检查，无气泡为合格。

【《规范》编制时的修改】

本条在国家标准《建筑给水排水及采暖工程施工质量验收规范》GB 50242—2002、《建筑给水排水及采暖工程施工质量验收规范》GB 50242—20××（报批稿）相关强制性条文的基础上修编。本条为适应市场监管的要求起草的技术、性能要求。给水管道的水压试验是保证系统正常运行的前提，否则，系统跑、冒、滴、漏会造成浪费水资源，严重时会危害建筑安全；水压试验包括水压强度试验和严密性试验以保证管道系统安装的合格与否。因此，保留强制性条文并全条文修编。

【实施与检查控制】

给水管道的水压试验是保证系统正常运行的前提，否则系统跑、冒、滴、漏会造成浪费水资源，严重时会危害建筑安全；水压试验包括水压强度试验和严密性试验以保证管道系统安装的合格与否。水压试验应有记录报告。

建设工程监督部门检查给水管道系统水压试验记录报告。

8.3.3 污水管道及湿陷土、膨胀土、流砂地区等的雨水管道，必须经严密性试验合格后方可投入运行。

【编制说明】

对于湿陷土、膨胀土、流砂等特殊地区的污水、雨水管道，由于地基不稳定，管道漏水会造成沉陷及挠曲等排水事故，因此，必须经严密性试验合格后方可投入运行。

污水、雨污水合流管道及湿陷土、膨胀土、流砂地区的雨水管道，必须经严密性试验合格后方可投入运行。

【现行规范（标准）的相关规定】

国家标准《给水排水管道工程施工及验收规范》GB 50268—2008

9.1.1 给排水管道安装完成后应按下列要求进行管道功能性试验：

2 无压管道应按本规范第9.3、9.4节的规定进行管道的严密性试验，严密性试验分为闭水试验和闭气试验，按设计要求确定；设计无要求时，应根据实际情况选择闭水试验或闭气试验进行管道功能性试验。

9.1.11 污水、雨污水合流管道及湿陷土、膨胀土、流砂地区的雨水管道，必须经严密性试验合格后方可投入运行。

【《规范》编制时的修改】

本条在国家标准《给水排水管道工程施工及验收规范》GB 50268—2008相关强制性条文的基础上修编。本条为适应市场监管的要求起草的技术、性能要求。污水管道及湿陷土、膨胀土、流砂地区等的雨水管道的严密性试验是否合格是保证系统正常运行的前提，否则，系统跑、冒、滴、漏会危害建筑基础安全。严密性试验是有选择的，分为闭水试验和闭气试验，应按设计要求确定；设计无要求时，应根据实际情况选择闭水试验或闭气试验进行管道功能性试验。

【实施与检查控制】

污水管道及湿陷土、膨胀土、流砂地区等的雨水管道严格做严密性试验。严密性试验根据设计文件要求进行闭水试验和闭气试验，当设计无要求时，应根据实际情况选择闭水试验或闭气试验进行管道功能性试验并记录。

建设行业行政主管部门或建设工程监督部门检查工程设计说明及工程严密性试验记录报告。

8.3.4 建筑中水、雨水回用、海水利用等非传统水源管道验收时，应<u>逐段检查是否与生活饮用水管道混接</u>。

【编制说明】

防止中水误接、误饮、误用，保证中水的使用安全是中水工程设计中必须特殊考虑的问题，也是采取安全防护措施的主要内容，设计时必须给予高度的重视。由于我国目前对于给水排水管道的外壁尚未作出统一的涂色和标志要求，中水管道外壁的颜色习惯涂为浅绿色，多年来已约定成俗，因此，当中水管道采用外壁为金属的管材时，其外壁的颜色应涂浅绿色；当采用外壁为塑料的管材时，应采用浅绿色的管道，并应在其外壁模印或打印明显耐久的"中水"标志，避免与其他管道混淆。国家制定出给水排水管道外壁涂色的相关标准后，可按其有关规定涂色和标志。对于设在公共场所的中水取水口，设置带锁装置后，可防止任何人，包括不能认字的人群误用。车库中用于冲洗地面和洗车用的中水龙头也应上锁或明示不得饮用，以防停车人误用。

【现行规范（标准）的相关规定】

（1）国家标准《建筑中水设计标准》GB 50336—2018

8.1.5 中水管道应采用下列防止误接、误用、误饮的措施：

1 中水管网中所有组件和附属设施的显著位置应配置"中水"耐久标识，中水管道应涂浅绿色，埋地、暗敷中水管道应设置连续耐久标志带；

2 中水管道取水接口处应配置"中水禁止饮用"的耐久标识;

3 公共场所及绿化、道路喷洒等杂用的中水用水口应设带锁装置;

4 中水管道设计时,应进行检查防止错接;工程验收时应逐段进行检查,防止误接。

（2）国家标准《城镇污水再生利用工程设计规范》GB 50335—2016

7.1.3 再生水管道系统严禁与饮用水管道系统、自备水源供水系统连接。

【《规范》编制时的修改】

本条在国家现行标准强制性条文的基础上修编。本条为适应市场监管的要求起草的技术、性能要求。建筑中水、雨水回用、海水利用等非传统水源管道如与生活饮用水管道混接会造成生活饮用水水质污染,严重威胁人民生命安全,北京市就曾发生过多起中水与生活饮用水管道混接的情况,造成大面积水质污染,带来了很严重的社会问题。

【实施与检查控制】

建筑工程验收时,逐段检查建筑中水、雨水回用、海水利用等非传统水源管道的连接,避免其与生活饮用水管道、自备水源供水系统管道等混接。

建设行业行政主管部门或建设工程监督部门检查工程设计文件,并在工程验收中逐段检查建筑中水、雨水回用、海水利用等非传统水源管道是否有与生活饮用水管道混接的问题,发现问题应通知施工方及时整改。

8.3.5 经返修或加固处理仍不能满足安全或使用要求的分部工程及单位工程,严禁验收。

【编制说明】

分部工程及单位工程经返修或加固处理仍不能满足安全或重

要的使用功能时，表明工程质量存在严重的缺陷。重要的使用功能不满足要求时将导致建筑物无法正常使用，安全不满足要求时，将危及人身健康或财产安全，严重时会给社会带来巨大的安全隐患，因此对这类工程严禁通过验收，更不得擅自投入使用，需要专门研究处置方案。

【现行规范（标准）的相关规定】

国家标准《建筑工程施工质量验收统一标准》GB 50300—2013

5.0.8 经返修或加固处理仍不能满足安全或重要使用要求的分部工程及单位工程，严禁验收。

【《规范》编制时的修改】

本条直接采用国家标准《建筑工程施工质量验收统一标准》GB 50300－2013 第 5.0.8 条（强制性条文）。本条为适应市场监管的要求起草的技术、性能要求。分部工程及单位工程验收不合格经返修或加固处理仍不能满足安全或重要的使用功能时，表明工程质量存在严重的缺陷。重要的使用功能不满足要求时，将导致建筑物无法正常使用，安全不满足要求时，将危及人身健康或人民财产安全，严重时会给社会带来巨大的安全隐患，因此对这类工程严禁通过验收，更不得擅自投入使用，需要专门研究处置方案。

【实施与检查控制】

分部工程及单位工程验收不合格经返修或加固处理仍不能满足安全或重要的使用功能时不得进行验收处理并做记录。建设行业行政主管部门或建设工程监督部门应依此要求进行管理与监督。

建设行业行政主管部门或建设工程监督部门检查经返修或加固处理的分部工程及单位工程仍不能满足安全或重要的使用功能时的记录报告。

8.3.6 预制直埋保温管接头安装完成后，必须全部进行气密性检验。

【编制说明】

接头质量对管网的整体质量及寿命有至关重要的影响。如果接头处密封不能保证，水进入接头后，会破坏预制直埋保温管系统的整体式结构，运行时会导致管道保温性能下降甚至失效、外防腐层性能受影响或破坏。若气密性检验时压力不稳定，可用肥皂水找漏点，最多允许有 4 个漏点，单个漏点的长度应不超过 20mm，此种情况可以进行修补。超出以上要求范围为不合格，应报废返工。修补后应再次做气密性检验，如仍不合格，则应报废返工。

【现行规范（标准）的相关规定】

（1）国家标准《建筑给水排水及供暖工程施工质量验收规范》GB 50242—20××（报批稿）

11.2.7 预制直埋保温管接头安装完成后，必须全部进行气密性检验并应合格。

检验数量：全数检查。

检验方法：气密性检验应在接头外护管冷却到 40℃ 以下进行。气密性检验的压力应为 0.02MPa，保压时间不应小于 2min，压力稳定后应采用涂上肥皂水的方法检查，无气泡为合格。（原条文为强制性条文）

（2）国家标准《城镇供热管网工程施工及验收规范》CJJ 28—2014

5.4.15 接头外护层安装完成后，必须全部进行气密性检验并应合格。

【《规范》编制时的修改】

本条以国家现行标准中相关强制性条文为基础修编。本条为适应市场监管的要求起草的技术、性能要求。预制直埋保温管接头安装完成后的气密性检验是否合格是检验管道接头安装是否满足设计要求的最重要的检验手段，是保证系统正常运行的前提。

【实施与检查控制】

预制直埋保温管接头安装完成后做气密性检验，气密性检验应在接头外护管冷却到 40℃ 以下进行，气密性检验的压力应为 0.02MPa，保压时间不应小于 2min，压力稳定后应采用涂上肥皂水的方法检查，无气泡为合格，同时做检验记录。

建设工程监督部门检查气密性检验记录报告。

8.3.7 生活给水、热水系统及游泳池循环给水系统的管道和设备在交付使用前必须冲洗和消毒，生活饮用水系统的水质应进行见证取样检验，水质应符合现行国家标准《生活饮用水卫生标准》GB 5749 的规定。

【编制说明】

为保证水质、使用安全，强调生活饮用水管道在竣工后或交付使用前必须进行冲洗，除去杂物，使管道清洁，并经有关部门取样化验，达到国家要求才能交付使用。本条的生活给水包括生活热水。

【现行规范（标准）的相关规定】

国家标准《建筑给水排水及采暖工程施工质量验收规范》GB 50242—2002

4.2.3 生活给水系统管道在交付使用前必须冲洗和消毒，并经有关部门取样检验，符合国家《生活饮用水标准》方可使用。

检验方法：检查有关部门提供的检测报告。

【《规范》编制时的修改】

本条以国家标准《建筑给水排水及采暖工程施工质量验收规范》GB 50242—2002 第 4.2.3 条（强制性条文）为基础修编。本条为适应市场监管的要求起草的技术、性能要求。为保证水质、使用安全，强调生活饮用水管道在竣工后或交付使用前必须进行冲洗，以去除杂物，使管道清洁，并经有关部门取样化验，达到国家标准《生活饮用水标准》GB 5749 的要求才能交付使用。

【实施与检查控制】

生活给水、热水系统及游泳池循环给水系统的管道和设备在工程验收交付使用前进行冲洗和消毒，生活饮用水系统的水质进行见证取样检验，水质以符合现行国家标准《生活饮用水卫生标准》GB 5749 的规定为达到设计要求并做记录。

建设工程监督部门检查相关的水质记录、检测报告。

9 运 行 维 护

9.1 一 般 规 定

9.1.1 建筑给水排水与节水工程投入使用后，应进行维护管理。

【编制说明】

本条明确了建筑给水排水节水工程投入使用后，要进行维护。建筑给水排水系统投入使用时，应具备下列文件：（1）系统及主要设备、组件的使用、维护说明书；（2）系统工作流程图和操作规程；（3）系统维护检查记录图表；（4）建立完整、准确的水质监测档案。为保障给水排水系统的正常运行，除了日常维护外，每5年～8年要对管道、阀件、设备做全面检修。

【现行规范（标准）的相关规定】

（1）行业标准《公共浴场给水排水工程技术规程》CJJ 160—2011

13.1.3 公共浴池投入使用后，设备操作人员应按本规程和有关部门的规定，对公共浴池的给水排水设备、系统进行运行操作、维护检修管理。

（2）《英国建筑条例》

工程完工后30d内向建筑工程管理机构发出工程完工通知或确认证书复印件。建筑工程管理机构被授权将这些证书作为工程符合《英国建筑条例》（2010年版）要求的证明，并具有对建筑工程维护管理的职责。地方机构仍具有检查权和执行权，但这些权力一般仅针对工程不合规的投诉。

【《规范》编制时的修改】

本条系参照行业标准《公共浴场给水排水工程技术规程》CJJ 160—2011第13.1.3条及《英国建筑条例》（2010年版）修编。为支撑高质量发展要求的技术水平提升，将非强制性条文上升为强制性条文。

【实施与检查控制】

建筑给水排水工程投入使用后，从事工程运行管理的部门，必须依据相关法律法规和相关技术标准的要求进行工程维护。

建设行政主管部门和（或）相关的行业主管部门应依据相关法律法规加强建筑工程运行维护的管理与监督。项目运行后的全生命周期内，检查各种运行管理档案。

9.1.2 建筑给水排水与节水设施应进行日常巡检，并应定期实施保养与维修，保证系统正常运行。

【编制说明】

建筑给水排水设施的保养与维修是保证系统及设备正常运行的重要环节。

【现行规范（标准）的相关规定】

《澳大利亚建筑技术法规》（2015 年版）

FP2.4（j）各设备应能允许清洗、维修，并能抽取和检测水样。

【《规范》编制时的修改】

本条是以完善标准体系增加的强制性要求。

【实施与检查控制】

建筑工程投入使用后，从事工程运行管理的部门，必须依据相关法律法规和相关技术标准的要求对给水排水设施进行日常检查、保养与维修。

在中控室或现场定期检查设备是否正常运行，巡检周期根据管理单位的专业化程度制定。定期保养有：（1）日常保养，保养周期一个月。检查设备运行噪声是否过大；外观检查油漆是否完好、标志是否清楚；动力柜上的电流表指示值是否正常，各电源指示灯是否正常；电缆接头有无过热情况。（2）一级保养，保养周期三个月。除了完成日常保养内容外，还要检查电缆头、接线栓头是否牢固可靠；检查水泵配电柜中各电器有无过热、受潮、发霉现象，有无损坏情况；水泵的底座处有无渗水情况，其松紧度是否适度。（3）二级保养，保养周期六个月。除了完成一级保养内容外，还要检查水泵配电柜中各变流触发器、时间继电器动作是否正常；用钳形电流表检测水泵电动机运行的实际电流值，与控制柜盘面电流表是否一致；用兆欧表摇测电动机各相间及相与地之间的绝缘电阻值是否大于 0.5MΩ；检查水泵联轴器中的弹性挡圈有无过量磨损情况；确认电动机端子板连接片连接可靠，接触良好，无发热变色迹象，外部引出线无松动；确认电动机控制线路整齐，接触器接触点接触良好，操作手柄完好，位置指示正确；确认水泵运行中，三相电流平衡度小于 2%，并不超过额定值，转速接近额定值。

水处理设备启动和停运时，为了保证设备和操作人员的安全，应按以下要求进行运行维护：（1）系统启动时，机械设备应按主工艺流程，从末端向始端逆方向开机；检修停机时，应按主工艺流程，从始端向末端顺方向关机，并应最后关闭总开关；（2）污水处理设施现场应有专人管理，使其能够长期有效的运行；（3）应能清洗、维修，并能抽取和检测水样。

除了日常维护外，每 5 年～8 年要对管道、阀件、设备做全面检修。

建设行政主管部门和（或）相关的行业主管部门应依据相关法律法规加强建筑工程保养和维修的管理与监督。项目运行后的全生命周期内，现场检查给水排水设施运行情况，检查维修保养记录。

9.1.3 供水设施因检修停运，应提前 24h 发出通告。

【编制说明】

供水设施包括供水设备、水箱和供水管道。为了不影响人民日常生活，供水设备或某段供水管道检修，清洗水箱时，应提前通告受影响区域，使得用水用户自行准备储水预案。检修时段应在非高峰用水时段，停止供水总时长不得超过 12h。

【现行规范（标准）的相关规定】

国家标准《城镇给水排水技术规范》GB 50788—2012

3.1.9 城镇给水系统需要停水时，应提前或及时通告。

【《规范》编制时的修改】

本条以国家标准《城镇给水排水技术规范》GB 50788—2012第3.1.9条（强制性条文）改编而成。将城镇给水细化到建筑供水设施，更具体和便于管理。

【实施与检查控制】

供水设施包括供水设备、水箱和供水管道。建筑工程投入使用后，从事工程运行管理的部门，必须依据相关法律法规和相关技术标准的要求对供水设施进行管理。

建设行政主管部门和（或）相关的行业主管部门应依据相关法律法规加强建筑工程运行维护的管理与监督。检查设备检修记录、通告发出情况等。

9.2　水　质　检　测

9.2.1 生活饮用水、集中生活热水系统及游泳池正常运行后应建立完整、准确的水质检测档案。

【编制说明】

生活饮用水（含管道直饮水）、集中生活热水水质安全问题直接关系到民生健康，为保证供水质量和安全，运行管理者应进行日常水质检验。检验项目和频率以能保证供水水质和供水安全为出发点，并考虑所需费用。

【现行规范（标准）的相关规定】

（1）国家标准《城镇给水排水技术规范》GB 50788—2012

3.1.7 城镇给水系统应建立完整、准确的水质监测档案。

（2）行业标准《建筑与小区管道直饮水系统技术规程》CJJ/T 110—2017

8.0.1 建筑与小区管道直饮水系统应进行日常供水水质检验。水质检验项目及频率应符合表8.0.1的规定。

表 8.0.1　水质检验项目及频率

检验频率	日检	周检	年检	备注
检验项目	浑浊度； pH 值； 耗氧量（未采用纳滤、反渗透技术）； 余氯； 臭氧（适用于臭氧消毒）； 二氧化氯（适用于二氧化氯消毒）；	细菌总数； 总大肠菌群； 粪大肠菌群； 耗氧量（采用纳滤、反渗透技术）	现行行业标准《饮用净水水质标准》CJ 94 全部项目	必要时另增加检验项目

注：日常检查中可使用在线监测设备，实时监控水质变化，对水质的突然变化作出预警。

（3）行业标准《游泳池给水排水工程技术规程》CJJ 122—2017

18.3.2　游泳池、水上游乐池及文艺演出池的经营管理单位，应按表 18.3.2 的规定对池水水质进行检测、监测。

表 18.3.2　游泳池、水上游乐池及文艺演出池的池
水水质常规检验项目和检验项目和检测频率

序号	检测项目		检测（记录）频率	
			人工检测	在线检测
1	浑浊度		每一开放场次前和开放使用后 2h 各一次	
2	pH 值			
3	游离性余氯		开放期间每 2h 一次	
4	化合性余氯		每 24h 一次	
5	尿素			
6	水温		每一个开放场次一次	
7	氧化还原电位		—	每个开放场次一次
8	臭氧浓度	水中	每 8h 一次	
		水面空气中		
9	氰尿酸		每 3d 一次	—
10	碱度		每 7d 一次	—

注：1　细菌总数、大肠菌群、嗜肺军团菌，以当地卫生监督部门规定为准；
　　2　表中"—"表示无此要求。

【《规范》编制时的修改】

本条系由国家标准《城镇给水排水技术规范》GB 50788—2012 第 3.1.7 条、行业标准《建筑与小区管道直饮水系统技术规程》CJJ/T 110—2017 第 8.0.1 条和《游泳池给水排水工程技术规程》CJJ 122—2017 第 18.3.2 条为基础改编而成。从"城镇给水系统""管道直饮水系统"细化到"建筑内生活饮用水、集中生活热水系统、游泳池水"。生活饮用水（含管道直饮水）、集中生活热水、游泳池水质安全问题直接关系到民生健康，为保证供水质量和安全，运行管理者应进行日常水质检验，并建立完整、准确的水质检测档案。

【实施与检查控制】

运行管理者应进行日常水质检验。检验项目和频率以能保证供水水质和供水安全为出发点，并考虑所需费用。检测水质指标不符合国家现行标准《生活饮用水卫生标准》GB 5749、《饮用净水水质标准》CJ 94 和《游泳池水质标准》CJ/T 244 中规定的限值时，应及时查明原因，并采取相应措施。水质检验项目及周期按表 3-2 进行。

水质检验项目及频率   表 3-2

检验频率	日检	周检	年检	备注
生活饮用水检验项目	色 浑浊度 臭和味 肉眼可见物 pH 余氯	—	《生活饮用水卫生标准》GB 5749 全部项目	必要时另增加检验项目
管道直饮水检验项目	色 浑浊度 臭和味 肉眼可见物 pH 耗氧量（未采用纳滤、反渗透技术） 余氯 臭氧（适用于臭氧消毒） 二氧化氯（适用于二氧化氯消毒）	细菌总数 总大肠菌群 粪大肠菌群 耗氧量（采用纳滤、反渗透技术）	《饮用净水水质标准》CJ 94 全部项目	有以下情况之一，应按《饮用净水水质标准》CJ 94 全部项目进行检验：（1）原水水质发生变化；（2）改变水处理工艺；（3）停产 30 天后重新恢复生产

管道直饮水生产经营者应建立严格的管理制度。"日检项目"由生产者进行自检并做好每日检验记录;"周检项目和年检项目"应由管道直饮水生产经营单位取样送当地卫生防疫或疾控主管部门进行检验,并保存好送检记录。

在理化指标中,用色、浑浊度、臭和味、肉眼可见物、pH、耗氧量(未采用纳滤、反渗透技术)、余氯、二氧化氯(适用于二氧化氯消毒)、电导率(纯水)能够反映总体水质状况,检验操作比较简易,又可以用在线仪表;周检项目中,有细菌总数、总大肠菌群、粪大肠菌群、耗氧量(采用纳滤、反渗透技术),用以分别说明致病菌和有机污染总量;每年检验一次全分析是必要的,用以说明供水的全面情况;如果当地卫生监督部门所设的检验项目和频率严于本表规定,可按当地规定执行。

水质检测取样点应设在水池(箱)出水口,管道直饮水系统原水入口处、处理后的产品水总出水点、用户点和净水机房内的循环回水点。

局部终端管道直饮水也应按上述要求进行日常水质检验,不符合现行行业标准《饮用净水水质标准》CJ 94 中规定的限值时,应及时更换终端设备滤芯。管道直饮水供水可能发生的问题有以下几类:(1)细菌滋长,为了防止微生物生长,在供水系统中需持续添加消毒剂,一般宜选用具有持续消毒功能的消毒剂;(2)系统配置设备、设施、装置、过滤设备等运行不稳定,会出现供水浑浊度、色度、可见物超标及出水出现异物等,这就要求对净水设备等进行鉴别及维修。

监测生活热水水质是为了使生活热水在加热、供水系统运行过程中保证水质要求而采取的措施。水质检验项目及频率按照行业标准《生活热水水质标准》CJ/T 521—2017 表 3 的规定进行。检测水质指标不符合行业标准《生活热水水质标准》CJ/T 521—2017 中规定的限值时,应及时查明原因,并采取相应措施。每日应检测水温、游离余氯(或二氧化氯)、浊度,系统浊度如长时间达不到水质标准要求,应检测军团菌。

建设行政主管部门和（或）相关的行业主管部门应依据相关法律法规加强建筑工程运行维护的管理与监督。检查水质档案资料，建立完整、准确的水质监测档案，除了出于管理的需要外，更重要的是实施供水水质社会公示制度和水质查询举措等。

9.2.2 当对游泳池及休闲设施的池水进行余氯检测时，不得使用致癌物试剂。

【编制说明】

本条是对泳池及休闲设施经营者提出的要求。本条仅对检测余氯的试剂提出要求，是源于有些经营者使用致癌物如二氨基二甲基联苯（OTO）试剂，对人体健康造成潜在危害。检测余氯的试剂有多种，推荐使用二乙基对苯二胺（DPD）试剂进行余氯检测。

【现行规范（标准）的相关规定】

行业标准《公共浴场给水排水工程技术规程》CJJ 160—2011

13.5.1 公共浴池水质监测余氯时应使用二乙基对苯二胺（DPD）试剂，不得使用二氨基二甲基联苯（OTO）试剂。

【《规范》编制时的修改】

本条系由行业标准《公共浴场给水排水工程技术规程》CJJ 160—2011 第 13.5.1 条（强制性条文）改编而成，"公共浴池"改为"泳池及休闲设施的池水"。

【实施与检查控制】

从事泳池及休闲设施经营者必须按要求进行池水的余氯检测。

相关的行业主管部门应依据此要求进行管理与监督。项目运行后，进行水质检测时，测试是否有致癌物试剂。

9.2.3 非传统水源用于冲厕用水、冷却补水、娱乐性景观用水时，应对非传统水源的水质进行检测。

【编制说明】

中水可用于绿化、施工、冲洗等多种杂用水，本条仅对用于冲厕、冷却补水、观赏和娱乐性景观水池提出水质检测的强制要求，同时考虑检测运行成本的投入。本条是从保障人民生活和健康为出发点，改善人居环境增加的技术内容。

【现行规范（标准）的相关规定】

国家标准《建筑与小区雨水控制及利用工程技术规范》GB 50400—2016

12.0.8 处理后的雨水水质应进行定期检测。

【《规范》编制时的修改】

本条在国家标准《建筑与小区雨水控制及利用工程技术规范》GB 50400—2016 第 12.0.8 条的基础上改编而成。由雨水延伸到用于冲厕用水、冷却补水、娱乐性景观用水的非传统水源。为支撑高质量发展要求的技术水平提升，将原一般条文提升为强制性要求。

【实施与检查控制】

从事建筑工程的运维管理者必须按要求进行水质检测。取样点应设在中水清水池（箱）或处理后的产品水总出水点。水质检验项目及周期按表 3-3 进行。

水质检验项目及周期   表 3-3

检验频率	月检	年检	备注
冲厕用水检验项目	总大肠菌群 BOD_5	《城市污水再生利用—城市杂用水水质》GB/T 18920 全部项目	必要时另增加检验项目
观赏和娱乐性景观用水检验项目	粪大肠菌群 总氮 总磷	《城市污水再生利用—景观环境用水水质》GB/T 18921 全部项目	必要时另增加检验项目
冷却补水检验项目	总大肠菌群 BOD_5 总氮 总磷	《采暖空调系统水质》GB/T 29044 全部项目	—

相关的行业主管部门应依据此要求进行管理与监督。项目运行后的全生命周期内，检查本条所涉及的水质检测记录档案。

9.3 管道及附配件

9.3.1 应定期全面检查金属管道腐蚀情况，发现锈蚀应及时做修复和防腐处理。

【编制说明】

检查周期应为每年一次。防腐处理是保证水质安全和环境卫生的重要举措之一，锈蚀严重会导致水的跑冒滴漏，有悖节水节能方针，污染室内环境卫生。本条是以增强建筑全生命周期系统性安全增加的技术内容。

【现行规范（标准）的相关规定】

无。

【实施与检查控制】

根据使用环境和流通介质的不同，金属管道均有一定程度的锈蚀，铸铁管一般不超过三年，普通钢管一般不超过一年就需全面涂刷防腐涂料。从事建筑工程运维的责任主体，如物业与质检单位等必须依据相关技术标准的要求进行工程运维。

建设行政主管部门和（或）相关的行业主管部门应依法管理与监督。项目运行后的全生命周期内，检查管道锈蚀情况及修复和防腐等整改处理记录。检查周期应每年一次。

9.3.2 应定期检查并确保所有管道阀件正常工作。当不能满足功能要求时，应及时更换。

【编制说明】

管道、阀件年久失修，将导致供水效率减低（供水效率＝售水量÷供水量×100％）。阀门长期不操作，手柄锈死，无法关闭或强制关闭导致损坏而造成跑水、冒水，甚至水淹情况时有发生，不仅造成水资源的浪费，也对人民和国家财产安全造成威胁。为防止这种情况发生，日常使其处于正常状态，防患于未然。本条是以实现"全覆盖"、增强建筑全生命周期系统性安全增加的技术内容。

【现行规范（标准）的相关规定】

无。

【实施与检查控制】

检查周期应为每半年一次。每半年应全面检查给水排水系统各管道上的阀门手柄情况，发现锈死，应及时更换。管材使用年限：塑料管不得超过20年，金属管不得超过30年。从事建筑工程运维的责任主体，如物业与质检单位等必须依据相关技术标准的要求进行工程运维。

建设行政主管部门和（或）相关的行业主管部门应依法管理与监督。项目运行后的全生命周期内，实地检查阀门质量、产品检测报告、安装质量、更换记录等。

9.3.3 每年在雨季前应对屋面雨水斗和排水管道做全面检查。

【编制说明】

屋面雨水斗极易被树叶、塑料袋等杂物堵塞，失去排水功能，导致屋面积水，积水荷载对结构安全造成不利影响。雨季前的全面检查，其目的是保证屋面雨水排水系统在大雨来临时能正常发挥功能。本条是以实现"全覆盖"、增强建筑全生命周期系统性安全增加的技术内容，是以保障结构安全和人身安全为目的。

【现行规范（标准）的相关规定】

行业标准《建筑屋面雨水排水系统技术规程》CJJ 142—2014

10.5.1 雨水排水系统应定期维护，每年至少在雨季前做一次巡检。

10.5.2 雨水排水系统日常检查和维护应符合下列规定：

1 应检查格栅或空气挡罩固定于雨水斗上的情况；

2 应检查屋面雨水径流至雨水斗情况，并应及时清理屋面或天沟内杂物；

3 应定期检查雨水管道的功能和状态，并应清除雨水斗和管道中的杂质；

4 应检查固定系统；

5 有需要的场所应建立检查和维护档案。

【《规范》编制时的修改】

本条系由行业标准《建筑屋面雨水排水系统技术规程》CJJ 142—2014 第 10.5.1 条、第 10.5.2 条改编而成。

【实施与检查控制】

雨季前的全面检查内容如下：（1）检查格栅或空气挡罩固定于雨水斗上的情况；（2）清理屋面或天沟内杂物，检查屋面雨水径流至雨水斗情况；（3）检查雨水管道的功能和排水状态；（4）对维护过程中发现的缺陷和问题应及时处理。

建设行政主管部门和（或）相关的行业主管部门应依法管理与监督。从事建筑工程运维的责任主体，如物业与质检单位等必须依据相关技术标准的要求进行检查。每年雨季前，检查屋面雨水斗周围是否有异物，排水管道是否畅通。

9.3.4 应对用于结算的计量水表在使用中进行强制检定并定期更换。

【编制说明】

本条仅对用于贸易结算的水表提出要求，是从重要性、经济性、可行性方面综合考虑的。

【现行规范（标准）的相关规定】

（1）行业标准《城镇供水管网运行、维护及安全技术规程》CJJ 207—2013

8.2.8 用于贸易结算的水表必须定期进行更换和检定，周期应符合下列要求：

1 管道直径 $DN15 \sim DN25$ 的水表，使用期限不得超过 6a；

2 管道直径 $DN40 \sim DN50$ 的水表，使用期限不得超过 4a；

3 管道直径 DN 大于 50 或常用流量大于 $16m^3/h$ 的水表，

检定周期为 2a。

（2）国家标准《民用建筑节水设计标准》GB 50555—2010

6.1.10 民用建筑所采用的计量水表应符合下列规定：

1 产品应符合国家现行标准《封闭满管道中水流量的测量 饮用冷水水表和热水水表》GB/T 778.1～3、《IC 卡冷水水表》CJ/T 133、《电子远传水表》CJ/T 224、《冷水水表检定规程》JJG 162 和《饮用水冷水水表安全规则》CJ 266 的规定；

2 口径 $DN15～DN25$ 的水表，使用期限不得超过 6a；口径大于 $DN25$ 的水表，使用期限不得超过 4a。

【《规范》编制时的修改】

本条系由行业标准《城镇供水管网运行、维护及安全技术规程》CJJ 207—2013 第 8.2.8 条（强制性条文）及国家标准《民用建筑节水设计标准》GB 50555—2010 第 6.1.10 条改编而成。对比和吸收借鉴国际相关标准，新加坡水表管理属公用事业局（PUB）水务署对水表统一管理，建立水表户口，更换要求为：$DN15$ 户用表，9 年；工业大表，4 年。

【实施与检查控制】

从事建筑工程运维的责任主体，如物业与质检单位等必须依据相关技术标准的要求进行水表检定和更换，执行《强制检定的工作计量器具实施检定的有关规定》的要求。$DN15～DN25$ 的水表，使用期限不得超过 6a；$DN40～DN50$ 的水表，使用期限不得超过 4a；DN 大于 50 或常用流量大于 $16m^3/h$ 的水表，检定周期为 2a。

建设行政主管部门和（或）相关的行业主管部门应依法管理与监督。项目运行后的全生命周期内，实地检查水表的检定记录、更换记录等。

9.3.5 应定期向不经常排水的设有水封的排水附件补水。

【编制说明】

不经常排水的卫生器具或地漏的水封，由于水封得不到及时的补水，水封会蒸发干枯。本条规定目的是防止系统内气体窜入室内，保证环境质量和人员健康。采用注水式地漏自动补充杂排水，人工注入清水时，补水周期根据实际情况而定，一般不超过1周。

【现行规范（标准）的相关规定】

国家标准《城镇给水排水技术规范》GB 50788—2012

4.2.2 当不自带水封的卫生器具与污水管道或其他可能产生有害气体的排水管道连接时，应采取有效措施防止有害气体的泄漏。

【《规范》编制时的修改】

本条系由国家标准《城镇给水排水技术规范》GB 50788—2012 第4.2.2条（强制性条文）改编而成。将设计内容延伸到建筑全生命周期的运维阶段。因水封蒸发干涸，排水管道内的臭气进入室内，污染室内环境，达到一定浓度，将影响人身健康。本条以改善人居环境、保障人身安全为目标，支撑高质量发展要求的技术水平提升。

【实施与检查控制】

根据水封蒸发干涸的试验验证，50mm 的水封深度 4d～6d 完全破坏（根据室内环境温度湿度而不同），对于不经常产生排水流量的地方，从事建筑工程运维的责任主体，如物业单位或房间使用者等应每周向设有水封的排水附件内人工补水。

建设行政主管部门和（或）相关的行业主管部门应依法管理与监督。项目运行后的全生命周期内，实地检查不经常排水的地漏有无臭气。

9.4 设备运行维护

9.4.1 生活饮用水供水设备检修完成后，应放水试运行，直至放水口的水质符合现行国家标准《生活饮用水卫生标准》GB

5749 的要求后，才能向管道系统供水。

【编制说明】

供水（含生活饮用水、管道直饮水）设备检修时，可能会有机油进入。为防止渗入机油的水供往用户，检修后的设备重新投入运行的出水要放掉，且应排入污水排水系统。

【现行规范（标准）的相关规定】

国家标准《建筑给水排水及采暖工程施工质量验收规范》GB 50242—2002

4.2.3 生产给水系统管道在交付使用前必须冲洗和消毒，并经有关部门取样检验，符合国家《生活饮用水标准》方可使用。

检验方法：检查有关部门提供的检测报告。

【《规范》编制时的修改】

本条系由国家标准《建筑给水排水及采暖工程施工质量验收规范》GB 50242—2002 第 4.2.3 条（强制性条文）改编而成。从保障人身安全为出发点，增强建筑全生命周期系统性安全。

【实施与检查控制】

从事建筑工程运维的责任主体单位，在进行设备运维后，应依据相关技术标准的要求，检测设备的出水水质，并应符合现行国家标准《生活饮用水标准卫生标准》GB 5749 的规定。

建设行政主管部门和（或）相关的行业主管部门应依法管理与监督。检查供水设备检修后的水质检测记录。

9.4.2 维修给水排水设备时，应采取断电、警示等安全措施。

【编制说明】

本条是为防止检修人员带电作业而发生触电事故。必须断电并应在开关处悬挂维修标牌后，方可进行检修作业。

【现行规范（标准）的相关规定】

行业标准《城镇供水管网运行、维护及安全技术规程》CJJ 207—2013

7.5.3 作业人员下井维修或操作阀门前，必须对井内异常情况进行检验和消除；作业时，应有保护作业人员安全的措施。

【《规范》编制时的修改】

本条在行业标准《城镇供水管网运行、维护及安全技术规程》CJJ 207—2013 第 7.5.3 条（强制性条文）的基础上修编而成。

【实施与检查控制】

从事建筑工程运维的责任主体单位，必须依据相关技术标准的要求进行设备维修。必须断电并应在开关处悬挂维修标牌后，方可进行作业。

建设行政主管部门和（或）相关的行业主管部门应依法管理与监督。实地核查给水排水设备维修时的断电、警示情况。

9.4.3 每年雨季前应对雨水提升泵进行检查，并应保证设备正常工作。

【编制说明】

雨水提升泵是排除下沉区域雨水的重要设备，其正常运行与否关系到室内地下室是否发生水患。在雨季短的北方地区，雨水泵将会闲置大半年，一旦需使用，则无法启动。本条要求提升泵每年雨季前应做开机试运行，防止暴雨来临时，加压提升雨水系统无法正常工作，造成重大损失。

【现行规范（标准）的相关规定】

（1）国家标准《建筑与小区雨水控制及利用工程技术规范》GB 50400—2016

12.0.1 雨水控制及利用设施维护管理应建立相应的管理制度。工程运行管理人员应经过专门培训上岗。在雨季来临前应对雨水控制及利用设施进行清洁和保养，且在雨季定期对工程运行状态进行观测检查。

（2）行业标准《建筑屋面雨水排水系统技术规程》CJJ 142—2014

10.5.6 每年雨季前应对加压提升雨水系统的潜水泵进行巡检和试验。

【《规范》编制时的修改】

本条系由国家标准《建筑与小区雨水控制及利用工程技术规范》GB 50400—2016 第 12.0.1 条及行业标准《建筑屋面雨水排水系统技术规程》CJJ 142—2014 第 10.5.6 条改编而成。为实现高质量发展要求的技术水平提升，将非强制性条文上升为强制性条文。

【实施与检查控制】

从事建筑工程运维的责任主体单位，必须依据相关技术标准的要求每年雨季前对雨水提升泵进行全面检查。

建设行政主管部门和（或）相关的行业主管部门应依法管理与监督。项目运行后的全生命周期内，实地查看雨水提升泵、检查记录等。

9.5 储水设施、设备间和构筑物

9.5.1 生活用水贮水箱（池）应定期进行清洗消毒，且生活饮用水箱（池）每半年清洗消毒不应少于 1 次。

【编制说明】

生活水箱是易产生二次供水污染的关键部位，水池（箱）内壁易产生细菌或致病性微生物，会对水质造成二次污染，为保证供水水质，应定期进行清洗消毒。

【现行规范（标准）的相关规定】

行业标准《二次供水工程技术规程》CJJ 140—2010

11.3.6 水池（箱）的清洗消毒应符合下列规定：

1 水池（箱）必须定期清洗消毒，每半年不得少于一次；

2 应根据水池（箱）的材质选择相应的消毒剂，不得采用单纯依靠投放消毒剂的清洗消毒方式；

3 水池（箱）清洗消毒后应对水质进行检测，检测结果应符合现行国家标准《生活饮用水卫生标准》GB 5749 的规定；

4 水池（箱）清洗消毒后的水质检测项目至少应包括：色

度、浑浊度、臭和味、肉眼可见物、pH、总大肠菌群、菌落总数、余氯。

【《规范》编制时的修改】

本条系由行业标准《二次供水工程技术规程》CJJ 140—2010 第 11.3.6 条（强制性条文）改编而成。将清洗消毒的范围扩大到含生活饮用水、建筑中水、生活热水、直饮水等生活所需的所有用水储水箱（池），并强调了生活饮用水箱清洗消毒的周期，增强建筑全生命周期系统性安全。

【实施与检查控制】

从事建筑工程运维的责任主体单位，必须依据相关技术标准的要求，对生活水箱（池）进行清洗消毒工作：（1）清洗消毒周期为每半年不得少于一次；（2）应根据水池（箱）的材质选择相应的消毒剂，不得采用单纯依靠投放消毒剂的清洗消毒方式；（3）水池（箱）清洗消毒后应对水质进行检测，检测结果应符合现行国家标准《生活饮用水卫生标准》GB 5749 的规定，水质检测项目至少应包括：色度、浑浊度、臭和味、肉眼可见物、pH、总大肠菌群、菌落总数、余氯。根据《城市供水水质管理规定》对水池（箱）的清洗消毒每半年不得少于一次并对水质进行检测。采用只投放消毒剂的消毒方式，会使水池（箱）的清洗消毒不彻底，容易造成水质的二次污染。具体操作为：放空箱内储水，用流速不小于 1.5m/s 的自来水对内壁进行全方位冲洗，然后用 20mg/L～30mg/L 的游离氯消毒液浸泡 24h。

建设行政主管部门和（或）相关的行业主管部门应依法管理与监督。项目运行后的全生命周期内，实地检查生活用水储水箱（池）的清洗消毒记录。

9.5.2 生活饮用水供水泵房、水箱间和水质净化设备间应有专人管理和监控。

【编制说明】

从反恐方面提出安全管理要求，加强安全防护，保证水质安全。设备间平时锁闭，设专人专管；在水池（箱）等重点部位采取电子监控、人孔盖密闭加锁等安全防范措施，防止投毒等破坏行为。

【现行规范（标准）的相关规定】

(1) 国家标准《城镇给水排水技术规范》GB 50788—2012

3.5.4 城镇水厂中储存生活饮用水的调蓄构筑物应采取卫生防护措施，确保水质安全。

(2) 行业标准《二次供水工程技术规程》CJJ 140—2010

3.0.7 二次供水设施应有运行安全保障措施。

7.0.12 泵房宜采用远程监控系统。

11.3.1 管理机构应采取安全防范措施，加强对泵房、水池（箱）等二次供水设施重要部位的安全管理。

【《规范》编制时的修改】

本条系由国家标准《城镇给水排水技术规范》GB 50788—2012 第 3.5.4 条（强制性条文）和行业标准《二次供水工程技术规程》CJJ 140—2010 第 3.0.7 条、第 7.0.12 条及第 11.3.1 条改编而成。将建筑内二次供水设备间相关的非强制管理要求提升为强制性条文。

【实施与检查控制】

从事建筑工程运维的责任主体单位，必须依据相关技术标准的要求，在水池（箱）等重点部位采取电子监控，设备间的门上锁，人孔盖密闭加锁等安全防范措施，防止投毒等破坏行为。

建设行政主管部门和（或）相关的行业主管部门应依法管理与监督。项目运行后的全生命周期内，实地检查管理人员上岗情况和监控情况。

9.5.3 突发事件造成生活饮用水水质污染的，应经清洗、消毒，重新注水后，对水质进行检测，水质达到现行国家标准《生活饮用水卫生标准》GB 5749 的要求后方可投入使用。

【编制说明】

对于一些突发事件造成的生活饮水水质污染的情况，如暴雨造成的内涝使泵房受淹，水池（箱）雨水进入，或由于暴雨造成污水管道的水倒流进入水泵房等情况发生，均需要对水池（箱）采用自来水进行清洗，采用含氯的消毒剂进行消毒后，经卫生监督部门对水箱的出水进行检测，水质符合现行国家标准《生活饮用水卫生标准》GB 5749 的要求后方可正常供水。本条系从应对突发事件，保障水质安全角度出发，为支撑高质量发展要求的技术水平提升，纳入强制性要求。

【现行规范（标准）的相关规定】

《城市供水水质管理规定》（建设部令第 156 号）

第二十四条：建设（城市供水）主管部门应当会同有关部门制定城市供水水质突发事件应急预案，经同级人民政府批准后组织实施。

第二十五条：城市供水水质突发事件应急预案应当包括以下内容：（四）突发事件应急处理技术和监测机构及其任务。

【《规范》编制时的修改】

本条为新增编条文。

【实施与检查控制】

从事建筑工程运维的责任主体单位，必须依据相关技术标准的要求制定应对突发事件的水质检测要求。

建设行政主管部门和（或）相关的行业主管部门应依法管理与监督。项目运行后的全生命周期内，在突发事件后检查水质检测记录。

9.5.4 给水排水设备间严禁存放易燃、易爆物品。生活饮用水供水泵房、水箱间和管道直饮水设备间内应保持整洁，严禁堆放杂物。

【编制说明】

保证生活供水的安全，不但要从水质方面监管，还要从环境和防火方面监管。

【现行规范（标准）的相关规定】

行业标准《二次供水工程技术规程》CJJ 140—2010

11.2.5 泵房内应整洁，严禁存放易燃、易爆、易腐蚀及可能造成环境污染的物品。泵房应保持清洁、通风，确保设备运行环境处于符合规定的湿度和温度范围。

【《规范》编制时的修改】

本条系由行业标准《二次供水工程技术规程》CJJ 140—2010 第11.2.5条改编而成。从泵房延伸到给水排水设备间，对建筑内生活饮用水供水泵房、水箱间和管道直饮水设备间内的环境要求提升为强制性条文。

【实施与检查控制】

从事建筑工程运维的责任主体单位，必须依据相关技术标准的要求，进行给水排水设备间的环境卫生管理。

建设行政主管部门和（或）相关的行业主管部门应依法管理与监督。项目运行后的全生命周期内，实地检查本条所涉及设备间的整洁情况。

9.5.5 水处理设备加药间、药剂贮存间应设专人管理，对接触和使用化学品的人员应进行专业培训。

【编制说明】

本条对建筑内的水处理设备加药间、药剂贮存间的管理人员提出专人专岗的要求，并要求接受专业的培训。

【现行规范（标准）的相关规定 】

行业标准《游泳池给水排水工程技术规程》CJJ 122—2017

14.5.3 化学药品的存放应符合下列规定：

1 化学药品应分品种采用间隔式货架分层存放，不得在地面上堆放；

2 液体化学药品的容器不应倒置存放，且不应存放在固体药品之上；

3 化学药品包装容器外表面的名称、生产日期、标志应面向取用通道；

4 不同化学药品的容器和用具不允许混用。

18.5.2 操作和接触化学药品的人员培训应包括下列内容：

1 熟悉所用各种化学药品的成分、性质、功效、危害性和标识；

2 熟悉所用各种化学药品的有效成分含量、影响有效成分的因素和预防措施；

3 熟悉所用各种化学药品的包装、商标、运输方法和储存要求；

4 熟练掌握所用各种化学药品发生包装破损、泄漏时的处置措施及残渣处理和回收方法。

【《规范》编制时的修改】

本条系由行业标准《游泳池给水排水工程技术规程》CJJ 122—2017 第 14.5.3 条、第 18.5.2 条改编而成。从"游泳池的化学药品存放间"延伸到"建筑内水处理设备加药间、药剂贮存间"；为支撑高质量发展要求的技术水平提升，提出更严格的管理要求，将原非强制性条文提升为强制性条文。

【实施与检查控制】

从事建筑工程运维的责任主体单位，必须依据相关技术标准的要求进行建筑内水处理设备加药间、药剂贮存间的管理。

管理人员应将水处理设备间的各种化学品装置容器标有明显的标志和生产日期，并应存放在专用独立房间，分隔存放在不同的货架上，不应混合存放及堆放在地面上。危险化学品应设置有毒物质危害性使用说明、预防措施和应急处理措施的警示标识。

化学品均具有腐蚀性和一定的毒性。为避免发生安全事故及非获准工作人员进出带来安全隐患，故设在专用的独立房间，以方便管理。液氯、液氨或漂白粉应分别放在单独的房间内，且应与加氯或加氨间毗连。氯气属于易燃易爆气体，加氯间内可能会有挥发的氯气，如遇明火或火花易发生危险，所以，加氯间严禁使用明火和产生撞击火花。

不同的化学品一般不兼容，如次氯酸钠与盐酸及硫酸氢钠接触后，会释放出有毒的氯气；氯化异氰尿酸与酸及碱性物质接触后，会释放出二氧化氯，存在爆炸隐患，硫酸或盐酸、纯碱或氢氧化钠（钾）等又是水质平衡所用化学品，将其分格货架存放是防止互相接触带来安全隐患。

不同化学品的包装方式不同，有瓶装、桶装及袋装。储存时应将化学品名称、标志、生产日期面向存放货架取用通道一侧，以防止误存、误取、误用。液体化学品应存放在货架的最下层，以防止灌装口渗漏或溢出，与其他化学品发生反应产生对人体有害的物质。属于危险化学品的水处理药剂废包装应妥善回收或交于专业公司处理。

化学品储存房间的通风、防火极为重要，不同化学品产生的气体在房间内浓度过高会带来安全危害。该房间的通风系统不应与其他房间的通风系统混用，以免发生泄漏对其他房间带来危害。

管理人员应配备个人安全防护用品，并应符合现行国家标准《个体防护装备配备规范　第1部分：总则》GB 39800.1和《呼吸防护用品的选择、使用与维护》GB/T 18664的有关规定。

建设行政主管部门和（或）相关的行业主管部门应依法管理与监督。检查管理人员的培训记录。

9.5.6 化粪池（生化池）应进行维护管理，定期清淤，保证安全运行。维护管理时应采取保证人员安全的措施。

【编制说明】

近年来，化粪池爆炸事件频发，且造成的损失不小。定期维护与检测，能及时发现问题，防患于未然。

【现行规范（标准）的相关规定】

《英国建筑条例》（2010年版）

H2/1.24 化粪池宜设置排放口和清理口。口盖宜具有防污水腐蚀耐性。开口宜可锁闭或防止人员进入。

H2/1.25 每月对化粪池放水室或配水箱进行检查，观察污水是否澄清且可以自由流动。化粪池应每年至少排空一次，由授权承包方负责。业主应确保系统不会造成污染、危害或妨害公众利益，并应承担相关法律责任。

【《规范》编制时的修改】

本条系部分参考《英国建筑条例》（2010年版）H2/1.24、1.25条编制。

【实施与检查控制】

从事建筑工程运维的责任主体单位，必须依据相关技术标准的要求，加强对化粪池（生化池）的维护管理。检测方法及有关要求按照现行国家标准《下水道及化粪池气体检测技术要求》GB/T 28888进行。

化粪池的维护内容包括：（1）应按设计周期清掏。需进入化粪池（生化池）检修时，应确认池内污水、污料已全部排出，并应对池内采取通风换气措施，并检测有害气体，确认无异常。池内作业期间，必须连续机械通风，且操作人员应穿戴隔离防护服并佩戴安全吊索；（2）化粪池（生化池）周围10m以内严禁燃烧烟花爆竹和使用明火；（3）应对池口附近的甲烷浓度进行定期监测；（4）平时池口应有防止人员进入的锁闭措施。化粪池（生化池）内是含有硫化氢等有毒有害气体和缺氧的场所，我国曾多次发生操作人员井下作业时中毒身亡的悲剧。下井作业前，必须采取自然通风和机械强制通风，强制通风后在通风最不利点检测有毒有害气体浓度，降至安全范围后才可进行作业，并在作业期间，连续不断地通风换气。授权承包方应每月对化粪池放水室或配水池进行检查，观察污水是否澄清且可以自由流动。并应每年至少排空一次。清掏时，工作现场应设置围栏、警示标志和交通标志，建筑物内宜有化粪池维护的通知，措辞示例如下："化粪池正在清掏，该建筑的排污水系统连通化粪池。业主应确保系统不会造成污染、健康危害或妨害公众利益，并应承担相关法律责任"（引自英国建筑条例）。物业管理单位应在化粪池（生化池）周围画出明显的区域线，并写明"烟花爆竹禁放区域"。化粪池内粪便发酵产生沼气，其主要成分是甲烷，沼气中含甲烷55％～70％，还含有二氧化碳、硫化氢、氮气和一氧化碳等。甲烷基本无毒，但当空气中甲烷的含量达到25％～30％时，人会头痛、头晕、乏力、注意力不集中、呼吸和心跳加速，若不及时远离，可致窒息死亡。当沼气在空气中占约9％～15％的浓度，遇到火源或是火花时，就会发生爆炸。为了防止幼儿及非正常维护人员误入池内，池口井盖必须上锁。

建设行政主管部门和（或）相关的行业主管部门应依法管理与监督。项目运行后的全生命周期内，检查化粪池的清掏记录。

9.5.7 应加强对雨水调蓄池等设施的日常检查和维护保养。严禁向雨水收集口及周边倾倒垃圾和生活污、废水。

【编制说明】

为了保证雨水调蓄池发挥作用，日常检查、维护尤为重要。居住小区中向雨水口倾倒生活污废水或污物的现象较普遍，特别是地下室或首层附属空间住有租户的小区。这会严重破坏雨水控制及利用设施的功能，运行管理中必须杜绝这种现象。

【现行规范（标准）的相关规定】

国家标准《建筑与小区雨水控制及利用工程技术规范》GB 50400—2016

12.0.1 雨水控制及利用设施维护管理应建立相应的管理制度。工程运行管理人员应经过专门培训上岗。在雨季来临前应对雨水控制及利用设施进行清洁和保养，且在雨季定期对工程运行状态进行观测检查。

12.0.4 严禁向雨水收集口倾倒垃圾和生活污、废水。

【《规范》编制时的修改】

本条系由国家标准《建筑与小区雨水控制及利用工程技术规范》GB 50400—2016 第 12.0.4 条（强制性条文）及第 12.0.1 条改编而成。为支撑高质量发展要求的技术水平提升，增加对雨水调蓄池等设施的日常检查和维护保养的强制性要求。

【实施与检查控制】

从事建筑工程运维的责任主体单位，必须依据相关技术标准的要求，对雨水蓄水池等设施进行维护管理。为了保证雨水调蓄池发挥作用，检查维护频率不应少于汛期每月 1 次，非汛期每两个月 1 次。调蓄池下池检查每年不少于 1 次，一般集中在每年汛前或讯后。作业人员下池前，应开启通风除臭设备，达到安全标准后才可下池作业。调蓄池长时间未使用或未彻底放空，清淤冲洗前，应进行有毒、有害、可燃性气体监测。调蓄池内的设施设备的检查、保养和维护应符合现行行业标准《城镇排水管渠与泵站运行、维护及安全技术规程》CJJ 68 的有关规定，并做好检查维护记录。

建设行政主管部门和（或）相关的行业主管部门应依法管理与监督。项目运行后的全生命周期内，检查雨水池的维护记录，并现场勘查雨水口的卫生情况。

9.5.8 游泳池及休闲设施的池水发生严重异常情况时，应关闭设施停止运行，并应采取相关处理措施。

【编制说明】

该条是对泳池及休闲设施经营者提出的要求。

【现行规范（标准）的相关规定】

行业标准《游泳池给水排水工程技术规程》CJJ 122—2017

18.4.2 当池水中发生严重异常情况时，应按下列规定处理：

　　1 停止游泳池开放；

　　2 收集水样送检；

3 清除污染物，采用 10mg/L 浓度的氯消毒剂对池水进行冲击消毒处理达到排放标准后，排空池水；

4 对池壁、池底、池岸、回水口（槽）、溢水口（槽）、均（平）衡水池等相关设施进行刷洗、消毒和清洁；

5 重新向池内注入清洁的新鲜水，并按设计要求进行循环净化处理；

6 按《游泳池水质标准》CJ/T 244 水质指标进行全面检测，并应使其稳定在规定范围内；

7 对配套的洗净设施、更衣间、淋浴间和卫生间等房间的墙面、地面和相关设施进行消毒、刷洗和清洁；

8 按本条第1款～第7款要求处理完成后，报请当地卫生主管部门复检确认合格。

【《规范》编制时的修改】

本条系由行业标准《游泳池给水排水工程技术规程》CJJ 122—2017 第 18.4.2 条（强制性条文）改编而成。

【实施与检查控制】

从事泳池及休闲设施经营者的责任主体单位，必须依据相关技术标准的要求进行管理。按以下细则实施：游泳池池水水质日常检测项目及检测频率按照现行行业标准《游泳池给水排水工程技术规程》CJJ 122 的相关要求进行。检测游泳池水质时，当发现池水中有大量血迹、呕吐物或腹泻排泄物及致病菌等异常情况时，必须及时清除。

腹泻排泄物中会带有隐孢子虫和贾地鞭毛虫，这两种寄生虫在水中极容易引起疾病传染，特别是在儿童池及幼儿池中会出现。血液中的病菌病毒如乙肝病毒和艾滋病病毒会造成快速传播。及时清除这些污物是保证游泳者健康的基本要求。血、呕吐物及排泄物等，水质监测仪表中无法显示出来。所以，经营部门应设专人或责令救生员对池水及岸边的卫生、清洁情况进行经常性巡视监测，发现异常情况出现时，首先应及时向当地卫生主管部门、游泳池主管部门报告，按规定进行清除处理。

建设行政主管部门和（或）相关的行业主管部门应依法管理与监督。检查游泳池及休闲设施池水的异常情况记录，以及采取的处理措施。

第四部分

附　录

国务院关于印发水污染防治行动计划的通知

国发〔2015〕17号

各省、自治区、直辖市人民政府，国务院各部委、各直属机构：

现将《水污染防治行动计划》印发给你们，请认真贯彻执行。

国务院

2015年4月2日

水环境保护事关人民群众切身利益，事关全面建成小康社会，事关实现中华民族伟大复兴中国梦。当前，我国一些地区水环境质量差、水生态受损重、环境隐患多等问题十分突出，影响和损害群众健康，不利于经济社会持续发展。为切实加大水污染防治力度，保障国家水安全，制定本行动计划。

总体要求：全面贯彻党的十八大和十八届二中、三中、四中全会精神，大力推进生态文明建设，以改善水环境质量为核心，按照"节水优先、空间均衡、系统治理、两手发力"原则，贯彻"安全、清洁、健康"方针，强化源头控制，水陆统筹、河海兼顾，对江河湖海实施分流域、分区域、分阶段科学治理，系统推进水污染防治、水生态保护和水资源管理。坚持政府市场协同，注重改革创新；坚持全面依法推进，实行最严格环保制度；坚持落实各方责任，严格考核问责；坚持全民参与，推动节水洁水人人有责，形成"政府统领、企业施治、市场驱动、公众参与"的水污染防治新机制，实现环境效益、经济效益与社会效益多赢，为建设"蓝天常在、青山常在、绿水常在"的美丽中国而奋斗。

工作目标：到2020年，全国水环境质量得到阶段性改善，污染严重水体较大幅度减少，饮用水安全保障水平持续提升，地下水超采得到严格控制，地下水污染加剧趋势得到初步遏制，近岸海域环境质量稳中趋好，京津冀、长三角、珠三角等区域水生态环境状况有所好转。到 2030 年，力争全国水环境质量总体改善，水生态系统功能初步恢复。到本世纪中叶，生态环境质量全面改善，生态系统实现良性循环。

主要指标：到 2020 年，长江、黄河、珠江、松花江、淮河、海河、辽河等七大重点流域水质优良（达到或优于Ⅲ类）比例总体达到 70％以上，地级及以上城市建成区黑臭水体均控制在 10％以内，地级及以上城市集中式饮用水水源水质达到或优于Ⅲ类比例总体高于 93％，全国地下水质量极差的比例控制在 15％左右，近岸海域水质优良（一、二类）比例达到 70％左右。京津冀区域丧失使用功能（劣于Ⅴ类）的水体断面比例下降 15 个百分点左右，长三角、珠三角区域力争消除丧失使用功能的水体。

到 2030 年，全国七大重点流域水质优良比例总体达到 75％以上，城市建成区黑臭水体总体得到消除，城市集中式饮用水水源水质达到或优于Ⅲ类比例总体为 95％左右。

一、全面控制污染物排放

（一）狠抓工业污染防治。取缔"十小"企业。全面排查装备水平低、环保设施差的小型工业企业。2016 年底前，按照水污染防治法律法规要求，全部取缔不符合国家产业政策的小型造纸、制革、印染、染料、炼焦、炼硫、炼砷、炼油、电镀、农药等严重污染水环境的生产项目。（环境保护部牵头，工业和信息化部、国土资源部、能源局等参与，地方各级人民政府负责落实。以下均需地方各级人民政府落实，不再列出）

专项整治十大重点行业。制定造纸、焦化、氮肥、有色金属、印染、农副食品加工、原料药制造、制革、农药、电镀等行业专项治理方案，实施清洁化改造。新建、改建、扩建上述行业建设项目实行主要污染物排放等量或减量置换。2017 年底前，造纸行业力争完成纸浆无元素氯漂白改造或采取其他低污染制浆技术，钢铁企业焦炉完成干熄焦技术改造，氮肥行业尿素生产完成工艺冷凝液水解解析技术改造，印染行业实施低排水染整工艺改造，制药（抗生素、维生素）行业实施绿色酶法生产技术改造，制革行业实施铬减量化和封闭循环利用技术改造。（环境保护部牵头，工业和信息化部等参与）

集中治理工业集聚区水污染。强化经济技术开发区、高新技术产业开发区、出口加工区等工业集聚区污染治理。集聚区内工业废水必须经预处理达到集中处理要求，方可进入污水集中处理设施。新建、升级工业集聚区应同步规划、建设污水、垃圾集中处理等污染治理设施。2017 年底前，工业集聚区应按规定建成污水集中处理设施，并安装自动在线监控装置，京津冀、长三角、珠三角等区域提前一年完成；逾期未完成的，一律暂停审批和核准其增加水污染物排放的建设项目，并依照有关规定撤销其园区资格。（环境保护部牵头，科技部、工业和信息化部、商务部等参与）

（二）强化城镇生活污染治理。加快城镇污水处理设施建设与改造。现有城镇污水处理设施，要因地制宜进行改造，2020 年底前达到相应排放标准或再生利用要求。敏感区域（重点湖泊、重点水库、近岸海域汇水区域）城镇污水处理设施应于 2017 年底前全面达到一级 A 排放标准。建成区水体水质达不到地表水 IV 类标准的城市，新建城镇污水处理设施要执行一级 A 排放标准。按照国家新型城镇化规划要求，到 2020 年，全国所有县城和重点镇具备污水收集处理能力，县城、城市污水处理率分别达到 85％、95％左右。京津冀、长三角、珠三角等区域提前一年完成。（住房城乡建设部牵头，发展改革委、环境保护部等参与）

全面加强配套管网建设。强化城中村、老旧城区和城乡结合部污水截流、收集。现有合流制排水系统应加快实施雨污分流改造，难以改造的，应采取截流、调蓄和治理等措施。新建污水处理设施的配套管网应同步设计、同步建设、同步投运。除干旱地区外，城镇新区建设均实行雨污分流，有条件的地区要推进初期雨水收集、处理和资源化利用。到 2017 年，直辖市、省会城市、计划单列市建成区污水基本实现全收集、全处理，其他地级城市建成区于 2020 年底前基本实现。（住房城乡建设部牵头，发展改革委、环境保护部等参与）

推进污泥处理处置。污水处理设施产生的污泥应进行稳定化、无害化和资源化处理处置，禁止处理处置不达标的污泥进入耕地。非法污泥堆放点一律予以取缔。现有污泥处理处置设施应于 2017 年底前基本完成达标改造，地级及以上城市污泥无害化处理处置率应于 2020 年底前达到 90% 以上。（住房城乡建设部牵头，发展改革委、工业和信息化部、环境保护部、农业部等参与）

（三）推进农业农村污染防治。防治畜禽养殖污染。科学划定畜禽养殖禁养区，2017 年底前，依法关闭或搬迁禁养区内的畜禽养殖场（小区）和养殖专业户，京津冀、长三角、珠三角等区域提前一年完成。现有规模化畜禽养殖场（小区）要根据污染防治需要，配套建设粪便污水贮存、处理、利用设施。散养密集区要实行畜禽粪便污水分户收集、集中处理利用。自 2016 年起，新建、改建、扩建规模化畜禽养殖场（小区）要实施雨污分流、粪便污水资源化利用。（农业部牵头，环境保护部参与）

控制农业面源污染。制定实施全国农业面源污染综合防治方案。推广低毒、低残留农药使用补助试点经验，开展农作物病虫害绿色防控和统防统治。实行测土配方施肥，推广精准施肥技术和机具。完善高标准农田建设、土地开发整理等标准规范，明确环保要求，新建高标准农田要达到相关环保要求。敏感区域和大中型灌区，要利用现有沟、塘、窖等，配置水生植物群落、格栅和透水坝，建设生态沟渠、污水净化塘、地表径流集蓄池等设施，净化农田排水及地表径流。到 2020 年，测土配方施肥技术推广覆盖率达到 90% 以上，化肥利用率提高到 40% 以上，农作物病虫害统防统治覆盖率达到 40％以上；京津冀、长三角、珠三角等区域提前一年完成。（农业部牵头，发展改革委、工业和信息化部、国土资源部、环境保护部、水利部、质检总局等参与）

调整种植业结构与布局。在缺水地区试行退地减水。地下水易受污染地区要优先种植需肥需药量低、环境效益突出的农作物。地表水过度开发和地下水超采问题较严重，且农业用水比重较大的甘肃、新疆（含新疆生产建设兵团）、河北、山东、河南等五省（区），要适当减少用水量较大的农作物种植面积，改种耐旱作物和经济林；2018 年底前，对 3300 万亩灌溉面积实施综合治理，退减水量 37 亿立方米以上。（农业部、水利部牵头，发展改革委、国土资源部等参与）

加快农村环境综合整治。以县级行政区域为单元，实行农村污水处理统一规划、统一建设、统一管理，有条件的地区积极推进城镇污水处理设施和服务向农村延伸。深化"以奖促治"政策，实施农村清洁工程，开展河道清淤疏浚，推进农村环境连片整治。到 2020 年，新增完成环境综合整治的建制村 13 万个。（环境保护部牵头，住房城乡建设部、水利部、农业部等参与）

（四）加强船舶港口污染控制。积极治理船舶污染。依法强制报废超过使用年限的船舶。分类分级修订船舶及其设施、设备的相关环保标准。2018 年起投入使用的沿海船舶、2021 年起投入使用的内河船舶执行新的标准；其他船舶于 2020 年底前完成改造，经改造仍不能达到要求的，限期予以淘汰。航行于我国水域的国际航线船舶，要实施压载水交换或安装压载水灭活处理系统。规范拆船行为，禁止冲滩拆解。（交通运输部牵头，工业和信息化部、环境保护部、农业部、质检总局等参与）

增强港口码头污染防治能力。编制实施全国港口、码头、装卸站污染防治方案。加快垃圾接收、转运及处理处置设施建设，提高含油污水、化学品洗舱水等接收处置能力及污染事故应急能力。位于沿海和内河的港口、码头、装卸站及船舶修造厂，分别于 2017 年底前和 2020 年底前达到建设要求。港口、码头、装卸站的经营人应制定防治船舶及其有关活动污染水环境的应急计划。（交通运输部牵头，工业和信息化部、住房城乡建设部、农业部等参与）

二、推动经济结构转型升级

（五）调整产业结构。依法淘汰落后产能。自 2015 年起，各地要依据部分工业行业淘汰落后生产工艺装备和产品指导目录、产业结构调整指导目录及相关行业污染物排放标准，结合水质改善要求及产业发展情况，制定并实施分年度的落后产能淘汰方案，报工业和信息化部、环境保护部备案。未完成淘汰任务的地区，暂停审批和核准其相关行业新建项目。（工业和信息化部牵头，发展改革委、环境保护部等参与）

严格环境准入。根据流域水质目标和主体功能区规划要求，明确区域环境准入条件，细化功能分区，实施差别化环境准入政策。建立水资源、水环境承载能力监测评价体系，实行承载能力监测预警，已超过承载能力的地区要实施水污染物削减方案，加快调整发展规划和产业结构。到 2020 年，组织完成市、县域水资源、水环境承载能力现状评价。（环境保护部牵头，住房城乡建设部、水利部、海洋局等参与）

（六）优化空间布局。合理确定发展布局、结构和规模。充分考虑水资源、水环境承载能力，以水定城、以水定地、以水定人、以水定产。重大项目原则上布局在优化开发区和重点开发区，并符合城乡规划和土地利用总体规划。鼓励发展节水高效现代农业、低耗水高新技术产业以及生态保护型旅游业，严格控制缺水地区、水污染严重地区和敏感区域高耗水、高污染行业发展，新建、改建、扩建重点行业建设项目实行主要污染物排放减量置换。七大重点流域干流沿岸，要严格控制石油加工、化学原料和化学制品制造、医药制造、化学纤维制造、有色金属冶炼、纺织印染等项目环境风险，合理布局生产装置及危险化学品仓储等设施。（发展改革委、工业和信息化部牵头，国土资源部、环

境保护部、住房城乡建设部、水利部等参与）

推动污染企业退出。城市建成区内现有钢铁、有色金属、造纸、印染、原料药制造、化工等污染较重的企业应有序搬迁改造或依法关闭。（工业和信息化部牵头，环境保护部等参与）

积极保护生态空间。严格城市规划蓝线管理，城市规划区范围内应保留一定比例的水域面积。新建项目一律不得违规占用水域。严格水域岸线用途管制，土地开发利用应按照有关法律法规和技术标准要求，留足河道、湖泊和滨海地带的管理和保护范围，非法挤占的应限期退出。（国土资源部、住房城乡建设部牵头，环境保护、水利部、海洋局等参与）

（七）推进循环发展。加强工业水循环利用。推进矿井水综合利用，煤炭矿区的补充用水、周边地区生产和生态用水应优先使用矿井水，加强洗煤废水循环利用。鼓励钢铁、纺织印染、造纸、石油石化、化工、制革等高耗水企业废水深度处理回用。（发展改革委、工业和信息化部牵头，水利部、能源局等参与）

促进再生水利用。以缺水及水污染严重地区城市为重点，完善再生水利用设施，工业生产、城市绿化、道路清扫、车辆冲洗、建筑施工以及生态景观等用水，要优先使用再生水。推进高速公路服务区污水处理和利用。具备使用再生水条件但未充分利用的钢铁、火电、化工、制浆造纸、印染等项目，不得批准其新增取水许可。自 2018 年起，单体建筑面积超过 2 万平方米的新建公共建筑，北京市 2 万平方米、天津市 5 万平方米、河北省 10 万平方米以上集中新建的保障性住房，应安装建筑中水设施。积极推动其他新建住房安装建筑中水设施。到 2020 年，缺水城市再生水利用率达到 20％以上，京津冀区域达到 30％以上。（住房城乡建设部牵头，发展改革委、工业和信息化部、环境保护部、交通运输部、水利部等参与）

推动海水利用。在沿海地区电力、化工、石化等行业，推行直接利用海水作为循环冷却等工业用水。在有条件的城市，加快推进淡化海水作为生活用水补充水源。（发展改革委牵头，工业

和信息化部、住房城乡建设部、水利部、海洋局等参与）

三、着力节约保护水资源

（八）控制用水总量。实施最严格水资源管理。健全取用水总量控制指标体系。加强相关规划和项目建设布局水资源论证工作，国民经济和社会发展规划以及城市总体规划的编制、重大建设项目的布局，应充分考虑当地水资源条件和防洪要求。对取用水总量已达到或超过控制指标的地区，暂停审批其建设项目新增取水许可。对纳入取水许可管理的单位和其他用水大户实行计划用水管理。新建、改建、扩建项目用水要达到行业先进水平，节水设施应与主体工程同时设计、同时施工、同时投运。建立重点监控用水单位名录。到 2020 年，全国用水总量控制在 6700 亿立方米以内。（水利部牵头，发展改革委、工业和信息化部、住房城乡建设部、农业部等参与）

严控地下水超采。在地面沉降、地裂缝、岩溶塌陷等地质灾害易发区开发利用地下水，应进行地质灾害危险性评估。严格控制开采深层承压水，地热水、矿泉水开发应严格实行取水许可和采矿许可。依法规范机井建设管理，排查登记已建机井，未经批准的和公共供水管网覆盖范围内的自备水井，一律予以关闭。编制地面沉降区、海水入侵区等区域地下水压采方案。开展华北地下水超采区综合治理，超采区内禁止工农业生产及服务业新增取用地下水。京津冀区域实施土地整治、农业开发、扶贫等农业基础设施项目，不得以配套打井为条件。2017 年底前，完成地下水禁采区、限采区和地面沉降控制区范围划定工作，京津冀、长三角、珠三角等区域提前一年完成。（水利部、国土资源部牵头，发展改革委、工业和信息化部、财政部、住房城乡建设部、农业部等参与）

（九）提高用水效率。建立万元国内生产总值水耗指标等用水效率评估体系，把节水目标任务完成情况纳入地方政府政绩考核。将再生水、雨水和微咸水等非常规水源纳入水资源统一配置。到 2020 年，全国万元国内生产总值用水量、万元工业增加

值用水量比 2013 年分别下降 35％、30％以上。（水利部牵头，发展改革委、工业和信息化部、住房城乡建设部等参与）

抓好工业节水。制定国家鼓励和淘汰的用水技术、工艺、产品和设备目录，完善高耗水行业取用水定额标准。开展节水诊断、水平衡测试、用水效率评估，严格用水定额管理。到 2020年，电力、钢铁、纺织、造纸、石油石化、化工、食品发酵等高耗水行业达到先进定额标准。（工业和信息化部、水利部牵头，发展改革委、住房城乡建设部、质检总局等参与）

加强城镇节水。禁止生产、销售不符合节水标准的产品、设备。公共建筑必须采用节水器具，限期淘汰公共建筑中不符合节水标准的水嘴、便器水箱等生活用水器具。鼓励居民家庭选用节水器具。对使用超过 50 年和材质落后的供水管网进行更新改造，到 2017 年，全国公共供水管网漏损率控制在 12％以内；到 2020年，控制在 10％以内。积极推行低影响开发建设模式，建设滞、渗、蓄、用、排相结合的雨水收集利用设施。新建城区硬化地面，可渗透面积要达到 40％以上。到 2020 年，地级及以上缺水城市全部达到国家节水型城市标准要求，京津冀、长三角、珠三角等区域提前一年完成。（住房城乡建设部牵头，发展改革委、工业和信息化部、水利部、质检总局等参与）

发展农业节水。推广渠道防渗、管道输水、喷灌、微灌等节水灌溉技术，完善灌溉用水计量设施。在东北、西北、黄淮海等区域，推进规模化高效节水灌溉，推广农作物节水抗旱技术。到2020 年，大型灌区、重点中型灌区续建配套和节水改造任务基本完成，全国节水灌溉工程面积达到 7 亿亩左右，农田灌溉水有效利用系数达到 0.55 以上。（水利部、农业部牵头，发展改革委、财政部等参与）

（十）科学保护水资源。完善水资源保护考核评价体系。加强水功能区监督管理，从严核定水域纳污能力。（水利部牵头，发展改革委、环境保护部等参与）

加强江河湖库水量调度管理。完善水量调度方案。采取闸坝联合调度、生态补水等措施，合理安排闸坝下泄水量和泄流时段，维持河湖基本生态用水需求，重点保障枯水期生态基流。加大水利工程建设力度，发挥好控制性水利工程在改善水质中的作用。（水利部牵头，环境保护部参与）

科学确定生态流量。在黄河、淮河等流域进行试点，分期分批确定生态流量（水位），作为流域水量调度的重要参考。（水利部牵头，环境保护部参与）

四、强化科技支撑

（十一）推广示范适用技术。加快技术成果推广应用，重点推广饮用水净化、节水、水污染治理及循环利用、城市雨水收集利用、再生水安全回用、水生态修复、畜禽养殖污染防治等适用技术。完善环保技术评价体系，加强国家环保科技成果共享平台建设，推动技术成果共享与转化。发挥企业的技术创新主体作用，推动水处理重点企业与科研院所、高等学校组建产学研技术创新战略联盟，示范推广控源减排和清洁生产先进技术。（科技部牵头，发展改革委、工业和信息化部、环境保护部、住房城乡建设部、水利部、农业部、海洋局等参与）

（十二）攻关研发前瞻技术。整合科技资源，通过相关国家科技计划（专项、基金）等，加快研发重点行业废水深度处理、生活污水低成本高标准处理、海水淡化和工业高盐废水脱盐、饮用水微量有毒污染物处理、地下水污染修复、危险化学品事故和水上溢油应急处置等技术。开展有机物和重金属等水环境基准、水污染对人体健康影响、新型污染物风险评价、水环境损害评估、高品质再生水补充饮用水水源等研究。加强水生态保护、农业面源污染防治、水环境监控预警、水处理工艺技术装备等领域的国际交流合作。（科技部牵头，发展改革委、工业和信息化部、国土资源部、环境保护部、住房城乡建设部、水利部、农业部、卫生计生委等参与）

（十三）大力发展环保产业。规范环保产业市场。对涉及环保市场准入、经营行为规范的法规、规章和规定进行全面梳理，废止妨碍形成全国统一环保市场和公平竞争的规定和做法。健全环保工程设计、建设、运营等领域招投标管理办法和技术标准。推进先进适用的节水、治污、修复技术和装备产业化发展。（发展改革委牵头，科技部、工业和信息化部、财政部、环境保护部、住房城乡建设部、水利部、海洋局等参与）

加快发展环保服务业。明确监管部门、排污企业和环保服务公司的责任和义务，完善风险分担、履约保障等机制。鼓励发展包括系统设计、设备成套、工程施工、调试运行、维护管理的环保服务总承包模式、政府和社会资本合作模式等。以污水、垃圾处理和工业园区为重点，推行环境污染第三方治理。（发展改革委、财政部牵头，科技部、工业和信息化部、环境保护部、住房城乡建设部等参与）

五、充分发挥市场机制作用

（十四）理顺价格税费。加快水价改革。县级及以上城市应于 2015 年底前全面实行居民阶梯水价制度，具备条件的建制镇也要积极推进。2020 年底前，全面实行非居民用水超定额、超计划累进加价制度。深入推进农业水价综合改革。（发展改革委牵头，财政部、住房城乡建设部、水利部、农业部等参与）

完善收费政策。修订城镇污水处理费、排污费、水资源费征收管理办法，合理提高征收标准，做到应收尽收。城镇污水处理收费标准不应低于污水处理和污泥处理处置成本。地下水水资源费征收标准应高于地表水，超采地区地下水水资源费征收标准应高于非超采地区。（发展改革委、财政部牵头，环境保护部、住房城乡建设部、水利部等参与）

健全税收政策。依法落实环境保护、节能节水、资源综合利用等方面税收优惠政策。对国内企业为生产国家支持发展的大型环保设备，必需进口的关键零部件及原材料，免征关税。加快推进环境保护税立法、资源税税费改革等工作。研究将部分高耗能、高污染产品纳入消费税征收范围。（财政部、税务总局牵头，发展改革委、工业和信息化部、商务部、海关总署、质检总局等

参与）

（十五）促进多元融资。引导社会资本投入。积极推动设立融资担保基金，推进环保设备融资租赁业务发展。推广股权、项目收益权、特许经营权、排污权等质押融资担保。采取环境绩效合同服务、授予开发经营权益等方式，鼓励社会资本加大水环境保护投入。（人民银行、发展改革委、财政部牵头，环境保护部、住房城乡建设部、银监会、证监会、保监会等参与）

增加政府资金投入。中央财政加大对属于中央事权的水环境保护项目支持力度，合理承担部分属于中央和地方共同事权的水环境保护项目，向欠发达地区和重点地区倾斜；研究采取专项转移支付等方式，实施"以奖代补"。地方各级人民政府要重点支持污水处理、污泥处理处置、河道整治、饮用水水源保护、畜禽养殖污染防治、水生态修复、应急清污等项目和工作。对环境监管能力建设及运行费用分级予以必要保障。（财政部牵头，发展改革委、环境保护部等参与）

（十六）建立激励机制。健全节水环保"领跑者"制度。鼓励节能减排先进企业、工业集聚区用水效率、排污强度等达到更高标准，支持开展清洁生产、节约用水和污染治理等示范。（发展改革委牵头，工业和信息化部、财政部、环境保护部、住房城乡建设部、水利部等参与）

推行绿色信贷。积极发挥政策性银行等金融机构在水环境保护中的作用，重点支持循环经济、污水处理、水资源节约、水生态环境保护、清洁及可再生能源利用等领域。严格限制环境违法企业贷款。加强环境信用体系建设，构建守信激励与失信惩戒机制，环保、银行、证券、保险等方面要加强协作联动，于2017年底前分级建立企业环境信用评价体系。鼓励涉重金属、石油化工、危险化学品运输等高环境风险行业投保环境污染责任保险。（人民银行牵头，工业和信息化部、环境保护部、水利部、银监会、证监会、保监会等参与）

实施跨界水环境补偿。探索采取横向资金补助、对口援助、产业转移等方式，建立跨界水环境补偿机制，开展补偿试点。深化排污权有偿使用和交易试点。（财政部牵头，发展改革委、环境保护部、水利部等参与）

六、严格环境执法监管

（十七）完善法规标准。健全法律法规。加快水污染防治、海洋环境保护、排污许可、化学品环境管理等法律法规制修订步伐，研究制定环境质量目标管理、环境功能区划、节水及循环利用、饮用水水源保护、污染责任保险、水功能区监督管理、地下水管理、环境监测、生态流量保障、船舶和陆源污染防治等法律法规。各地可结合实际，研究起草地方性水污染防治法规。（法制办牵头，发展改革委、工业和信息化部、国土资源部、环境保护部、住房城乡建设部、交通运输部、水利部、农业部、卫生计生委、保监会、海洋局等参与）

完善标准体系。制修订地下水、地表水和海洋等环境质量标准，城镇污水处理、污泥处理处置、农田退水等污染物排放标准。健全重点行业水污染物特别排放限值、污染防治技术政策和清洁生产评价指标体系。各地可制定严于国家标准的地方水污染物排放标准。（环境保护部牵头，发展改革委、工业和信息化部、国土资源部、住房城乡建设部、水利部、农业部、质检总局等参与）

（十八）加大执法力度。所有排污单位必须依法实现全面达标排放。逐一排查工业企业排污情况，达标企业应采取措施确保稳定达标；对超标和超总量的企业予以"黄牌"警示，一律限制生产或停产整治；对整治仍不能达到要求且情节严重的企业予以"红牌"处罚，一律停业、关闭。自 2016 年起，定期公布环保"黄牌""红牌"企业名单。定期抽查排污单位达标排放情况，结果向社会公布。（环境保护部负责）

完善国家督查、省级巡查、地市检查的环境监督执法机制，强化环保、公安、监察等部门和单位协作，健全行政执法与刑事司法衔接配合机制，完善案件移送、受理、立案、通报等规定。

加强对地方人民政府和有关部门环保工作的监督，研究建立国家环境监察专员制度。（环境保护部牵头，工业和信息化部、公安部、中央编办等参与）

严厉打击环境违法行为。重点打击私设暗管或利用渗井、渗坑、溶洞排放、倾倒含有毒有害污染物废水、含病原体污水，监测数据弄虚作假，不正常使用水污染物处理设施，或者未经批准拆除、闲置水污染物处理设施等环境违法行为。对造成生态损害的责任者严格落实赔偿制度。严肃查处建设项目环境影响评价领域越权审批、未批先建、边批边建、久试不验等违法违规行为。对构成犯罪的，要依法追究刑事责任。（环境保护部牵头，公安部、住房城乡建设部等参与）

（十九）提升监管水平。完善流域协作机制。健全跨部门、区域、流域、海域水环境保护议事协调机制，发挥环境保护区域督查派出机构和流域水资源保护机构作用，探索建立陆海统筹的生态系统保护修复机制。流域上下游各级政府、各部门之间要加强协调配合、定期会商，实施联合监测、联合执法、应急联动、信息共享。京津冀、长三角、珠三角等区域要于 2015 年底前建立水污染防治联动协作机制。建立严格监管所有污染物排放的水环境保护管理制度。（环境保护部牵头，交通运输部、水利部、农业部、海洋局等参与）

完善水环境监测网络。统一规划设置监测断面（点位）。提升饮用水水源水质全指标监测、水生生物监测、地下水环境监测、化学物质监测及环境风险防控技术支撑能力。2017 年底前，京津冀、长三角、珠三角等区域、海域建成统一的水环境监测网。（环境保护部牵头，发展改革委、国土资源部、住房城乡建设部、交通运输部、水利部、农业部、海洋局等参与）

提高环境监管能力。加强环境监测、环境监察、环境应急等专业技术培训，严格落实执法、监测等人员持证上岗制度，加强基层环保执法力量，具备条件的乡镇（街道）及工业园区要配备必要的环境监管力量。各市、县应自 2016 年起实行环境监管网

格化管理。（环境保护部负责）

七、切实加强水环境管理

（二十）强化环境质量目标管理。明确各类水体水质保护目标，逐一排查达标状况。未达到水质目标要求的地区要制定达标方案，将治污任务逐一落实到汇水范围内的排污单位，明确防治措施及达标时限，方案报上一级人民政府备案，自 2016 年起，定期向社会公布。对水质不达标的区域实施挂牌督办，必要时采取区域限批等措施。（环境保护部牵头，水利部参与）

（二十一）深化污染物排放总量控制。完善污染物统计监测体系，将工业、城镇生活、农业、移动源等各类污染源纳入调查范围。选择对水环境质量有突出影响的总氮、总磷、重金属等污染物，研究纳入流域、区域污染物排放总量控制约束性指标体系。（环境保护部牵头，发展改革委、工业和信息化部、住房城乡建设部、水利部、农业部等参与）

（二十二）严格环境风险控制。防范环境风险。定期评估沿江河湖库工业企业、工业集聚区环境和健康风险，落实防控措施。评估现有化学物质环境和健康风险，2017 年底前公布优先控制化学品名录，对高风险化学品生产、使用进行严格限制，并逐步淘汰替代。（环境保护部牵头，工业和信息化部、卫生计生委、安全监管总局等参与）

稳妥处置突发水环境污染事件。地方各级人民政府要制定和完善水污染事故处置应急预案，落实责任主体，明确预警预报与响应程序、应急处置及保障措施等内容，依法及时公布预警信息。（环境保护部牵头，住房城乡建设部、水利部、农业部、卫生计生委等参与）

（二十三）全面推行排污许可。依法核发排污许可证。2015年底前，完成国控重点污染源及排污权有偿使用和交易试点地区污染源排污许可证的核发工作，其他污染源于 2017 年底前完成。（环境保护部负责）

加强许可证管理。以改善水质、防范环境风险为目标，将污染物排放种类、浓度、总量、排放去向等纳入许可证管理范围。禁止无证排污或不按许可证规定排污。强化海上排污监管，研究建立海上污染排放许可证制度。2017年底前，完成全国排污许可证管理信息平台建设。（环境保护部牵头，海洋局参与）

八、全力保障水生态环境安全

（二十四）保障饮用水水源安全。从水源到水龙头全过程监管饮用水安全。地方各级人民政府及供水单位应定期监测、检测和评估本行政区域内饮用水水源、供水厂出水和用户水龙头水质等饮水安全状况，地级及以上城市自2016年起每季度向社会公开。自2018年起，所有县级及以上城市饮水安全状况信息都要向社会公开。（环境保护部牵头，发展改革委、财政部、住房城乡建设部、水利部、卫生计生委等参与）

强化饮用水水源环境保护。开展饮用水水源规范化建设，依法清理饮用水水源保护区内违法建筑和排污口。单一水源供水的地级及以上城市应于2020年底前基本完成备用水源或应急水源建设，有条件的地方可以适当提前。加强农村饮用水水源保护和水质检测。（环境保护部牵头，发展改革委、财政部、住房城乡建设部、水利部、卫生计生委等参与）

防治地下水污染。定期调查评估集中式地下水型饮用水水源补给区等区域环境状况。石化生产存贮销售企业和工业园区、矿山开采区、垃圾填埋场等区域应进行必要的防渗处理。加油站地下油罐应于2017年底前全部更新为双层罐或完成防渗池设置。报废矿井、钻井、取水井应实施封井回填。公布京津冀等区域内环境风险大、严重影响公众健康的地下水污染场地清单，开展修复试点。（环境保护部牵头，财政部、国土资源部、住房城乡建设部、水利部、商务部等参与）

（二十五）深化重点流域污染防治。编制实施七大重点流域水污染防治规划。研究建立流域水生态环境功能分区管理体系。对化学需氧量、氨氮、总磷、重金属及其他影响人体健康的污染物采取针对性措施，加大整治力度。汇入富营养化湖库的河流应实施总氮排放控制。到 2020 年，长江、珠江总体水质达到优良，松花江、黄河、淮河、辽河在轻度污染基础上进一步改善，海河污染程度得到缓解。三峡库区水质保持良好，南水北调、引滦入津等调水工程确保水质安全。太湖、巢湖、滇池富营养化水平有所好转。白洋淀、乌梁素海、呼伦湖、艾比湖等湖泊污染程度减轻。环境容量较小、生态环境脆弱，环境风险高的地区，应执行水污染物特别排放限值。各地可根据水环境质量改善需要，扩大特别排放限值实施范围。（环境保护部牵头，发展改革委、工业和信息化部、财政部、住房城乡建设部、水利部等参与）

加强良好水体保护。对江河源头及现状水质达到或优于Ⅲ类的江河湖库开展生态环境安全评估，制定实施生态环境保护方案。东江、滦河、千岛湖、南四湖等流域于 2017 年底前完成。浙闽片河流、西南诸河、西北诸河及跨界水体水质保持稳定。（环境保护部牵头，外交部、发展改革委、财政部、水利部、林业局等参与）

（二十六）加强近岸海域环境保护。实施近岸海域污染防治方案。重点整治黄河口、长江口、闽江口、珠江口、辽东湾、渤海湾、胶州湾、杭州湾、北部湾等河口海湾污染。沿海地级及以上城市实施总氮排放总量控制。研究建立重点海域排污总量控制制度。规范入海排污口设置，2017 年底前全面清理非法或设置不合理的入海排污口。到 2020 年，沿海省（区、市）入海河流基本消除劣于Ⅴ类的水体。提高涉海项目准入门槛。（环境保护部、海洋局牵头，发展改革委、工业和信息化部、财政部、住房城乡建设部、交通运输部、农业部等参与）

推进生态健康养殖。在重点河湖及近岸海域划定限制养殖区。实施水产养殖池塘、近海养殖网箱标准化改造，鼓励有条件的渔业企业开展海洋离岸养殖和集约化养殖。积极推广人工配合饲料，逐步减少冰鲜杂鱼饲料使用。加强养殖投入品管理，依法规范、限制使用抗生素等化学药品，开展专项整治。到 2015 年，海水养殖面积控制在 220 万公顷左右。（农业部负责）

严格控制环境激素类化学品污染。2017 年底前完成环境激素类化学品生产使用情况调查，监控评估水源地、农产品种植区及水产品集中养殖区风险，实施环境激素类化学品淘汰、限制、替代等措施。（环境保护部牵头，工业和信息化部、农业部等参与）

（二十七）整治城市黑臭水体。采取控源截污、垃圾清理、清淤疏浚、生态修复等措施，加大黑臭水体治理力度，每半年向社会公布治理情况。地级及以上城市建成区应于 2015 年底前完成水体排查，公布黑臭水体名称、责任人及达标期限；于 2017 年底前实现河面无大面积漂浮物，河岸无垃圾，无违法排污口；于 2020 年底前完成黑臭水体治理目标。直辖市、省会城市、计划单列市建成区要于 2017 年底前基本消除黑臭水体。（住房城乡建设部牵头，环境保护部、水利部、农业部等参与）

（二十八）保护水和湿地生态系统。加强河湖水生态保护，科学划定生态保护红线。禁止侵占自然湿地等水源涵养空间，已侵占的要限期予以恢复。强化水源涵养林建设与保护，开展湿地保护与修复，加大退耕还林、还草、还湿力度。加强滨河（湖）带生态建设，在河道两侧建设植被缓冲带和隔离带。加大水生野生动植物类自然保护区和水产种质资源保护区保护力度，开展珍稀濒危水生生物和重要水产种质资源的就地和迁地保护，提高水生生物多样性。2017 年底前，制定实施七大重点流域水生生物多样性保护方案。（环境保护部、林业局牵头，财政部、国土资源部、住房城乡建设部、水利部、农业部等参与）

保护海洋生态。加大红树林、珊瑚礁、海草床等滨海湿地、河口和海湾典型生态系统，以及产卵场、索饵场、越冬场、洄游通道等重要渔业水域的保护力度，实施增殖放流，建设人工鱼礁。开展海洋生态补偿及赔偿等研究，实施海洋生态修复。认真执行围填海管制计划，严格围填海管理和监督，重点海湾、海洋自然保护区的核心区及缓冲区、海洋特别保护区的重点保护区及预留区、重点河口区域、重要滨海湿地区域、重要砂质岸线及沙源保护海域、特殊保护海岛及重要渔业海域禁止实施围填海，生态脆弱敏感区、自净能力差的海域严格限制围填海。严肃查处违法围填海行为，追究相关人员责任。将自然海岸线保护纳入沿海地方政府政绩考核。到 2020 年，全国自然岸线保有率不低于35％（不包括海岛岸线）。（环境保护部、海洋局牵头，发展改革委、财政部、农业部、林业局等参与）

九、明确和落实各方责任

（二十九）强化地方政府水环境保护责任。各级地方人民政府是实施本行动计划的主体，要于 2015 年底前分别制定并公布水污染防治工作方案，逐年确定分流域、分区域、分行业的重点任务和年度目标。要不断完善政策措施，加大资金投入，统筹城乡水污染治理，强化监管，确保各项任务全面完成。各省（区、市）工作方案报国务院备案。（环境保护部牵头，发展改革委、财政部、住房城乡建设部、水利部等参与）

（三十）加强部门协调联动。建立全国水污染防治工作协作机制，定期研究解决重大问题。各有关部门要认真按照职责分工，切实做好水污染防治相关工作。环境保护部要加强统一指导、协调和监督，工作进展及时向国务院报告。（环境保护部牵头，发展改革委、科技部、工业和信息化部、财政部、住房城乡建设部、水利部、农业部、海洋局等参与）

（三十一）落实排污单位主体责任。各类排污单位要严格执行环保法律法规和制度，加强污染治理设施建设和运行管理，开展自行监测，落实治污减排、环境风险防范等责任。中央企业和国有企业要带头落实，工业集聚区内的企业要探索建立环保自律机制。（环境保护部牵头，国资委参与）

（三十二）严格目标任务考核。国务院与各省（区、市）人民政府签订水污染防治目标责任书，分解落实目标任务，切实落实"一岗双责"。每年分流域、分区域、分海域对行动计划实施情况进行考核，考核结果向社会公布，并作为对领导班子和领导干部综合考核评价的重要依据。（环境保护部牵头，中央组织部

参与)

将考核结果作为水污染防治相关资金分配的参考依据。（财政部、发展改革委牵头，环境保护部参与）

对未通过年度考核的，要约谈省级人民政府及其相关部门有关负责人，提出整改意见，予以督促；对有关地区和企业实施建设项目环评限批。对因工作不力、履职缺位等导致未能有效应对水环境污染事件的，以及干预、伪造数据和没有完成年度目标任务的，要依法依纪追究有关单位和人员责任。对不顾生态环境盲目决策，导致水环境质量恶化，造成严重后果的领导干部，要记录在案，视情节轻重，给予组织处理或党纪政纪处分，已经离任的也要终身追究责任。（环境保护部牵头，监察部参与）

十、强化公众参与和社会监督

（三十三）依法公开环境信息。综合考虑水环境质量及达标情况等因素，国家每年公布最差、最好的 10 个城市名单和各省（区、市）水环境状况。对水环境状况差的城市，经整改后仍达不到要求的，取消其环境保护模范城市、生态文明建设示范区、节水型城市、园林城市、卫生城市等荣誉称号，并向社会公告。（环境保护部牵头，发展改革委、住房城乡建设部、水利部、卫生计生委、海洋局等参与）

各省（区、市）人民政府要定期公布本行政区域内各地级市（州、盟）水环境质量状况。国家确定的重点排污单位应依法向社会公开其产生的主要污染物名称、排放方式、排放浓度和总量、超标排放情况，以及污染防治设施的建设和运行情况，主动接受监督。研究发布工业集聚区环境友好指数、重点行业污染物排放强度、城市环境友好指数等信息。（环境保护部牵头，发展改革委、工业和信息化部等参与）

（三十四）加强社会监督。为公众、社会组织提供水污染防治法规培训和咨询，邀请其全程参与重要环保执法行动和重大水污染事件调查。公开曝光环境违法典型案件。健全举报制度，充分发挥"12369"环保举报热线和网络平台作用。限期办理群众举报投诉的环境问题，一经查实，可给予举报人奖励。通过公开听证、网络征集等形式，充分听取公众对重大决策和建设项目的意见。积极推行环境公益诉讼。（环境保护部负责）

（三十五）构建全民行动格局。树立"节水洁水，人人有责"的行为准则。加强宣传教育，把水资源、水环境保护和水情知识纳入国民教育体系，提高公众对经济社会发展和环境保护客观规律的认识。依托全国中小学节水教育、水土保持教育、环境教育等社会实践基地，开展环保社会实践活动。支持民间环保机构、志愿者开展工作。倡导绿色消费新风尚，开展环保社区、学校、家庭等群众性创建活动，推动节约用水，鼓励购买使用节水产品和环境标志产品。（环境保护部牵头，教育部、住房城乡建设部、水利部等参与）

我国正处于新型工业化、信息化、城镇化和农业现代化快速发展阶段，水污染防治任务繁重艰巨。各地区、各有关部门要切实处理好经济社会发展和生态文明建设的关系，按照"地方履行属地责任、部门强化行业管理"的要求，明确执法主体和责任主体，做到各司其职，恪尽职守，突出重点，综合整治，务求实效，以抓铁有痕、踏石留印的精神，依法依规狠抓贯彻落实，确保全国水环境治理与保护目标如期实现，为实现"两个一百年"奋斗目标和中华民族伟大复兴中国梦作出贡献。

住房城乡建设部　国家发展改革委
关于进一步加强城市节水工作的通知

建城〔2014〕114号

各省、自治区住房城乡建设厅、发展改革委，直辖市、计划单列市城乡建委（市政管委、水务局）、发展改革委，海南省水务厅，新疆生产建设兵团建设局、发展改革委：

城市节水是解决水资源供需矛盾、提升水环境承载能力、应对城市水安全问题的重要举措，对支撑新型城镇化战略实施和社会主义生态文明建设具有重要意义。党中央、国务院高度重视城市节水工作。习近平总书记近期要求深入开展节水型城市建设，使节约用水成为每个单位、每个家庭、每个人的自觉行动。《国务院关于加强城市基础设施建设的意见》（国发〔2013〕36号）提出加快推进节水城市建设。为贯彻落实中央精神，践行节水优先、空间均衡、系统治理、两手发力的治水思路，充分利用城市规划、建设和市政公用管理及其服务平台，推动城市节水工作，现通知如下：

一、强化规划对节水的引领作用。城市总体规划编制要科学评估城市水资源承载能力，坚持以水定城、以水定地、以水定人、以水定产的原则，统筹给水、节水、排水、污水处理与再生利用，以及水安全、水生态和水环境的协调。缺水城市要先把浪费的水管住，严格控制生态景观取用新水，提出雨水、再生水及建筑中水利用等要求，沿海缺水城市要因地制宜提出海水淡化水利用等要求；按照有利于水的循环、循序利用的原则，规划布局市政公用设施；明确城市蓝线管控要求，加强河湖水系保护。编制控制性详细规划要明确节水的约束性指标。各城市要依据城市总体规划和控制性详细规划编制城市节水专项规划，提出切实可行的目标，从水的供需平衡、潜力挖掘、管理机制等方面提出工作对策、措施和详细实施计划，并与城镇供水、排水与污水处理、绿地、水系等规划相衔接。

二、严格落实节水"三同时"制度。新建、改建和扩建建设工程节水设施必须与主体工程同时设计、同时施工、同时投入使用。城市建设（城市节水）主管部门要主动配合相关部门，在城市规划、施工图设计审查、建设项目施工、监理、竣工验收备案等管理环节强化"三同时"制度的落实。

三、加大力度控制供水管网漏损。要指导各城市加快对使用年限超过50年和材质落后供水管网的更新改造，确保公共供水管网漏损率达到国家标准要求。督促供水企业通过管网独立分区计量的方式加强漏损控制管理，督促用水大户定期开展水平衡测试，严控"跑冒滴漏"。

四、大力推行低影响开发建设模式。成片开发地块的建设应大力推广可渗透路面和下凹式绿地，通过雨水收集利用、增加可渗透面积等方式控制地表径流。新建城区硬化地面中，可渗透地面面积比例不应低于40%；有条件的地区应对现有硬化路面逐步进行透水性改造，提高雨水滞渗能力。结合城市水系自然分布和当地水资源条件，因地制宜采取湿地恢复、截污、河道疏浚等方式改善城市水生态。按照对城市生态环境影响最低的开发建设理念，控制开发强度，最大限度地减少对城市原有水生态环境的破坏，建设自然积存、自然渗透、自然净化的"海绵城市"。

五、加快污水再生利用。将污水再生利用作为削减污染负荷和提升水环境质量的重要举措，合理布局污水处理和再生利用设施，按照"优水优用，就近利用"的原则，在工业生产、城市绿化、道路清扫、车辆冲洗、建筑施工及生态景观等领域优先使用再生水。人均水资源量不足500立方米/年和水环境状况较差的地区，要合理确定再生水利用的规模，制定促进再生水利用的保障措施。

六、积极推广建筑中水利用。广泛开展绿色建筑行动，鼓励居民住宅使用建筑中水，将洗衣、洗浴和生活杂用等污染较轻的灰水收集并经适当处理后，循序用于冲厕，提高用水效率。单体建筑面积超过 2 万平方米的公共建筑，有条件的地区保障性住房等政府投资的民用建筑应建设中水设施。

七、因地制宜推进海水淡化水利用。鼓励沿海淡水资源匮乏的地区和工矿企业开展海水淡化水利用示范工作，将海水淡化水优先用于工业企业生产和冷却用水。在满足各相关指标要求、确保人体健康的前提下，开展海水淡化水进入市政供水系统试点，完善相关规范和标准。

八、加强计划用水与定额管理。要结合当地产业结构特点，严格执行国家有关用水标准和定额的相关规定。抓好用水大户的计划用水管理，科学确定计划用水额度，自备水取水量应纳入计划用水管理范围。要与供水企业建立用水量信息共享机制，实现实时监控。有条件的地区要建立城市供水管网数字化管控平台，支撑节水工作。

九、大力开展节水小区、单位、企业建设。要按照国家节水型城市考核标准、节水型企业评价等有关标准，全面开展节水型居民小区、节水型单位、节水型企业建设活动，使节水成为每个单位、每个家庭、每个人的自觉行动。各地要因地制宜建立和完善节水激励机制，鼓励和支持企事业单位、居民家庭积极选用节水器具，加快更新和改造国家规定淘汰的耗水器具；民用建筑集中热水系统应按照国家《民用建筑节水设计标准》要求采取水循环措施，减少水的浪费，其无效热水流出时间应符合标准的有关规定，不符合要求的应限期完成改造。

十、切实加强组织领导。要制定和完善城市规划、建设和市政公用事业方面的节水制度、办法和具体标准，以创建节水型城市为抓手，加大城市节水工作指导力度，加强城市节水数据上报工作。督促城市人民政府将建设节水型城市作为改善人居环境的重要基础工作，统筹部署，加大投入，健全保障措施，形成长效工作机制。充分利用"世界水日""全国城市节水宣传周""节能宣传周"等契机，大力开展城市节水宣传，调动全民参与。鼓励和引导社会资本参与节水诊断、水平衡测试、设施改造等专业服务。

中华人民共和国住房和城乡建设部
中华人民共和国国家发展和改革委员会
2014 年 8 月 8 日

住房城乡建设部　国家发展改革委
关于印发城镇节水工作指南的通知

建城函〔2016〕251 号

各省、自治区住房城乡建设厅、发展改革委，直辖市建委（市政管委、水务局）、发展改革委，海南省水务厅，新疆生产建设兵团建设局、发展改革委：

　　为贯彻落实《国务院关于印发水污染防治行动计划的通知》（国发〔2015〕17 号，以下简称"水十条"）、《国务院关于加强城市基础设施建设的意见》（国发〔2013〕36 号），全面推进城镇节水工作，住房城乡建设部会同国家发展改革委制定了《城镇节水工作指南》（以下简称《指南》），现印发给你们，并就有关事项通知如下。

　　一、推进节水型城市建设。 省级住房城乡建设、发展改革部门要对照"水十条"确定的"到 2020 年，地级及以上缺水城市全部达到国家节水型城市标准要求，京津冀、长三角、珠三角等区域提前一年完成"的目标要求，明确本省（区、市）地级及以上缺水城市名单（原则上多年平均降雨量小于 200 毫米、年人均水资源量不足 600 立方米应视为缺水城市），督导有关城市对照《国家节水型城市考核标准》或《城市节水评价标准》（GB/T 51083—2015）Ⅰ级开展自查和对标分析。参照《指南》，制定本省（区、市）节水工作计划，明确尚未达到国家节水型城市标准城市的完成期限和责任人，加快推进。请省级住房城乡建设部门于 2016 年 12 月 10 日前将本地区地级及以上缺水城市名单、完成期限和责任人请报住房城乡建设部城市建设司。

　　二、加快城镇节水改造。 省级住房城乡建设、发展改革部门要督促本省（区、市）城市对照《指南》要求，制定城镇节水改造实施方案，尽快梳理节流工程、开源工程、循环循序利用工程等建设任务，建立项目储备库。

中华人民共和国住房和城乡建设部
中华人民共和国国家发展和改革委员会
2016 年 11 月 18 日

城镇节水工作指南

住房城乡建设部　国家发展改革委
2016 年 11 月

目　　录

一、背景与意义

水资源短缺、水污染严重、水生态破坏已经成为制约经济社会发展的重要因素。习近平总书记提出，要"深入开展节水型城市建设，使节约用水成为每个单位、每个家庭、每个人的自觉行动"。李克强总理在 2015 年中央经济工作会议上明确要加快推进城市节水综合改造试点示范工作。《国民经济和社会发展第十三个五年规划纲要》提出要加快城镇节水改造，《中共中央 国务院关于进一步加强城市规划建设管理工作的若干意见》（以下简称《若干意见》）、《国务院关于深入推进新型城镇化建设的若干意见》（国发〔2016〕8 号）以及《国务院关于印发水污染防治行动计划的通知》（国发〔2015〕17 号，简称"水十条"）明确了加强城镇节水的工作任务，全面建设节水型城市。

城镇节水是解决水资源供需矛盾、提升水环境承载能力、应对城市水安全问题的重要举措。深入推进城镇节水工作，有利于加快相关基础设施改造与建设，有利于稳增长、调结构、促改革、惠民生，对支撑新型城镇化战略实施和社会主义生态文明建设具有重要意义。

为落实党中央、国务院有关决策部署，特制定《城镇节水工作指南》，用于指导各地深入开展城镇节水工作，为城镇节水改造实施、节水制度建设与落实提供参考。

二、总体要求

（一）总体思路

城镇节水工作，要依托市政公用基础设施服务平台，以**节流工程、开源工程、循环与循序利用工程**为突破口，创新工作机制，加快相关基础设施改造与建设，推动政府与社会资本合作机制，完善城市节水各项管理制度和措施，深入推进城镇节水工作。

（二）基本原则

坚持规划引领，强化政府统筹。城市总体规划、控制性详细规划以及相关专项规划要加强对节水工作的统筹，抓好城市节水专项规划引领，完善城镇节水相关基础设施。城镇人民政府要加强组织领导，完善保障制度和措施，确保城镇节水改造工作顺利开展。

坚持循环循序，提高用水效率。以提高用水效率为核心，转变用水方式，将城镇社会水循环对自然水循环的影响降低到最低程度，实现人与自然和谐发展。优水优用，工业生产、园林绿化、景观生态等领域优先使用再生水，产业园区布局及产业结构设置考虑水的循序利用。

坚持全民参与，鼓励融资创新。鼓励公众参与，提高群众节水积极性，积极营造浓厚节水氛围，倡导自觉节水的良好风尚。创新城镇节水融资机制，鼓励采用政府和社会资本合作模式开展城镇节水改造工作，推进合同节水管理。

（三）工作目标

1. 总体目标

贯彻落实《若干意见》、"水十条"、国发〔2016〕8号文件精神，保障城市经济社会发展和人民群众正常生产生活，通过城市水的循环、循序利用，提高用水效率，减少新鲜水的取用量，提高城市外排水的水质，形成自然健康水循环，涵养城市水资源、修复城市水生态、改善城市水环境、保障城市水安全。2020年，地级及以上缺水城市（多年平均降雨量＜200毫米、人均水资源量＜600立方米，下同）达到《国家节水型城市考核标准》（建城〔2012〕57号）或者《城市节水评价标准》（GB/T 51083）Ⅰ级标准，其他地级及以上城市达到《城市节水评价标准》Ⅱ级及以上要求。京津冀、长三角、珠三角等区域提前一年完成。

2. 具体目标

（1）供水管网漏损控制目标。对使用超过50年和材质落后的供水管网进行更新改造，到2017年，全国城市公共供水管网漏损率控制在12%以内；到2020年，控制在10%以内。

（2）城市再生水利用目标。地级及以上城市力争污水实现全收集、全处理，结合城市黑臭水体治理、景观生态补水和城市水生态修复，推动污水再生利用。2020 年，缺水地区的城市再生水利用率不低于 20％，京津冀地区的城市再生水利用率达到 30％以上。

(3) 节水器具普及率。建成区公共及民用建筑用水器具符合《节水型生活用水器具》（CJ/T 164）标准的比例达到 100％。

(4) 建筑中水利用。单体建筑面积超过一定规模的新建公共建筑应当安装建筑中水设施，老旧住房逐步完成建筑中水设施安装改造。

(5) 城市节水制度实施及基础管理措施进一步提升。城市节水管理各项制度实施及能力建设水平大幅提升，建立有利于推进城镇节水改造的吸引社会资本的机制和政策体系，建立和完善城镇节水改造绩效评估与考核机制。

三、实施城镇节水改造

（一）节流工程

1. 漏损控制工程

(1) 管网漏损控制。

一是改造老旧供水管网。对使用年限超过 50 年的供水管网、材质落后和受损失修的管网实施更新改造。同时，排查和修复漏损供水管网。

二是鼓励开展管网独立分区计量管理（DMA）。在普查基础上建立公共供水管网信息系统，鼓励开展管网独立分区计量体系的建设，并完成相应的管网分区局部改造、泵站改造、分区阀门及计量设备安装等工程。

三是居民小区漏损控制。结合小区二次供水设施改造，有计划的同步实施小区漏损管网改造。强化居住小区计量管理，鼓励建立小区 DMA 管理模式，健全总分表匹配和分析机制，实施三级计量防漏措施。逐步更新改造不符合要求的小区。

(2) 公共机构和建成区工业企业漏损控制。

对于城市建成区内、用水量达到一定标准（各地因地制宜确定）的公共机构和工业企业用水大户，应当在抓好水平衡测试的前提下，严控使用环节漏损，主要包括内部管网漏损检查与修复、计量水表三级或二级改造等。

2. 节水器具普及推广

（1）既有建筑换装节水型器具。

城市建成区内公共建筑、公共区域（公园厕所等）、工业企业等非居民住宅建筑的用水器具，应当在全面调查摸底基础上，按实际情况制定换装计划并实施。鼓励老旧居民小区自主开展用水器具改造。

（2）新改扩建项目节水器具安装。

新建建筑用水器具必须全部使用节水器具，严禁使用国家明令淘汰的用水器具。按照节水"三同时"管理的要求，在新改扩项目建设时，做到节水型器具与主体工程同时设计、同时施工、同时投入使用。

（二）开源工程

1. 污水再生利用

强化规划引领统筹，确定重点区域和领域，优化布局，并强化再生水水质监管。主要工程任务包括：

（1）合理规划布局和建设污水再生利用设施。

转变过去在城市下游"大截排、大集中"建设污水处理与再生利用设施的思路，从有利于污水处理资源化利用及城市河道生态补水角度出发，优化布局、集散结合、适度分布，加快污水再生利用。

（2）实施污水再生利用设施建设与改造。

一是再生水相关基础设施建设。以缺水及水污染严重地区城市为重点，完善再生水利用设施。加快污水处理厂配套管网建设，提升污水收集处理水平，现有污水处理设施应结合再生水利用需求，完成提标改造。建成区水体水质达不到地表水Ⅳ类标准的城市，新建城镇污水处理设施要执行一级 A 排放标准，或者根据水体补水需求进一步提升水质标准。**二是再生水储存设施及再生水输配管网的建设。**有关工程的设计和建设应符合《住房城乡建设部关于印发城镇污水再生利用技术指南（试行）的通知》（建城〔2012〕197号）要求，并遵循《污水再生利用工程设计规范》（GB 50335）。

（3）再生水生态和景观补水系统建设。

结合城市黑臭水体整治及水生态修复工作，重点将再生水用于河道水量补充，可有效提高水体的流动性。主要包括两类工程：**一是**对于已经完成控源截污及内源治理等的水体，实施再生水补水，需建设市政再生水补源管道、泵站等设施；**二是**对于短期内无法实现全面截污纳管、无替换或补充水源的黑臭水体，通过选用适宜的污废水处理装置，对污废水和黑臭水体进行就地或旁路处理，经净化后排入水体，实现水体的净化和循环流动。

2. 雨水利用

充分发挥海绵城市建设的作用，通过"渗、滞、蓄、净、用、排"等措施，强化城市降雨径流的滞蓄利用、下渗补给地下水。收集雨水通常可用于景观用水、绿化用水、循环冷却系统补水、汽车冲洗用水、路面地面冲洗用水、冲厕、消防、地下水回灌等。雨水回收利用应执行国家现行规范《建筑与小区雨水利用工程技术规范》（GB 50400）的有关规定。一般多年平均降雨量低于600毫米的地区不宜建设雨水直接回收利用工程，确有必要的，宜采用简单的回收利用措施。

（1）雨水净化利用设施建设。

可采用生态或传统方法净化雨水，包括生物滞留设施、雨水湿地、雨水收集罐等，具体工艺可结合海绵城市建设，充分考虑下垫面的性质、雨水水质水量以及回用水水质水量需求等因素，经技术经济比较后确定。

（2）雨水调蓄储存设施建设。

可结合海绵城市建设，因地制宜地采用生态或人工设施调蓄储存雨水，如人工或自然水体、蓄水池或聚丙烯（PP）模块蓄水池等。

3. 海水利用

海水利用应当因地制宜，工程任务主要包括两部分：

（1）海水直接利用及输配管网工程。主要包括取水设施、输配水管道、简单处理设施以及提升泵站等，主要用于工业领域。

（2）海水淡化水利用工程。海水淡化主要包括膜法、热法及热膜耦合等淡化设施淡化后的海水利用，主要用于工业生产领域，沿海地区缺水城市和海岛的生活用水补充用水。具体工程主要包括海水淡化设施建设、"点对点"输配水管网建设、海水淡化水掺混调节池等设施建设。

4. 矿井水及苦咸水利用

在资源型缺水城镇，加快推动矿井水及苦咸水利用设施建设。水质符合标准的矿井水可直接用于生活和生产。具体工程主要包括两部分：一是矿井水及苦咸水取用及输配管网建设，主要包括取水设施、输配管道、泵站等；二是矿井水及苦咸水处理设施建设，根据水质成分的不同，可采用混凝沉淀、消毒等工艺。苦咸水的淡化方法与海水淡化相似。

（三）循环与循序利用工程

通过城镇、公共机构和建成区工业企业等不同尺度、不同层面的水循环利用系统建设，推进优水优用、循环利用和梯级利用，提高水的循环利用效率，最大限度地减少城市取水量和外排水量，促进节水减污、城市水环境保护和水生态修复。城镇节水改造工程宜侧重城市或城区尺度健康水循环构建相关工程、民用公共机构和公共建筑循环循序利用工程。

1. 城镇健康水循环构建

一是提倡城市健康水循环理念，积极推行水的循环利用和梯级利用。将污水和雨水视为城市新水源，构建"城市用水—排水—再生处理—水系水生态补给—城市用水"闭式水循环系统，实现再生水的多元利用、梯级利用和安全利用，促进城市新型供排水体系建设、水系和水生态修复体系建设。**二是**因地制宜，科学合理确定城市健康水循环系统建设方案和长效保持技术路线，融合人工措施与生态措施，有计划、有步骤地系统实施。

循环与循序利用工程的核心是建设再生水梯级循环利用系统。 将通过工程措施处理达到国家规定的标准要求后的再生水，排入人工湿地、河湖塘和城市景观水体等人工强化调控的水生态系统，经过自然储存和净化后再循环利用于工业、园林绿化、市政和生活杂用等，实现生态用水和工业、生活等用水的梯级利用和安全利用。主要工程包括：城市水体与地下水系的修复与改造，污水再生利用输配系统建设，人工湿地和河湖塘等水体水生态修复系统建设，再循环输配管网建设等。

2. 公共机构循环循序用水

公共机构和公共建筑的内部水的循环与循序利用主要包括中水利用、空调冷却循环水系统、水景、游泳池、生活热水、锅炉供水等。应当在科学评估用水效率基础上，对照有关标准，提出循环与循序利用系统改造要求，制定改造计划，分步实施改造。主要改造工程包括：

（1）公共建筑中水利用工程建设与改造。 单体建筑面积超过一定规模的新建公共建筑应当安装中水设施。以公共建筑的优质杂排水、杂排水或生活排水为水源，经集中或分散处理设施处理后，通过管道输送到回用部位。建筑中水工程设施的设计和建设要执行《建筑中水设计规范》（GB 50336），水质要求要执行国家《城镇污水再生利用》系列水质标准。

（2）其他循序利用工程建设和改造。 包括空调冷却循环水系统、水景补水系统、游泳池用水循环水系统、集中生活热水循环系统、锅炉用水循环系统等改造等。有关设施改造需要符合《建筑给水排水设计规范》（GB 50015）、《民用建筑节水设计标准》（GB 50555）、《工业循环水冷却设计规范》（GB/T 50102）、《游泳场所卫生标准》（GB 9667）、《游泳池给水排水工程技术规程》（CJJ 122）、《游泳池水质标准》（CJ 244）等标准的要求。

3. 居民住宅建筑中水设施

具有一定规模的新建住房应当安装中水设施，老旧住房逐步实施中水利用改造。鼓励居民家庭内部实行排水灰黑分离的一体化户内中水设施，推广中水洁厕。建筑中水工程设施的设计和建设要执行《建筑中水设计规范》（GB 50336），水质要求要执行国家《城镇污水再生利用》系列水质标准。

4. 城镇建成区工业企业节水技改

工业企业用水占城市用水的 60%～70%，而冷却用水占工业用水总量的 80%，节水潜力很大。应当分阶段、分步骤对日用水量大于 500 立方米/d 的工业企业开展水的循环与循序利用效率评估，在此基础上确定节水技改任务。

工业企业用水绩效技术指标主要包括工业用水重复利用率、循环冷却水浓缩倍数和取水定额三项技术指标，应根据行业运行数据和国家现行《取水定额》（GB 18916）系列标准和地方标准，通过分析研究确立本地区同类行业的用水效率标杆，通过标杆企业的运行数据确定绩效技术指标。缺乏同类行业用水数据的，可参考采用《取水定额》（GB/T 18916）规定值的 80% 作为标杆。

(1) 循环与循序利用工程用水效率的评估。根据当地水质全分析数据，通过水平衡测试和绘制用水量平衡图等措施，找出与标杆企业的节水差距和问题，识别节水潜力。

(2) 主要节水技改工程任务。通过规划设计完善给水及回用系统，提高重复利用率和循环冷却水浓缩倍数、降低取水定额、减少工业直排用水工艺和用水量等，推动节水绩效技术指标达标。同时，通过改变生产原料或用水方式、升级工艺和设备，实现少用水或不用水的清洁生产。

四、健全城镇节水机制

（一）强化规划引领

一是强化城市总体规划引领。城市总体规划编制要科学评估城市水资源承载能力，坚持以水定城、以水定地、以水定人、以水定产的原则，统筹给水、节水、排水、污水处理与再生利用，以及水安全、水生态和水环境的协调。按照有利于水循环、循序利用的原则，规划布局市政公用设施；明确城市蓝线管控要求，加强河湖水系保护。**二是**各城市要依据城市总体规划和控制性详细规划编制城市节水专项规划，提出切实可行的目标，从水的供需平衡、潜力挖掘、管理机制等方面提出工作对策、措施和详细实施计划，并与城镇供水、排水与污水处理、绿地、水系等规划相衔接。

（二）落实水效领跑者引领行动实施方案

落实《水效领跑者引领行动实施方案》，结合节水型城市、节水型居民小区、节水型公共建筑、节水型企业等创建工作，实施水效领跑者引领行动。

1. 节水型城市

2020 年以前，地级及以上缺水城市应当达到国家节水型城市标准的要求，2016—2020 年，符合标准要求的城市比例应当分别达到 30％、50％、70％、90％、100％。

符合国家节水型城市标准。地级及以上缺水城市符合《国家节水型城市考核标准》或经评估达到《城市节水评价标准》（GB/T 51083）Ⅰ级，其他地级及以上城市达到《城市节水评价标准》Ⅱ级及以上要求。

法规完善、制度落实到位。城市节水法规、政策完善，管理机构健全，节水财政投入有保障；强化城市规划引领，严格实施计划用水和定额管理、节水"三同时"管理、居民用水阶梯水价和非居民用水超计划累进加价、重点用水单位水平衡测试、节水统计等制度。

主要技术指标达标。（1）城市供水所有用户全部实现计量管理，实施"一户一表"改造和抄表到户，计量器具满足《城镇供水水量计量仪表的配备和管理通则》（CJ/T 3019）、《居民饮用水计量仪表安全规则》（CJ 3064）、《冷水水表》（GB/T 778）等标准要求；（2）城市建成区内节水型器具（含改造）普及率达到 100％，用水器具满足《节水型生活用水器具》（CJ/T 164）的要求；（3）居民生活用水符合《居民生活用水量标准》（GB/T 50331）要求，不高于基本文明水平人均用水量 130 升/（人·日）；（4）住宅、宿舍、旅馆、机关、办公楼、学校、医院、商场等民用建筑应符合《民用建筑节水设计标准》（GB 50555）要求；（5）推进建筑中水和雨水利用，满足《建筑中水设计规范》（GB 50336）、《建筑和小区雨水控制与利用工程技术规范》（GB 50400）要求；（6）城市供水管网漏损率不高于《城镇供水管网漏损控制及评定标准》（CJJ 92）；（7）地级及以上缺水城市污水再生利用率不低于 20%，满足《污水再生利用工程设计规范》（GB 50335）、《城镇污水再生利用》水质系列标准等要求。

建成区无黑臭水体。推进海绵城市建设，建成区内无黑臭水体。

2. 节水型居民小区

节水型居民小区应当至少符合以下要求：

技术指标达标。节水型器具普及率达到 100%，用水器具满足《节水型生活用水器具》（CJ/T 164）的要求；居民生活用水达到《居民生活用水量标准》（GB/T 50331），不高于基本文明水平人均用水量 130 升/（人·日）；再生水、雨水利用情况符合当地有关标准要求。

设施设备管理到位。完成一户一表改造，用水有三级（小区总表、楼总表、居民住户）计量；用水设备（设施）运行良好、管理规范；无违章用水和浪费水现象。

组织管理和宣传到位。有负责节水管理的机构和人员，管理责任明确；有计划的开展节水宣传教育。

3. 节水型公共建筑

公共建筑包括写字楼、政府部门办公室等办公建筑，商场、金融建筑等商业建筑，酒店、娱乐场所等旅游建筑，文化、教育、科研、医疗、卫生、体育建筑等科教文卫建筑，邮电、通讯、广播用房等通信建筑，以及机场、火车站等交通运输类建筑等。

节水型公共建筑应当至少符合以下要求：

技术指标达标。旅馆、机关、办公楼、学校、医院、商场等民用建筑应符合《民用建筑节水设计标准》（GB 50555）要求；水表计量率、用水设施漏损率、卫生洁具设备漏水率、空调设备冷却水循环利用率、锅炉蒸汽冷凝水回收率等符合有关标准要求。再生水、雨水利用情况符合当地有关标准的要求。

组织管理到位。主管领导负责节水工作且建立会议制度；设立节水主管部门和专（兼）职节水管理人员；具备健全的节水管理网络和明确的岗位责任制；开展经常性节水宣传教育。

计划用水与定额管理执行到位。建立计划用水和节约用水的具体管理制度及计量管理制度；实行指标分解或定额管理；完成节水指标和年度节水计划。

用水设施管理到位。具有近期完整的管网图和计量网络图；用水设备管道器具有定期检修制度，已使用的节水设备管理完好且运行正常。

用水管理到位。原始记录和统计台账完整规范，并按时完成统计报表及分析，定期开展巡检，按规定进行水平衡测试或评估。

4. 节水型企业

综合考虑行业的取水量、节水潜力、技术发展趋势以及用水统计、计量、标准等情况，选择城市建成区内的火力发电、钢铁、纺织染整、造纸、石油炼制、煤化工、化工、制革、制药、食品加工等重点用水行业实施水效领跑者制度。

节水型企业应当至少符合以下要求：

用水节水技术指标先进。（1）单位产品取水量应符合《取水定额》（GB/T 18916）系列标准（火力发电、钢铁联合企业、石油炼制、纺织染整产品、造纸产品、啤酒制造、酒精制造、合成氨、味精制造、医药产品、选煤、氧化铝生产、乙烯生产、毛纺织产品、白酒制造、电解铝生产等）所有部分的要求。（2）万元工业增加值取水量、重复利用率、间接冷却水循环率、冷凝水回用率、废水再生回用率等应达到行业或当地先进水平。（3）用水综合漏损率应达到行业或当地先进水平。（4）非常规水资源利用率（替代率）符合当地有关标准要求。

管理制度到位。（1）有负责节水管理的机构和人员；（2）有节水的具体管理制度、计量统计制度健全；（3）新、改、扩建项目时应做到节水"三同时"；（4）依据节水主管部门下达的用水计划，按照企业内部生产情况，将定额指标分解到工艺环节/车间/班组；（5）原始记录和统计台账完整，按照规范完成统计报表。

设施设备管理到位。（1）有近期完整的管网图和水平衡图，定期对用水管道、设备等进行检修；（2）计量设备配备符合《用水单位水计量器具配备和管理通则》（GB 24789）的要求；（3）没有使用国家明令淘汰的用水设备和器具。

定期开展水平衡测试。依据《企业水平衡测试通则》（GB/T 12452）定期开展水平衡测试。

（三）推广节水产品认证管理制度

按照国家发展改革委、住房城乡建设部（原国家经贸委、建设部）《关于开展节水产品认证工作的通知》（节水器管字〔2002〕001 号）要求，依据《节水型生活用水器具》（CJ/T 164）标准，推广和实施节水产品认证管理制度。认证机构、认证培训机构、认证咨询机构应当经国务院认证认可监督管理部门批准，并依法取得法人资格。从事节水产品认证活动的认证机构，应当具备与从事节水产品认证活动相适应的检测、检查等技术能力，相关检查机构、实验室，应当经依法认定。开展节水产品认证活动应当遵守以下基本程序：产品认证申请→样品检验→初始认证工厂现场检查→认证结果评定与批准→获证后的监督→认证变更→认证复评。

各地应当积极培育节水产品认证机构，强化认证管理。采取经济激励等措施，鼓励水嘴、便器、便器冲洗阀、淋浴器、洗衣机、洗碗机等用水产品的生产企业依法取得节水产品认证。

（四）落实水效标识管理制度

国家对节水潜力大、使用数量多的用水产品实行水效标识制度，制定并公布产品目录，确定统一适用的产品水效标准、实施规则、水效标识样式和规格。列入产品目录的产品应当标识其产品水效等级。城市节水工作中，结合新、改、扩建项目节水"三同时"制度落实，鼓励和指导有关单位选用水效高的用水产品。

（五）强化城镇节水关键制度落实

城镇人民政府要重点抓好节水"三同时"管理、计划用水与定额管理及超额累进加价、居民阶梯式水价制度的落实。

1. 实施节水"三同时"管理

新建、改建和扩建建设工程节水设施必须与主体工程同时设计、同时施工、同时投入使用。城市建设（城市节水）主管部门要主动配合相关部门，在城市规划、施工图设计审查、建设项目施工、监理、竣工验收备案等管理环节强化"三同时"制度的落实。政府明确落实程序，建立联动机制，加强信息沟通共享，强化节水设施建设的事中、事后监管。

2. 实施计划用水与定额管理及累进加价制度

应严格执行国家或者行业主管部门已实施的用水定额标准，或者省级部门制定的严于国家用水定额标准的地方用水定额标准。对非居民和特种用水户，实行计划用水管理，要特别加强对双水源（多水源）用水户的计划管理。要与供水企业建立用水量信息共享机制，加强用水监控。有条件的地区要建立城市供水管网数字化管控平台，加强用水计划的动态管理，特别是对用水大户的监控。

对超定额、超计划用水的，政府应制定累进加价征收制度并实施，对高耗水行业企业可适当提高征收标准。超计划（定额）用水加价水费实行收支两条线，纳入政府非税收入管理，用于城镇节水工作。

3. 实施居民用水阶梯水价

各地应加快居民阶梯水价制度实施。城镇人民政府应出台相关配套政策从源头上确保新建住户一户一表，制定老旧小区一户一表改造计划并实施；出台包括财政资金投入等鼓励改造的政策措施，鼓励居民户主动改造；加快阶梯计量收费的信息化建设；做好宣传引导工作，形成社会共识。

（六）推行合同节水管理

在城镇节水改造领域，推广政府和社会资本合作（PPP）模式，借鉴合同能源管理制度，以分享节水效益为基础，推动社会资本参与城市节水，推行节水合同管理。

1. 主要适用领域。节水服务机构为政府或用水户提供节水诊断、融资、技术和节水技改等专业化服务，实施节水投资、规划、建设、运营一体化服务模式，提高投资效益，以及服务效率。**合同节水管理适宜项目有：**市政供水 DMA 计量管理、公共机构及工业企业节水技改、工业企业清洁生产（污水零排放）、建筑中水、污水再生利用等。

2. 社会资本收益取得方式。节水服务机构通过与用户签订节水管理服务合同，节水服务机构以节水效益分享方式回收投资和获得合理利润，一般可利用节水量和水价差等利润空间实施合同节水管理。

3. 完善配套制度政策。推动建立健全费价机制、运营补贴、合同约束、信息公开、过程监管、绩效考核、扶持优惠等一系列改革配套制度，既保障社会公众利益不受损害，又保障投资者合法权益，为城市节水的 PPP 和合同节水管理实施创造制度条件。

（七）开展水平衡测试

水平衡测试是对用水单位进行科学管理的有效方法，也是进一步做好城市节约用水工作的基础，应当作为节水管理部门对用水单位核定和调整用水计划指标的重要依据。城市节水管理部门应当依据《企业水平衡测试通则》（GB/T 12452）、《用水单位水计量器具配备和管理通则》（GB 24789）、《企业用水统计通则》（GB/T 26719）以及《城市节水评价标准》（GB/T 51083）、《节水型企业评价导则》（GB/T 7119）的要求，按照分期分批实施、滚动推进的原则开展水平衡测试；鼓励用水单位委托水平衡专业测试机构开展水平衡测试。

（八）做好城市节水统计

1. 建立节水统计报表制度。节水统计分为国家、城市和用水户三级。省级建设（城市节水）主管部门可依据国家层面统计报表要求，结合本省工作需要制定相应的节水统计报表制度和指标，经同级统计部门批准后执行。各城市应当建立城市节水管理统计报表制度并经同级统计部门批准后执行。

2. 做好基层单位的节水统计工作。基层城市节水管理部门要重视节水统计工作，强化培训、督查等，确保统计信息准确可靠。

五、完善保障措施

（一）组织保障

各地要制定和完善城市规划、建设和市政公用事业方面的节水制度、办法和具体标准，加大对城市节水工作的指导力度。督促城镇人民政府将建设节水型城市作为改善人居环境的重要基础工作，统筹部署，加大投入，健全保障措施，形成长效工作机制。

地方人民政府设立的城市节水管理机构应当负责承担城市节水的日常管理工作。落实计划用水与定额管理、节水"三同时"、节水统计、水平衡测试、合同节水管理等节水制度和措施以及城市节水规划任务，依托市政公用事业及其服务平台，具体实施城市节水管理，开展节水科技宣传和公众教育，带动全民参与。

（二）资金保障

一是完善资金保障机制。城镇人民政府应加大投入，发挥当地财政的杠杆作用，采取以奖代补、直接补贴等形式，撬动企业单位节水资金投入，促进企业用水转型升级。鼓励和引导社会资本参与节水诊断、水平衡测试、设施改造等专业服务。**二是完善财税、金融支持政策。**城镇人民政府应完善财税鼓励政策，制定城镇节水改造项目税收扶持政策，完善相关会计制度。鼓励城镇节水改造项目同步发行绿色债券募资。鼓励金融机构开展绿色信贷，探索运用互联网＋供应链金融方式，加大对城镇节水改造项目的信贷资金支持。有效发挥政策性银行引导作用，以低息贷款、延长信贷周期等方式，优先支持城镇节水改造项目。鼓励金融资本、民间资本、创业与私募股权基金等设立城镇节水改造产业投资基金，财政资金及地方政府投融资平台可通过认购基金股份等方式予以支持。

（三）公众参与

城镇人民政府及其住房城乡建设等相关职能部门，要积极鼓励引导公众和机构参与到节约用水活动中来，开展全民节水行动计划。充分利用"世界水日""全国城市节水宣传周""节能宣传周"等契机，大力开展城市节水宣传，调动全民参与。在全社会普及节水理念和节水方法，提高全社会每个人的节水意识，让节水理念深入人心，成为每个人的自觉行动。

关于印发《全民节水行动计划》的通知

发改环资〔2016〕2259号

各省、自治区、直辖市及计划单列市、新疆生产建设兵团发展改革委、水利厅、住房城乡建设厅（建委）、水务局、农业（农牧、农村经济）厅（委、局）、经信委（经委、工信厅、经发局）、科技厅、教育厅、质量技术监督局（市场监督管理部门）、机关事务管理局：

为贯彻落实《中华人民共和国国民经济和社会发展第十三个五年规划纲要》关于实施全民节水行动计划的要求，推进各行业、各领域节水，在全社会形成节水理念和节水氛围，全面建设节水型社会，我们组织编制了《全民节水行动计划》。现印发你们，请各地区、各有关部门根据本行动计划要求，加强协调配合，落实工作责任，扎实开展工作，确保各项任务措施落到实处。

附件：全民节水行动计划

国家发展改革委
水　利　部
住房城乡建设部
农　业　部
工业和信息化部
科　技　部
教　育　部
国家质检总局
国家机关事务管理局
2016年10月28日

全民节水行动计划

我国水资源时空分布不均，人均水资源量较低，供需矛盾突出，加之受经济结构、发展阶段和全球气候变化影响，水资源短缺已经成为经济社会可持续发展的突出瓶颈制约，高效合理利用水资源成为我国经济社会可持续发展和生态文明建设的重要内容。《国民经济和社会发展第十三个五年规划纲要》提出要实施全民节水行动计划，在农业、工业、服务业等各领域，城镇、乡村、社区、家庭等各层面，生产、生活、消费等各环节，通过加强顶层设计，创新体制机制，凝聚社会共识，动员全社会深入、持久、自觉的行动，以高效的水资源利用支撑经济社会可持续发展。

一、农业节水增产行动

（一）优化调整种植业结构。充分考虑水资源禀赋条件，优化调整农业种植结构。在严重缺水的地下水漏斗区开展休耕试点，严格限制种植高耗水农作物，鼓励种植耗水少、附加值高的农作物。地下水易受污染地区优先种植需肥需药量低、环境效益突出的农作物。控制或压缩华北、西北等地下水超采区种植面积，鼓励华北、西北地区种植耐旱作物，适当调减东北地区高耗水作物种植面积。

（二）大力发展旱作节水农业。在旱作区，充分利用自然降水，突出农艺节水与工程节水措施集成配套，积极发展集雨节灌，大力推广覆盖保墒、膜下滴灌、保护性耕作等技术，开展土壤水库、集水窖池和设施棚面集雨等工程建设。结合灌溉设施建设水肥一体化等技术，提高水肥资源利用效率。到 2020 年，全国水肥一体化技术推广面积达到 1.5 亿亩。

（三）发展农业节水灌溉。加快大中型灌排骨干工程建设与配套改造，开展灌区现代化改造试点，加强田间渠系配套、"五小水利"工程、农村河塘清淤整治等小型农田水利设施建设，完善农田灌排工程体系。因地制宜普及推广喷灌、微灌等先进适用节水灌溉技术，全面实施区域规模化高效节水灌溉。缺水地区大型及重点中型灌区和井灌区率先达到国家节水灌溉技术标准要求。推行农业灌溉用水总量控制和定额管理，推行农业水价综合改革，健全农业节水倒逼和激励机制。到 2020 年，完成大型灌区和重点中型灌区续建配套与节水改造规划任务，全国节水灌溉工程面积达到 7 亿亩左右。

（四）完善养殖业节水配套建设。加快牧区水利建设，配套发展高效节水灌溉饲草基地。实施规模化养殖场的标准化建设和改造工程，畜禽养殖场要配套建设粪便污水贮存、处理、利用设施。散养密集区要实施污水分户收集、集中处理。开展废水适度再生利用试点。

二、工业节水增效行动

（一）优化高耗水行业空间布局。严格落实主体功能区规划，依据水资源条件，确定产业发展重点与布局。在生态脆弱地区、严重缺水地区、地下水超采地区，实行负面清单管理，严控新上或扩建高耗水、高污染项目。推动高耗水行业沿江、沿海布局，并向工业园区集中。

（二）提高工业用水效率。将用水效率作为产业结构调整的重要依据，加快建设节水型企业，在缺水地区严格限制高耗水行业增长。制定国家关于工业用水技术、工艺、产品和设备的鼓励和淘汰目录。推动企业通过整体设计、过程控制和深化管理，挖掘节水潜力，提升用水效率，开展水效对标达标改造。到 2020 年，规模以上企业工业用水重复利用率达到 91% 以上，万元工业增加值用水量下降到 48 立方米以下。

（三）加强工业节水管理。根据水资源赋存情况和水资源管理要求，科学制定工业行业的用水定额，逐步降低产品用水单耗。探索建立用水超定额产能的淘汰制度，倒逼企业提高节水能力。完善企业节水管理制度，建立科学合理的节水管理岗位责任制，健全企业节水管理机构和人员，实施企业内部节水评价，加强节水目标责任管理和考核。加快智能水表推广使用，鼓励重点监控用水企业建立用水量在线采集、实时监测的管控系统。

三、城镇节水降损行动

（一）推行城市供水管网漏损改造。科学制定和实施供水管网改造技术方案，完善供水管网检漏制度，加强公共供水系统运行的监督管理。对受损失修、材质落后和使用年限超过50年的供水管网进行改造，到2020年，在100个城市开展分区计量、漏损节水改造，完成供水管网改造工程规模约7万公里，全国公共供水管网漏损率控制在10%以内。

（二）推动重点高耗水服务业节水。推进餐饮、宾馆、娱乐等行业实施节水技术改造，在安全合理的前提下，积极采用中水和循环用水技术、设备。各地应当根据实际情况确定特种用水范围，执行特种用水价格。

（三）实施建筑节水。大力推广绿色建筑，民用建筑集中热水系统要采取水循环措施，限期改造不符合无效热水流出时间标准要求的热水系统。2018年起大型新建公共建筑和政府投资的住宅建筑应安装建筑中水设施。鼓励居民住宅使用建筑中水，将洗衣、洗浴和生活杂用等污染较轻的灰水收集并经适当处理后，循序用于冲厕。新建公共建筑必须采用节水器具，在新建小区中鼓励居民优先选用节水器具。

（四）开展园林绿化节水。城市园林绿化要选用节水耐旱型树木、花草，采用喷灌、微灌等节水灌溉方式，加强公园绿地雨水、再生水等非常规水源利用设施建设，严格控制灌溉和景观用水。

（五）全面建设节水型城市。强化规划引领，在城市总体规划、控制性详细规划中落实城市节水要求，以水定产、以水定城。实施城镇节水综合改造，全面推进污水再生利用和雨水资源化利用。地级及以上缺水城市达到《国家节水型城市考核标准》或《城市节水评价标准》（Ⅱ级及以上）标准要求。

四、缺水地区节水率先行动

（一）严格水资源刚性约束。以县域为单元开展水资源承载能力评价，建立预警体系，发布预警信息。加强相关规划和项目建设布局水资源论证工作，严格执行建设项目水资源论证制度。对纳入取水许可管理的单位和公共供水管网内的用水大户，实行计划用水管理。建立健全计划用水和节水统计制度。严格用水定额管理，实施节水设施"三同时"管理。

（二）完善节水基础设施建设。加快供水管网更新改造和管理能力提升工程，在北京、天津等地区率先推行供水管网独立分区计量管理（DMA），到 2020 年，缺水地区城市管网漏损率必须控制到 10％以下。强化用水检测计量，提高用水计量器具配备率，缺水城市对使用自来水的市政杂用、园林绿化、消防等领域实现装表计量。

（三）加快推进水价改革。深入推进农业水价综合改革，建立健全农业水价形成机制，建立精准补贴和节水奖励机制。严格执行非居民用水超定额、超计划累进加价和特殊行业用水水价政策，全面落实居民用水阶梯水价政策，完善适时调整机制，健全农村生活用水价格管理机制。

（四）积极利用非常规水源。在建设城市污水处理设施时，应预留再生处理设施空间，根据再生水用户布局配套再生储存和输配设施。加快污水处理及再生利用设施提标改造，增加高品质再生水利用规模。应在城市绿化、道路清扫、车辆冲洗、建筑施工、生态景观等领域优先使用再生水。到 2020 年缺水城市再生水利用率达到 20％以上，京津冀区域达到 30％以上。沿海缺水城市和海岛，要将海水淡化作为水资源的重要补充和战略储备。在有条件的城市，加快推进海水淡化水作为生活用水补充水源，鼓励地方支持主要为市政供水的海水淡化项目，实施海岛海水淡化示范工程。推进海绵城市建设，降低硬覆盖率，提升地面蓄水、渗水和涵养水源能力。到 2020 年，全国城市建成区 20％以上的面积达到海绵城市建设目标要求。

（五）推进苦咸水水质改良工程。重点在陕西洛河（吴旗段）、甘肃环江河（庆阳段）、新疆塔里木河、宁夏苦水河等流域开展河水淡化工程应用。在甘肃陇东地区、河西地区、新疆和田地区、若羌地区、内蒙古北部高原等区域开展地下苦咸水淡化、高氟水处理工程建设。推进苦咸水地区饮用水水质改良工程，基本保证苦咸水地区用水安全。

五、产业园区节水减污行动

（一）构建有利于水循环的园区产业体系。将节水及水循环利用作为园区资源循环化改造的重要内容。鼓励入园企业开展企业间的串联用水、分质用水、一水多用和循环利用，建立园区企业间循环、集约用水产业体系。在大涌水量矿区，严格水资源论证，鼓励符合条件的地区将矿井水纳入水资源统一配置，在满足煤矿用水的基础上，供给矿区周边工业企业用水。

（二）提升园区污水处理和再生利用率。新建园区必须规划建立适当的供排水、水处理及梯级循环利用设施，工业废水必须经预处理达到集中处理要求方可进入污水处理设施。加强园区供、排水监测，提高园区污水处理市场化程度，搭建园区节水、废水处理及资源化专业技术服务支撑体系和服务平台，推动节水型工业园区建设。

六、节水产品推广普及行动

（一）建立用水效率标识制度。研究出台用水效率标识管理办法，对节水潜力大、适用面广的用水产品实行用水效率标识制度。依据水效强制性国家标准，开展产品水效检测，确定产品水效等级。制定并公布水效标识产品目录和水效标识实施规则，强制列入目录的产品标注统一的水效标识。

（二）推广节水产品认证。加强节水评价标准与认证技术规范的研究，增加节水产品认证覆盖范围。加大节水产品认证的管理与采信力度，扩大政府采购清单中节水产品的类别。选择部分节水效果显著、性能比较成熟的获证产品予以优先或强制采购。

（三）实施高效节水产品"以旧换新"。制定和实施坐便器、水嘴、洗衣机等用水产品"以旧换新"政策，结合水效标识管理办法和水效国家强制性标准，推动非节水型产品换装改造。鼓励生产厂家开展"以旧换新"活动，鼓励地方政府投入专项资金，激励用水户和生产企业广泛参与。

七、节水产业培育行动

（一）推行合同节水管理。以节水效益分享、节水效果保证、用水费用托管为模式，在公共机构、高耗水工业、高耗水服务业、高效节水灌溉等领域，率先推行合同节水管理，鼓励专业化服务公司通过募集资本、集成技术，为用水单位提供节水改造和管理，形成基于市场机制的节水服务模式。鼓励节水服务企业整合市场资源要素，加强商业模式创新，培育具有竞争力的大型现代节水服务企业。探索工业水循环利用设施、集中建筑中水设施委托运营服务机制。

（二）推进节水技术装备研发及产业化。2017年底前修订完善节水技术政策大纲，推动节水技术进步。整合科技资源开展专项攻关，建立综合节水理论与方法，研发一批先进适用的节水新技术与新产品，提高节水关键技术的系统性和整体性，建立"节水适用技术成果库"。积极开展节水技术、产品的评估及推荐服务，鼓励形成节水产业技术创新联盟。加强成果转化应用，大力推广成熟高效的节水工艺技术和设备产业化，支持节水产品设备制造。修订并完善农机购置补贴目录，扩大节水灌溉设备购置补贴范围。推动用水精确测量、计量传感器及相关配套设备开发及产业化。

八、公共机构节水行动

（一）积极开展公共机构节水改造。完善用水计量器具配备，推进用水分户分项计量，在高等院校、公立医院推广用水计量收费。推广应用节水新技术、新工艺和新产品，鼓励采用合同节水管理模式实施节水改造，提高节水器具使用率，强制或优先采购列入政府采购清单的节水产品。

（二）加强公共机构节水管理。完善公共机构节水管理规章制度，严格用水设施设备日常管理，杜绝跑冒滴漏。开展节水培训，提高公共机构干部职工及用水管理人员的节水意识和能力。建立完善考核奖励体系。加强示范引领作用，组织开展节水型单位和节水标杆单位建设。

九、节水监管提升行动

（一）严格用水强度管理。把万元国内生产总值用水量、万元工业增加值用水量和农田灌溉水有效利用系数逐级分解到省、市、县三级行政区，明确区域用水强度控制要求。健全节水标准体系，严格用水定额和计划管理，强化行业和产品用水强度控制。按照各地用水强度控制要求，编制节水型社会建设"十三五"规划和行业节水规划，并纳入地方国民经济和社会发展规划。开展节水型社会综合示范，全面推进节水型社会建设，缺水地区率先达到节水型社会建设标准。

（二）严格节水考核和执法监管。逐级建立用水强度控制目标责任制，将目标任务分解落实到各级地方人民政府。全面实施最严格水资源管理制度考核，对严重缺水地区，突出节水考核要求，严格责任追究。建立节水部门联动执法机制，加大执法力度，严厉查处违法取用水行为。

十、全民节水宣传行动

（一）广泛开展节水宣传。充分利用各类媒体，结合"世界水日""中国水周""全国城市节约用水宣传周"开展深度采访、典型报道等节水宣传，提高民众节水忧患意识。加大微博、微信、手机报等新媒体节水新闻报道力度。开展"节水在路上"主题宣传和节水护水志愿服务活动。

（二）加强节水教育培训。在学校开展节水和"洁水"教育。组织开展水情教育员、节水辅导员培训和节水课堂、主题班会、学校节水行动等中小学节水教育社会实践活动。推进节水教育社会实践基地建设工作。举办节水培训班，加强对市、县级节水管理队伍的培训。

（三）倡导节水行为。组织节水型居民小区评选，组织居民小区、家庭定期开展参与性、体验性的群众创建活动。通过政策引导和资金扶持，组织高效节水型生活用水产品走进社区，鼓励百姓购买使用节水产品。开展节水义务志愿者服务，推广普及节水科普知识和产品。制作和宣传生活节水指南手册，鼓励家庭实现一水多用。

国务院办公厅关于推进海绵城市
建设的指导意见

国办发〔2015〕75 号

各省、自治区、直辖市人民政府，国务院各部委、各直属机构：

海绵城市是指通过加强城市规划建设管理，充分发挥建筑、道路和绿地、水系等生态系统对雨水的吸纳、蓄渗和缓释作用，有效控制雨水径流，实现自然积存、自然渗透、自然净化的城市发展方法。《国务院关于加强城市基本公共工程建设的意见》（国发〔2013〕36 号）和《国务院办公厅关于做好城市排水防涝设施建设工作的通知》（国办发〔2013〕23 号）印发以来，各有关方面主动贯彻新型城镇化和水安全战略有关要求，有序推进海绵城市建设试点，在有效防治城市内涝、保障城市生态安全等方面取得了积极成效。为加快推进海绵城市建设，修复城市水生态、涵养水资源，增强城市防涝能力，扩大公共产品有效投资，提高新型城镇化质量，促进人与自然和谐发展，经国务院同意，现提出以下意见：

一、总体要求

（一）工作目标。通过海绵城市建设，综合采取"渗、滞、蓄、净、用、排"等措施，最大限度地减少城市开发建设对生态环境的影响，将 70％的降雨就地消纳和利用。到 2020 年，城市建成区 20％以上的面积达到目标要求；到 2030 年，城市建成区 80％以上的面积达到目标要求。

（二）基本原则。

坚持生态为本、自然循环。充分发挥山水林田湖等原始地形地貌对降雨的积存作用，充分发挥植被、土壤等自然下垫面对雨水的渗透作用，充分发挥湿地、水体等对水质的自然净化作用，努力实现城市水体的自然循环。

坚持规划引领、统筹推进。因地制宜确定海绵城市建设目标和具体指标，科学编制和严格实施相关规划，完善技术标准规范。统筹发挥自然生态功能和人工干预功能，实施源头减排、过程控制、系统治理，切实提高城市排水、防涝、防洪和防灾减灾能力。

坚持政府引导、社会参与。发挥市场配置资源的决定性作用和政府的调控引导作用，加大政策支持力度，营造优良发展环境。主动推广政府和社会资本合作（PPP）、特许经营等模式，吸引社会资本广泛参与海绵城市建设。

二、加强规划引领

（三）科学编制规划。编制城市总体规划、控制性详细规划以及道路、绿地、水等相关专项规划时，要将雨水年径流总量控制率作为其刚性控制指标。划定城市蓝线时，要充分考虑自然生态空间格局。建立区域雨水排放管理制度，明确区域排放总量，不得违规超排。

（四）严格实施规划。将建筑与小区雨水收集利用、可渗透面积、蓝线划定与保护等海绵城市建设要求作为城市规划许可和项目建设的前置条件，保持雨水径流特征在城市开发建设前后大体一致。在建设工程施工图审查、施工许可等环节，要将海绵城市相关工程措施作为重点审查内容；工程竣工验收报告中，应当写明海绵城市相关工程措施的落实情况，提交备案机关。

（五）完善标准规范。抓紧修订完善与海绵城市建设相关的标准规范，突出海绵城市建设的关键性内容和技术性要求。要结合海绵城市建设的目标和要求编制相关工程建设标准图集和技术导则，指导海绵城市建设。

三、统筹有序建设

（六）统筹推进新老城区海绵城市建设。从 2015 年起，全国各城市新区、各类园区、成片开发区要全面落实海绵城市建设要求。老城区要结合城镇棚户区和城乡危房改造、老旧小区有机更新等，以解决城市内涝、雨水收集利用、黑臭水体治理为突破口，推进区域整体治理，逐步实现小雨不积水、大雨不内涝、水体不黑臭、热岛有缓解。各地要建立海绵城市建设工程项目储备制度，编制项目滚动规划和年度建设计划，避免大拆大建。

（七）推进海绵型建筑和相关基本公共工程建设。推广海绵型建筑与小区，因地制宜采取屋顶绿化、雨水调蓄与收集利用、微地形等措施，提高建筑与小区的雨水积存和蓄滞能力。推进海绵型道路与广场建设，改变雨水快排、直排的传统做法，增强道路绿化带对雨水的消纳功能，在非机动车道、人行道、停车场、广场等扩大使用透水铺装，推行道路与广场雨水的收集、净化和利用，减轻对市政排水系统的压力。强力促进城市排水防涝设施的达标建设，加快改造和消除城市易涝点；实施雨污分流，控制初期雨水污染，排入自然水体的雨水须经过岸线净化；加快建设和改造沿岸截流干管，控制渗漏和合流制污水溢流污染。结合雨水利用、排水防涝等要求，科学布局建设雨水调蓄设施。

（八）推进公园绿地建设和自然生态修复。推广海绵型公园和绿地，通过建设雨水花园、下凹式绿地、人工湿地等措施，增强公园和绿地系统的城市海绵体功能，消纳自身雨水，并为蓄滞周边区域雨水提供空间。加强对城市坑塘、河湖、湿地等水体自然形态的保护和恢复，禁止填湖造地、截弯取直、河道硬化等破坏水生态环境的建设行为。恢复和保持河湖水系的自然连通，构建城市良性水循环系统，逐步改善水环境质量。加强河道系统整治，因势利导改造渠化河道，重塑健康自然的弯曲河岸线，恢复自然深潭浅滩和泛洪漫滩，实施生态修复，营造多样性生物生存环境。

四、完善支持政策

（九）创新建设运营机制。区别海绵城市建设项目的经营性与非经营性属性，建立政府与社会资本风险分担、收益共享的合作机制，采取明晰经营性收益权、政府购买服务、财政补贴等多种形式，鼓励社会资本参与海绵城市投资建设和运营管理。强化合同管理，严格绩效考核并按效付费。鼓励有实力的科研设计单位、施工企业、制造企业与金融资本相结合，组建具备综合业务能力的企业集团或联合体，采用总承包等方法统筹组织实施海绵城市建设相关项目，发挥整体效益。

（十）加大政府投入。中央财政要发挥"四两拨千斤"的作用，通过现有渠道统筹安排资金予以支持，主动引导海绵城市建设。地方各级人民政府要进一步加大海绵城市建设资金投入，省级人民政府要加强海绵城市建设资金的统筹，城市人民政府要在中期财政规划和年度建设计划中优先安排海绵城市建设项目，并纳入地方政府采购范围。

（十一）完善融资支持。各有关方面要将海绵城市建设作为重点支持的民生工程，充分发挥开发性、政策性金融作用，鼓励相关金融机构主动加大对海绵城市建设的信贷支持力度。鼓励银行业金融机构在风险可控、商业可持续的前提下，对海绵城市建设提供中长期信贷支持，主动开展购买服务协议预期收益等担保创新类贷款业务，加大对海绵城市建设项目的资金支持力度。将海绵城市建设中符合条件的项目列入专项建设基金支持范围。支持符合条件的企业通过发行企业债券、公司债券、资产支持证券和项目收益票据等募集资金，用于海绵城市建设项目。

五、抓好组织落实

城市人民政府是海绵城市建设的责任主体，要把海绵城市建设提上重要日程，完善工作机制，统筹规划建设，抓紧启动实施，增强海绵城市建设的整体性和系统性，做到"规划一张图、建设一盘棋、管理一张网"。住房城乡建设部要会同有关部门督促指导各地做好海绵城市建设工作，继续抓好海绵城市建设试点，尽快形成一批可推广、可复制的示范项目，经验成熟后及时总结宣传、有效推开；发展改革委要加大专项建设基金对海绵城市建设的支持力度；财政部要主动推进 PPP 模式，并对海绵城市建设给予必要资金支持；水利部要加强对海绵城市建设中水利工作的指导和监督。各有关部门要按照职责分工，各司其职，密切配合，共同做好海绵城市建设相关工作。

国务院办公厅
2015 年 10 月 11 日

住房和城乡建设部办公厅关于进一步明确
海绵城市建设工作有关要求的通知

建办城〔2022〕17 号

各省、自治区住房和城乡建设厅，直辖市住房和城乡建设（管）委、水务局，新疆生产建设兵团住房和城乡建设局：

近年来，各地认真贯彻习近平总书记关于海绵城市建设的重要指示批示精神，采取多种措施推进海绵城市建设，对缓解城市内涝发挥重要作用。但一些城市存在对海绵城市建设认识不到位、理解有偏差、实施不系统等问题，影响海绵城市建设成效。为落实"十四五"规划《纲要》有关要求，扎实推动海绵城市建设，增强城市防洪排涝能力，现就有关要求通知如下：

一、深刻理解海绵城市建设理念

（一）准确把握海绵城市建设内涵。海绵城市建设应通过综合措施，保护和利用城市自然山体、河湖湿地、耕地、林地、草地等生态空间，发挥建筑、道路、绿地、水系等对雨水的吸纳和缓释作用，提升城市蓄水、渗水和涵养水的能力，实现水的自然积存、自然渗透、自然净化，促进形成生态、安全、可持续的城市水循环系统。

（二）明确海绵城市建设主要目标。海绵城市建设是缓解城市内涝的重要举措之一，能够有效应对内涝防治设计重现期以内的强降雨，使城市在适应气候变化、抵御暴雨灾害等方面具有良好"弹性"和"韧性"。

二、明确实施路径

（三）突出全域谋划。海绵城市建设要在全面掌握城市水系演变基础上，着眼于流域区域，全域分析城市生态本底，立足构建良好的山水城关系，为水留空间、留出路，实现城市水的自然循环。要理清城市竖向关系，不盲目改变自然水系脉络，避免开山造地、填埋河汊、占用河湖水系空间等行为。

（四）坚持系统施策。海绵城市建设应从"末端"治理向"源头减排、过程控制、系统治理"转变，从以工程措施为主向生态措施与工程措施相融合转变，避免将海绵城市建设简单作为工程项目推进。既要扭转过度依赖工程措施的治理方式，也要改变只强调生态措施和源头治理的思路，避免从一个极端走向另一个极端。

（五）坚持因地制宜。海绵城市建设应聚焦城市建成区范围内因雨水导致的问题，以缓解城市内涝为重点，统筹兼顾削减雨水径流污染，提高雨水收集和利用水平。避免无限扩大海绵城市建设内容，将传统绿化、污水收集处理设施建设等项目作为海绵城市建设项目，将海绵城市建设机械理解为建设透水、下渗设施。海绵城市建设应坚持问题导向和目标导向，结合气候地质条件、场地条件、规划目标和指标、经济技术合理性、公众合理诉求等因素，灵活选取"渗、滞、蓄、净、用、排"等多种措施组合，增强雨水就地消纳和滞蓄能力。

（六）坚持有序实施。海绵城市建设应加强顶层设计，统筹谋划、有序实施。应结合城市更新行动，急缓有序、突出重点，优先解决积水内涝等对人民群众生活生产影响大的问题，优先将建设项目安排在短板突出的老旧城区，向地下管网等基础设施倾斜。

三、科学编制海绵城市建设规划

（七）合理确定规划目标和指标。规划目标和指标应在摸清排水管网、河湖水系等现状基础上，针对城市特点合理确定，明确雨水滞蓄空间、径流通道和设施布局。避免将排水防涝、污水处理、园林绿地等专项规划任务简单叠加，防止将海绵城市建设规划局限于对可渗透地面面积比例、雨水年径流总量控制率等指标的分解。

（八）合理划分排水分区。海绵城市建设应考虑城市自然地形地貌、河湖水系分布、高程竖向、排水设施布局等因素，合理划分排水分区，顺应自然肌理、地形和水系关系，"高水高排、低水低排"，避免将地势较高、易于排水的区域与低洼区域划分在同一排水分区，防止将城市规划控规单元、行政区划边界作为排水分区边界。

（九）实事求是确定技术路线。海绵城市建设具体措施应符合城市现状和规划目标。应对技术路线进行比选，对各类措施所能产生的效果进行论证，避免罗列堆砌工程项目。未经分析论证，不应在不同的建设项目中采用同一技术措施、使用相同设计参数。

四、因地制宜开展项目设计

（十）加强多专业协同。海绵城市建设应加强排水、园林绿化、建筑、道路等多专业融合设计、全过程协同水平，优先考虑利用自然力量排水，确保经济、适用，实现景观效果与周边环境相协调。避免仅从单一专业角度出发考虑问题，不能在建筑、道路、园林等设计方案确定后，再由排水工程专业"打补丁"。

（十一）注重多目标融合。城市绿地、建筑、道路等设计方案应在满足自身功能前提下，统筹考虑雨水控制要求。绿地应在消纳自身径流同时，统筹考虑周边雨水消纳，合理确定消纳方式和措施，避免简单采取下沉方式。建筑与小区应采取雨水控制、利用等措施，确保在内涝防治设计重现期降雨量发生的情况下，建筑底层不发生进水，有效控制建筑与小区外排雨水的峰值流量。道路应消纳排除道路范围内的雨水，不出现积水点。缺水地区应更多考虑雨水收集和利用，蓄水模块、蓄水池规模应与雨水利用能力相匹配。

（十二）全生命周期优化设计。海绵城市建设项目设计必须简约适用，减少全生命周期运行维护的难度和成本。应加强适老化设计，避免产生新的安全隐患。在湿陷性黄土或有其他地质灾害隐患地区，建设下渗型海绵城市设施应考虑地面塌陷等因素。

五、严格项目建设和运行维护管理

（十三）强化建设管控。海绵城市建设投资规模的确定应实事求是，不应将建筑、道路、环境整治等主体工程投资计入海绵城市建设投资。在设计环节，应将海绵城市建设相关工程设计纳入方案设计审查，按照相关强制性标准进行施工图设计文件审查。在施工许可、竣工验收环节，应将海绵城市建设相关强制性标准作为重点审查和监督内容。

（十四）加强施工管理。海绵城市建设项目应严格按图施工，落实场地竖向要求，确保雨水收水汇水连续顺畅，控制水土流失。加强地下管网、调蓄设施等隐蔽工程的质量检查和记录。

（十五）做好运行维护。明确海绵城市相关设施运行维护责任主体，落实资金，做好日常运行维护，确保相关设施正常发挥功能；避免出现无责任主体、无资金保障等情况。相关设施建成后，不得擅自拆改，不得非法侵占、损毁。

六、建立健全长效机制

（十六）落实主体责任。按照《国务院办公厅关于推进海绵城市建设的指导意见》（国办发〔2015〕75 号）要求，进一步压实城市人民政府海绵城市建设主体责任，建立政府统筹、多专业融合、各部门分工协同的工作机制，形成工作合力，增强海绵城市建设的整体性和系统性，避免将海绵城市建设简单交给单一部门牵头包办。

（十七）强化规划管控。将海绵城市建设理念落实到城市规划建设管理全过程，海绵城市建设的目标、指标和重大设施布局应纳入到有关规划和审批环节，新建、扩建项目要严格落实海绵城市建设要求，未按规定进行变更、报批的项目，不得擅自降低规划指标；改造类项目应全面考虑海绵城市建设要求。

（十八）科学开展评价。建立健全海绵城市建设绩效评估机制，逐项排查工作中存在的问题，突出城市内涝缓解程度、人民群众满意度和受益程度、资金使用效率等目标；避免将项目数量、投资规模作为工作成效。

（十九）加大宣传引导。加强海绵城市建设管理和技术人员的培训，保证海绵城市建设"不走样"；积极探索群众喜闻乐见的宣传形式，争取公众对海绵城市建设、改造工作的理解、支持和配合，避免"海绵城市万能论""海绵城市无用论"，严禁虚假宣传或夸大宣传。

（二十）鼓励公众参与。在海绵城市建设中充分听取公众意见，满足群众合理需求。要与城镇老旧小区改造、美好环境与幸福生活共同缔造等工作充分结合，引导公众共同参与方案设计、施工监督，实现共建共治共享。

住房和城乡建设部办公厅
2022 年 4 月 18 日

住房和城乡建设部办公厅　国家发展改革委办公厅
关于加强公共供水管网漏损控制的通知

建办城〔2022〕2号

各省、自治区住房和城乡建设厅、发展改革委，直辖市住房和城乡建设（管）委（城市管理局）、水务局、发展改革委，海南省水务厅，新疆生产建设兵团住房和城乡建设局、发展改革委：

随着城镇化发展，我国城市和县城供水管网设施建设成效明显，公共供水普及率不断提升，但不少城市和县城供水管网漏损率较高。为进一步加强公共供水管网漏损控制，提高水资源利用效率，现就有关事项通知如下：

一、**总体要求**

（一）工作思路。

以习近平新时代中国特色社会主义思想为指导，坚持人民城市人民建、人民城市为人民，按照建设韧性城市的要求，坚持节水优先、尽力而为、量力而行，科学合理确定城市和县城公共供水管网漏损控制目标。坚持问题导向，结合实际需要和实施可能，区分轻重缓急，科学规划任务项目，合理安排建设时序，老城区结合更新改造抓紧补齐供水管网短板，新城区高起点规划、高标准建设供水管网。坚持市场主导、政府引导，进一步完善供水价格形成机制和激励机制，构建精准、高效、安全、长效的供水管网漏损控制模式。

（二）主要目标。

到2025年，城市和县城供水管网设施进一步完善，管网压力调控水平进一步提高，激励机制和建设改造、运行维护管理机制进一步健全，供水管网漏损控制水平进一步提升，长效机制基本形成。城市公共供水管网漏损率达到漏损控制及评定标准确定的一级评定标准的地区，进一步降低漏损率；未达到一级评定标准的地区，控制到一级评定标准以内；全国城市公共供水管网漏损率力争控制在 9％以内。

二、工作任务

（一）实施供水管网改造工程。

结合城市更新、老旧小区改造、二次供水设施改造和一户一表改造等，对超过使用年限、材质落后或受损失修的供水管网进行更新改造，确保建设质量。采用先进适用、质量可靠的供水管网管材。直径 100 毫米及以上管道，鼓励采用钢管、球墨铸铁管等优质管材；直径 80 毫米及以下管道，鼓励采用薄壁不锈钢管；新建和改造供水管网要使用柔性接口。新建供水管网要严格按照有关标准和规范规划建设。

（二）推动供水管网分区计量工程。

依据《城镇供水管网分区计量管理工作指南》，按需选择供水管网分区计量实施路线，开展工程建设。在管线建设改造、设备安装及分区计量系统建设中，积极推广采用先进的流量计量设备、阀门、水压水质监测设备和数据采集与传输装置，逐步实现供水管网网格化、精细化管理。实施"一户一表"改造。完善市政、绿化、消防、环卫等用水计量体系。

（三）推进供水管网压力调控工程。

积极推动供水管网压力调控工程，统筹布局供水管网区域集中调蓄加压设施，切实提高调控水平。供水管网压力分布差异大的，供水企业应安装在线管网压力监测设备，优化布置压力监测点，准确识别管网压力高压区与低压区，优化调控水厂加压压力。供水管网高压区，应在供水管网关键节点配置压力调节装备；供水管网低压区，应通过形成供水环网、进行二次增压等方式保障供水压力，逐步实现管网压力时空均衡。

（四）开展供水管网智能化建设工程。

推动供水企业在完成供水管网信息化基础上，实施智能化改造，供水管网建设、改造过程中可同步敷设有关传感器，建立基于物联网的供水智能化管理平台。对供水设施运行状态和水量、水压、水质等信息进行实时监测，精准识别管网漏损点位，进行管网压力区域智能调节，逐步提高城市供水管网漏损的信息化、智慧化管理水平。推广典型地区城市供水管网智能化改造和运行管理经验。

（五）完善供水管网管理制度。

建立从科研、规划、投资、建设到运行、管理、养护的一体化机制，完善制度，提高运行维护管理水平。推动供水企业将供水管网地理信息系统、营收、表务、调度管理与漏损控制等数据互通、平台共享，力争达到统一收集、统一管理、统一运营。供水企业进一步完善管网漏损控制管理制度，规范工作流程，落实运行维护管理要求，严格实施绩效考核，确保责任落实到位。加强区域运行调度、日常巡检、检漏听漏、施工抢修等管网漏损控制从业人员能力建设，不断提升专业技能和管理水平。鼓励各地结合实际积极探索将居住社区共有供水管网设施依法委托供水企业实行专业化统一管理。

三、组织实施

（一）强化责任落实。

督促城市（县）人民政府切实落实供水管网漏损控制主体责任，进一步理顺地下市政基础设施建设管理协调机制，提高地下市政基础设施管理水平，降低对供水管网稳定运行的影响。城市供水主管部门要组织开展供水管网现状调查，摸清漏损状况及突出问题，制定漏损控制中长期目标，确定年度建设任务和时序安排，提出项目清单，明确实施主体，完善运行维护方案，细化保障措施。供水企业要落实落细直接责任，狠抓建设任务落地，积极实施供水管网漏损治理工程；加强绩效管理，改革经营模式，实施水厂生产和管网营销两个环节的水量分开核算，取消"包费制"供水，坚决杜绝"人情水"。省级住房和城乡建设主管部门会同省级发展改革部门指导行政区域内供水管网漏损控制工作。

住房和城乡建设部会同国家发展改革委等有关部门，将漏损控制目标制定及落实情况纳入有关考核。

（二）加大投入力度。

供水企业要统筹整合相关渠道资金，加大投入力度，加强供水管网建设、改造、运行维护资金保障。地方政府可加大对供水管网漏损控制工程的投资补助。鼓励符合条件的城市和县城供水项目发行地方政府专项债券和公司信用类债券。鼓励加大信贷资金支持力度，因地制宜引入社会资本，创新供水领域投融资模式。鼓励符合条件的城市和县城供水管网项目申报基础设施领域不动产投资信托基金（REITs）试点项目。各地要根据财政承受能力和政府投资能力合理规划、有序实施建设项目，防范地方政府债务风险。

（三）推进激励机制建设。

建立健全充分反映供水成本、激励提升供水水质、促进节约用水的城镇供水价格形成机制，开展供水成本核定及供水企业成本监审时，明确管网漏损率原则上按照一级评定标准计算，管网漏损率大于一级评定标准的，超出部分不得计入成本。依托国家、地方科技计划（专项、基金）等，支持供水管网漏损控制领域先进适用技术研发和成果转化。各地要进一步研究制定激励政策，对成效显著的供水管网漏损控制工程给予奖励和支持。

（四）推广合同节水模式。

鼓励采用合同节水管理模式开展供水管网漏损控制工程，供水企业与节水服务机构以签订节水服务合同等形式，明确节水量或降低漏损率等指标，约定工程实施内容和商业回报模式。鼓励节水服务机构与供水企业在节水效果保证型、用水费用托管型、节水效益分享型等模式基础上，创新发展合同节水管理新模式。推动第三方服务市场发展，完善对从事漏损控制企业的税收、信贷等优惠政策，支持采用合同节水商业模式控制管网漏损。

四、中央预算内投资支持开展公共供水管网漏损治理试点

国家发展改革委会同住房和城乡建设部遴选一批积极性高、

示范效应好、预期成效佳的城市和县城开展公共供水管网漏损治理试点，实施公共供水管网漏损治理工程，总结推广典型经验。试点城市和县城应制定公共供水管网漏损治理实施方案，明确目标任务、项目清单和时间表。中央预算内资金对试点地区的公共供水管网漏损治理项目，予以适当支持。

住房和城乡建设部办公厅
国家发展和改革委员会办公厅
2022 年 1 月 19 日

住房和城乡建设部　生态环境部
国家发展改革委　水利部关于印发深入
打好城市黑臭水体治理攻坚战实施方案的通知

建城〔2022〕29 号

各省、自治区住房和城乡建设厅、生态环境厅、发展改革委、水利厅，直辖市住房和城乡建设（管）委、生态环境局、发展改革委、水务局、水利局，海南省水务厅，新疆生产建设兵团住房和城乡建设局、生态环境局、发展改革委、水利局：

　　现将《深入打好城市黑臭水体治理攻坚战实施方案》印发给你们，请认真组织实施。

住房和城乡建设部

生态环境部

国家发展和改革委员会

水利部

2022 年 3 月 28 日

深入打好城市黑臭水体治理攻坚战实施方案

为贯彻落实《中共中央　国务院关于深入打好污染防治攻坚战的意见》，持续推进城市黑臭水体治理，加快改善城市水环境质量，制定本方案。

一、总体要求

以习近平新时代中国特色社会主义思想为指导，全面贯彻党的十九大和十九届历次全会精神，深入贯彻习近平生态文明思想，把更好满足人民日益增长的美好生活需要作为出发点和落脚点，紧密围绕深入打好污染防治攻坚战的总体要求，坚持系统治理、精准施策、多元共治，落实中央统筹、省负总责、地方实施、多方参与的城市黑臭水体治理机制，全面整治城市黑臭水体。

已经完成治理、实现水体不黑不臭的县级及以上城市，要巩固城市黑臭水体治理成效，建立防止返黑返臭的长效机制。到2022年6月底前，县级城市政府完成建成区黑臭水体排查，制定城市黑臭水体治理方案。到2025年，县级城市建成区黑臭水体消除比例达到90％，京津冀、长三角和珠三角等区域力争提前1年完成。

二、加快城市黑臭水体排查

（一）全面开展黑臭水体排查。地级及以上城市政府要排查新增黑臭水体及返黑返臭水体，及时纳入黑臭水体清单并公示，限期治理。县级城市政府要对建成区全面开展黑臭水体排查，明确水体黑臭的成因、主要污染来源，确定主责部门，2022年6月底前，统一公布各城市黑臭水体清单、黑臭水体位置图（附城市建成区范围图）、河湖长、主责部门、计划达标期限。到2022年、2023年、2024年县级城市黑臭水体消除比例分别达到40％、60％、80％。（住房和城乡建设部牵头，自然资源部、生

391

态环境部、农业农村部参与)

（二）科学制定黑臭水体整治方案。城市政府要对排查出的黑臭水体逐一科学制定系统化整治方案，2022年9月底前，报省级住房和城乡建设、生态环境部门及主责部门对口省级部门。对于影响范围广、治理难度大的黑臭水体系统化整治方案，省级相关部门要加强指导。（住房和城乡建设部牵头，国家发展改革委、自然资源部、生态环境部、水利部、农业农村部参与)

三、强化流域统筹治理

（三）加强建成区黑臭水体和流域水环境协同治理。统筹协调上下游、左右岸、干支流、城市和乡村的综合治理，对影响城市建成区黑臭水体水质的建成区外上游、支流水体，纳入流域治理工作同步推进。根据河湖干支流、湖泊和水库的水环境、水资源、水生态情况，开展精细化治理，提高治理的系统性、针对性和有效性，完善流域综合治理体系，提升流域综合治理能力和水平。（国家发展改革委、生态环境部、住房和城乡建设部、水利部、农业农村部按职责分工负责)

（四）加强岸线管理。因地制宜对河湖岸线进行生态化改造，统筹好岸线内外污水垃圾收集处理工作，及时对水体及河岸垃圾、漂浮物等进行清捞、清理，并妥善处理处置。建立健全垃圾收集（打捞）转运体系，建立相关工作台账。（自然资源部、生态环境部、住房和城乡建设部、水利部、农业农村部按职责分工负责）依法清理整治河道管理范围内违法违规建筑，明确责任主体和完成时间。（水利部牵头，自然资源部、住房和城乡建设部参与)加强对沿河排污单位的管理，建立生态环境、排水（城管）等多部门联合执法的常态化工作机制。（生态环境部、住房和城乡建设部按职责分工负责)

四、持续推进源头污染治理

（五）抓好城市生活污水收集处理。推进城镇污水管网全覆盖，加快老旧污水管网改造和破损修复。在开展溯源排查的基础上，科学实施沿河沿湖旱天直排生活污水截污管道建设。公共建筑及企事业单位建筑用地红线内管网混错接等排查和改造，由设施权属单位及其主管部门（单位）或者管理单位等负责完成。到2025年，城市生活污水集中收集率力争达到70％以上。（国家发展改革委、住房和城乡建设部按职责分工负责）

现有污水处理厂进水生化需氧量（BOD）浓度低于100毫克/升的城市，要制定系统化整治方案，明确管网排查改造、清污分流、工业废水和工程疏干排水清退、溯源执法等措施，不应盲目提高污水处理厂出水标准、新扩建污水处理厂。到2025年，进水BOD浓度高于100毫克/升的城市生活污水处理厂规模占比达90％以上。结合城市组团式发展，采用分布与集中相结合的方式，加快补齐污水处理设施缺口。（住房和城乡建设部、生态环境部、国家发展改革委牵头）

有条件的地区在完成片区管网排查修复改造的前提下，采取增设调蓄设施、快速净化设施等措施，降低合流制管网雨季溢流污染，减少雨季污染物入河湖量。（国家发展改革委、住房和城乡建设部按职责分工负责）

（六）强化工业企业污染控制。工业企业应加强节水技术改造，开展水效对标达标，提升废水循环利用水平。（工业和信息化部牵头，科技部参与）工业企业排水水质要符合国家或地方相关排放标准规定。工业集聚区要按规定配套建成工业污水集中处理设施并稳定运行，达到相应排放标准后方可排放。（生态环境部牵头）

新建冶金、电镀、化工、印染、原料药制造（有工业废水处理资质且出水达到国家标准的原料药制造企业除外）等工业企业排放的含重金属或难以生化降解废水以及有关工业企业排放的高盐废水，不得排入市政污水收集处理设施。对已经进入市政污水收集处理设施的工业企业进行排查、评估。经评估认定污染物不能被城镇污水处理厂有效处理或可能影响城镇污水处理厂出水稳定达标的，要限期退出市政管网，向园区集聚，避免污水资源化利用的环境和安全风险。（国家发展改革委、生态环境部、住房

和城乡建设部按职责分工负责)

（七）加强农业农村污染控制。对直接影响城市建成区黑臭水体治理成效的城乡结合部等区域全面开展农业农村污染治理，改善城市水体来水水质。水产养殖废水应处理达到相关排放标准后排放。设有污水排放口的规模化畜禽养殖场应当依法申领排污许可证，并严格持证排污、按证排污。严格做好"农家乐"、种植采摘园等范围内的生活及农产品产生污水及垃圾治理。（生态环境部、住房和城乡建设部、农业农村部按职责分工负责）

五、系统开展水系治理

（八）科学开展内源治理。科学实施清淤疏浚。调查底泥污染状况，明确底泥污染类型，合理评估内源污染，制定污染底泥治理方案。鼓励通过生态治理的方式推进污染底泥治理。实施清淤疏浚的，要在污染底泥评估的基础上，妥善处理处置；经鉴定为危险废物的底泥，应交由有资质的单位进行处置。严格落实底泥转运全流程记录制度，不得造成环境二次污染，严禁底泥随意堆放倾倒。（国家发展改革委、生态环境部、水利部、农业农村部按职责分工负责）

（九）加强水体生态修复。减少对城市自然河道渠化硬化，恢复和增强河湖水系自净功能，为城市内涝防治提供蓄水空间。不得以填埋或加盖等方式代替水体治理。河渠加盖形成的暗涵，有条件的应恢复自然水系功能。有条件的，要因地制宜建设人工湿地、河湖生态缓冲带，打造生态清洁流域，营造岸绿景美的生态景观和安全、舒适的亲水空间。（国家发展改革委、生态环境部、住房和城乡建设部、水利部、林草局按职责分工负责）

统筹生活、生态、生产用水，合理确定重点河湖生态流量保障目标，落实生态流量保障措施，保障河湖基本生态用水需求。（水利部牵头）严控以恢复水动力为由的各类调水冲污行为，防止河湖水通过雨水排放口倒灌进入城市排水系统。（住房和城乡建设部、水利部按职责分工负责）鼓励将城市污水处理厂处理达到标准的再生水用于河道补水。（国家发展改革委、生态环境部、

住房和城乡建设部、水利部按职责分工负责）

六、建立健全长效机制

（十）加强设施运行维护。杜绝污水垃圾直接排入雨水管网。定期对管网进行巡查养护，强化汛前管网的清疏管养工作，对易淤积地段要重点清理，避免满管、带压运行。推广实施"厂—网"一体化专业化运行维护，保障污水收集处理设施系统性和完整性。鼓励依托国有企业建立排水管网专业养护企业，对管网等污水收集处理设施统一运营维护。鼓励有条件的地区在明晰责权和费用分担机制的基础上将排水管网养护工作延伸到居民社区内部。（国家发展改革委、生态环境部、住房和城乡建设部、水利部、国务院国资委按职责分工负责）

（十一）严格排污许可、排水许可管理。排放污水的工业企业应依法申领排污许可证或纳入排污登记，并严格持证排污、按证排污。全面落实企业治污责任，加强证后监管和处罚。（生态环境部牵头）到 2025 年，对城市黑臭水体沿线的餐饮、洗车、洗涤等排水户的排水许可核发管理实现全覆盖，城市重点排水户排水许可证应发尽发。（住房和城乡建设部牵头）强化城市建成区排污单位污水排放管理，特别是城市黑臭水体沿岸工业生产、餐饮、洗车、洗涤等单位的管理，严控违法排放，通过雨水管网直排入河。开展城市黑臭水体沿岸排污口排查整治。对污水未经处理直接排放或不达标排放导致水体黑臭的相关单位和工业集聚区严格执法，推动有关单位依法披露环境信息。（生态环境部、住房和城乡建设部按职责分工负责）

七、强化监督检查

（十二）定期开展水质监测。对已完成治理的黑臭水体要开展透明度、溶解氧（DO）、氨氮（NH_3-N）指标监测，持续跟踪水体水质变化情况。每年第二、三季度各监测一次，有条件的地方可以增加监测频次。加强汛期污染强度管控，因地制宜开展汛期污染强度监测分析。省级生态环境、住房和城乡建设部门于监测次季度首月 10 日前，向生态环境部、住房和城乡建设部报

告上一季度监测数据。（生态环境部牵头，住房和城乡建设部参与）

（十三）实施城市黑臭水体整治环境保护行动。省级有关部门要切实担负起责任，积极开展省级城市黑臭水体整治环境保护行动，排查治理过程中的突出问题，建立问题清单，督促相关部门和城市按期整改到位。各城市政府做好自查和落实整改工作。国务院有关部门每年对省级行动整改情况进行抽查，推动问题解决。黑臭水体整治不力问题纳入中央生态环境保护督察和长江经济带、黄河流域生态环境警示片现场调查拍摄范畴。（生态环境部、住房和城乡建设部负责）

八、完善保障措施

（十四）加强组织领导。城市政府是城市黑臭水体治理的责任主体，要组织开展黑臭水体整治，明确消除时限，治理完成的水体要加快健全防止水体返黑返臭长效机制，及时开展评估；每季度向社会公开黑臭水体治理进展情况，年底将落实情况向上级政府报告。省级政府有关部门要按照本方案要求将治理任务分解，明确各部门职责分工和时间进度，每半年将区域内城市黑臭水体治理进展情况向社会公开，每季度向住房和城乡建设部、生态环境部报告城市黑臭水体治理进展，每年年底提交城市黑臭水体治理情况报告。（住房和城乡建设部、生态环境部负责）

（十五）充分发挥河湖长制作用。各地要充分发挥河长制湖长制作用，落实河湖长制和相关部门责任，河湖长名单有变更的，要及时公布更新。河湖长要带头并督促相关部门以解决问题为导向，通过明察暗访等形式做好日常巡河，及时发现并解决问题，做好巡河台账记录，形成闭环管理。河湖长要切实履行职责，加强统筹谋划，调动各方密切配合，协调解决重大问题，确保水体治理到位。（水利部牵头，住房和城乡建设部、生态环境部参与）

（十六）严格责任追究。落实领导干部生态文明建设责任制，对在城市黑臭水体治理工作中责任不落实、推诿扯皮、未完成工作任务的，依纪依法严格问责、终身追责。每条水体的主责部门，要督促各参与部门积极作为、主动承担分配任务。推动将城市黑臭水体治理工作情况纳入污染防治攻坚战成效考核，做好考核结果应用。（住房和城乡建设部、生态环境部牵头，中央组织部、水利部参与）

（十七）加大资金保障。加大对城市黑臭水体治理、城市污水管网排查检测等支持力度，结合地方实际，创新资金投入方式，引导社会资本加大投入，坚持资金投入同攻坚任务相匹配，提高资金使用效率。（国家发展改革委、生态环境部、住房和城乡建设部、水利部、农业农村部、人民银行按职责分工负责）落实污水处理收费政策，各地要按规定将污水处理收费标准尽快调整到位。推广以污水处理厂进水污染物浓度、污染物削减量和污泥处理处置量等支付运营服务费。在严格审慎合规授信的前提下，鼓励金融机构为市场化运作的城市黑臭水体治理项目提供信贷支持。（国家发展改革委、财政部、生态环境部、住房和城乡建设部、人民银行按职责分工负责）

（十八）优化审批流程。落实深化"放管服"改革和优化营商环境的要求，深化投资项目审批制度改革和工程建设项目审批制度改革，加大对城市黑臭水体治理项目支持和推进力度，优化项目审批流程，精简审批环节。（国家发展改革委、自然资源部、生态环境部、住房和城乡建设部按职责分工负责）

（十九）鼓励公众参与。各地要做好城市黑臭水体治理信息发布、宣传报道、舆情引导等工作，建立健全多级联动的群众监督举报机制。采取喜闻乐见的宣传方式，充分发挥新媒体作用，面向广大群众开展形式多样的宣传工作。（住房和城乡建设部、生态环境部按职责分工负责）